U0241924

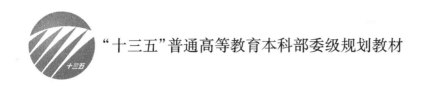"十三五"普通高等教育本科部委级规划教材

新型纺纱技术

王建坤　张淑洁　主　编

中国纺织出版社有限公司　国家一级出版社
全国百佳图书出版单位

内 容 提 要

本书对现代纺纱工程中原料、设备、新技术、新工艺等问题做了详细分析。首先介绍新型纺织纤维原料的分类,并对代表性的新型纤维的性能与纺纱特点进行了分析与介绍;其次介绍各种新结构环锭纺纱的原理、装置、工艺特点、纱线结构与性能;再次介绍了多种新型纺纱技术的发展现状、成纱原理、纱线结构与性能、适纺性能与产品等;最后分析介绍棉纺纺纱中各工序的工艺设备发展与新技术应用情况。全书内容广泛,所介绍内容属于纺织领域的前沿技术。

本书可供高等院校纺织类专业的本科生和研究生使用,亦可供纺织工程技术人员、科研人员和管理人员参考。

图书在版编目(CIP)数据

新型纺纱技术/王建坤,张淑洁主编. -- 北京:中国纺织出版社有限公司,2019.10(2025.5重印)
"十三五"普通高等教育本科部委级规划教材
ISBN 978 - 7 - 5180 - 6633 - 9

Ⅰ.①新… Ⅱ.①王… ②张… Ⅲ.①纺纱工艺—高等学校—教材 Ⅳ.①TS104.2

中国版本图书馆 CIP 数据核字(2019)第 190237 号

策划编辑:沈 靖 特约编辑:王文仙 责任校对:楼旭红
责任印制:何 建

中国纺织出版社有限公司出版发行
地址:北京市朝阳区百子湾东里 A407 号楼 邮政编码:100124
销售电话:010—67004422 传真:010—87155801
http://www.c-textilep.com
中国纺织出版社天猫旗舰店
官方微博 http://weibo.com/2119887771
北京虎彩文化传播有限公司印刷 各地新华书店经销
2025 年 5 月第 1 版第 6 次印刷
开本:787×1092 1/16 印张:14.5
字数:301 千字 定价:58.00 元

前言

纺纱是纺织产业链中较前端的加工环节,其纱线质量、生产效率与生产成本对于后续加工与终端产品有较大的影响。所以,业界对纺纱技术的创新、发展与应用十分重视。

新型纺织纤维是利用现代生物、化学或物理等高新技术,通过分子结构设计、纺丝工艺技术创新,开发出的具有多种功能,或高性能,或生态环保的一类纤维。由于新型纺织纤维在结构与性能方面不同于传统的棉、毛、丝、麻与普通化学纤维,因此,给纺纱加工带来诸多新挑战,需要在传统流程设备的基础上,注重工艺的综合优化与创新。书中介绍了多种开发应用前景较好、市场化程度较高的新型纺织纤维的性能特点、纺纱工艺关键技术与纱线性能等,旨在使读者了解与掌握纺纱新原料的特性与开发应用方向。

新结构环锭纺纱技术进一步改善与提高了环锭纱的成纱结构与性能,拓宽了成纱使用范围,使环锭纺的主导地位更加稳固。本书除介绍了近些年应用比较成熟的紧密纺纱、赛络纺纱、赛络菲尔纺纱、索罗纺纱等新结构环锭纺纱技术之外,还增加了扭妥纺纱、嵌入式复合纺纱、柔洁纺纱等内容,使读者与纺纱技术的发展与时俱进。

传统环锭纺纱由于其加捻与卷绕同时进行的工艺特点,大幅度提高产量与卷装方面受到钢丝圈线速度、钢领直径、纺纱张力等因素的制约。因此,为提高纺纱效率,从20世纪60年代开始,逐渐出现了很多新型纺纱方法,如转杯纺纱、喷气纺纱、喷气涡流纺纱、摩擦纺纱等。这些新型纺纱方法的共同特点就是摒弃了传统环锭纺纱方法的加捻卷绕方式,有的还在纤维牵伸、凝聚、排列等方面实现了大的突破,由此使新型纺纱具有高速度、大卷装、短流程的特点。本书还详细介绍了工业化程度较高的转杯纺纱、喷气纺纱、喷气涡流纺纱的发展现状、成纱原理、纱线结构与性能、适纺性能与产品以及发展前景等,对市场占有率较低或处于研发阶段的摩擦纺纱、涡流纺纱、自捻纺纱、平行纺纱、无捻纺纱、静电纺纱也做了分析与介绍,可提高和拓展纺织相关专业学生、科技人员、管理人员的知识面。

自20世纪80年代起,由于电子计算机技术、传感技术、变频调速技术与现代化纺纱设备的结合,特别是"中国制造2025"战略在纺纱领域的逐步落实,使得纺纱技术取得了巨大的进步,如短流程的清梳联、高产梳棉机、高速并条机、高产精梳机、四单元传动粗纱机、高产细纱机、全自动络纱机、粗细联、细络联、粗细络联等。生产线的自动控制、自动检测水平大大提高,出现了许多在线和离线检测的高新技术,从而实现了高速、高产、高效、高质量生产。本书还综合介绍了开清、梳理、精梳、并条、粗纱、细纱等纺纱各工序的工艺设备发展现状与新技术应用情况,使读者全面了解具有高速高效、自动化、连续化、智能化、节能降耗、减少用工等特点的现代化纺纱设备与工艺技术。

本书由王建坤、张淑洁任主编,其中第二章编写过程中南通珠海昆明醋酸纤维有限公司的张丽博士在资料收集整理、统稿方面做了大量工作;在第四章编写过程中,天津工业大学机械工程与自动化学院的李新荣老师在资料收集整理、统稿方面做了许多工作。此外,在本书的编写过程中,天津工业大学纺织科学与工程学院、机械工程与自动化学院的博士研究生伏立松和硕士研究生荆梦轲、刘立冬等同学在资料收集、画图修图等方面做了大量工作。本书还参考了天津工业大学纺织工程专业部分本科生的毕业论文和大量近期发表的中外期刊、图书和文献资料,在每一章的后面列出了一些主要的参考文献和资料,在此对参考文献的作者和帮助过本书编写的所有人表示衷心的感谢。

由于书中所涉及的内容新、范围广,加之编者水平有限,书中难免有缺点和错误,不妥之处希望广大读者给予批评指正。

作者
2019 年 2 月

目录

第一章 绪 论

纺纱是纺织产业链中较前端的加工环节，其纱线质量、生产效率与生产成本对于后续加工与终端产品有较大的影响。目前在生产中普遍采用的纺纱技术有两大类，一类是环锭纺纱技术，已有近200年的历史；另一类是新型纺纱技术，大多由20世纪中叶兴起，如转杯纺纱、喷气纺纱、喷气涡流纺纱、摩擦纺纱等。一方面，新型纺纱技术由于其成纱机理不同于环锭纺纱，在高速、短流程、大卷装、自动化等方面优势突出，得到了快速发展，用新型纺纱技术生产的各类纱线比重逐年增加；另一方面，新型纺纱技术对纤维原料及纱线线密度的适应性存在局限，目前环锭纺纱技术与设备仍占据纱线生产的主导地位，国内外90%短纤纱是在环锭纺纱机上加工生产的。

一、环锭纺纱技术的进步

环锭纺纱技术越来越成熟，对生产品种范围越来越广，线密度在5~300tex内的纱线均可在环锭纺纱机上加工，同时环锭纺纱技术广泛适用于棉型、毛型、麻型、绢型以及各种新型纤维的纺纱，这也是其占据纺纱主导地位的主要原因。环锭细纱机在技术发展方面主要围绕降低成本、节约能源、超长、单锭监控、粗细络联、自动化、多品种化等方面。

（一）紧密纺纱技术

紧密纺纱又称环锭集聚纺纱，是在环锭纺纱的基础上，通过集聚的方法有效缩小加捻三角区的须条宽度，使成纱更加密实光洁，全面提升了细纱的内在和外观质量，是环锭纺纱技术的重大革新，用紧密纺纱技术生产的纱线在可纺支数与品质方面比传统环锭纺纱及新型纺纱均具有明显优势。紧密纺纱技术自1999年巴黎国际纺机展上瑞士立达（Rieter）和德国绪森（Suessen）、青泽（Zinser）等国外纺机公司展出紧密纺的环锭细纱机开始发展；我国自21世纪以来，在自主研发、合作开发与推广应用该项技术方面也做了大量工作，取得了重大进展。近20年来，紧密纺纱技术得到快速发展，据报道，欧洲计划用5~10年时间以紧密纺纱机全部替代普通环锭纺纱机；在近几届的中国国际纺织机械展览会上，我国装备企业均展出了自主知识产权的紧密纺细纱机。

（二）复合纺纱技术

在环锭细纱机上采用多种形式复合纺纱技术，使环锭纺纱线不仅原料、色泽多元化，而且形态结构多样化，进一步拓宽了环锭纺生产纱线的应用领域。采用复合纺纱技术开发环锭纺新型纱线，已成为环锭纺纱技术进步的一个亮点。在环锭细纱机上通过技术改进与创新，将两种或两种以上的不同组分通过并合、混捻、包覆等组合方式形成结构新颖、效果独特、性能优良的新型纱线。环锭复合纺纱技术，目前主要有赛络纺（Sirospun）、赛络菲尔纺（Sirofil）、索罗纺（Solospun）、嵌入式纺纱等方式。

（三）环锭纺纱速度的提高

锭子速度提高是环锭纺纱技术进步的主要标志之一，当前随着集体落纱长车细纱机的推广应用，为采用小直径钢领（小卷装）而提高锭子速度创造了条件。据资料介绍，目前国际上细纱机锭速已达到25000r/min，在2016年的中国国际纺机展上，我国展出了自主研发的锭速达到35000r/min的细纱机，但在实际应用中还达不到。

（四）优质的环锭纺纱器材

围绕在环锭纺纱机上生产高质量、无疵纱线，广泛采用了优质胶辊（圈）、罗拉、摇架、钢领、钢丝圈等优质纺纱器材。新型摇架、高精度无机械波罗拉已经普及；细纱锭子及钢领以适应高速、优质、节能、免维护或少维护已经成为发展的趋势；高速锭子均采用了分离型平锭底的结构形式。

（五）高度自动化与连续化的环锭纺系统

环锭细纱机已广泛应用全自动集体落纱、多锭长车、细络联、粗细络联等自动化、智能化技术。依托最先进的智能化传输系统，现代化棉纺生产车间实现了从原料到半制品再到成品纱线的全流程自动化生产，减少用工2/3，生产效率提高3倍，也显著提高了产品品质的稳定性；"棉纺数字化车间"由智能化主机设备、车间环境智能监控系统、智能物流系统、经纬E系统等组成，可实现夜间"黑灯工厂"；粗细络联一体智能纺纱生产线，实现了半制品、成品的在线检测和控制以及筒纱智能包装输送入库。与此同时，运用大数据、云计算、互联网等技术，实现了对每个工序和作业点的可视化监控，将实时数据传递、集成和分析，以数据分析反向指导生产管理。

二、新型纺纱技术的发展

新型纺纱技术是区别传统环锭纺纱的一种纺纱新技术，目前在国内外已普遍推广应用的主要有转杯纺纱、喷气纺纱、喷气涡流纺纱、自捻纺纱等。由于新型纺纱具有纺纱工序短、生产效率高、劳动用工省、加工成本低等优势，故得到快速发展。

跨入21世纪以来，国内外新型纺纱技术凭借多方面的优势，除产能快速发展外，技术进步与更新换代加速，在转杯纺技术中第一代的低速度自排风式转杯纺纱机已逐步淘汰，被新一代全自动或半自动转杯纺纱机取代。转杯纺纱是目前技术最成熟的一种纺纱新技术，喷气涡流纺纱是目前纺纱速度最快的一种纺纱新技术。

（一）转杯纺纱技术

1. 国外转杯纺纱机

以瑞士立达公司的R60型与德国赐来福公司奥托康诺A8型为代表的最新一代全自动转杯纺纱机，采用新型纺杯传动系统与小直径纺杯（26～28mm）等先进技术，使纺杯速度进一步提高。

立达R60型全自动转杯纺纱机，采用S60新型纺纱器，提升了高速运转时的纺纱稳定性，成纱质量更好，并能提高5%的单锭纱线产量。全机最多可配600个纺纱器，比原机型的540个增加60个，使单机产量提高10%以上。机上纺杯采用空气轴承传动，最高转速可达175000r/min，出条速度最高为245m/min。机上还配有无接痕接头系统，能提高接头质量。与原机型相比，能耗降低10%以上。

奥托康诺 A8 型全自动转杯纺纱机，是在原奥托康诺 A360 与 A480 机型基础上改进后推出的最新机型。该机的最大特点是将原龙带转动纺杯改为单头驱动纺杯及自动接头。取消了原巡回接头小车，有利于提高纺杯速度与减少纺纱头差异。同时采用单头自动接头技术，消除了接头等待时间，有利于提高生产效率。该机安装纺杯数从 480 个增加到 552 个，使单机产量提高 15%。采用单头驱动纺杯比原龙带传动纺杯可节能 13%，具有高速高效低耗的特点。该机纺 59tex 纱时，纺杯转速为 110000 ~ 120000r/min，引纱速度 250m/min，纺 19.7tex 纱时，纺杯转速为 145000r/min，引纱速度也在 230m/min 以上。

瑞士立达公司 R35 型与德国赐来福公司 BD6 型为最新的半自动转杯纺纱机。立达 R35 型每台可配 460 个纺杯，比原 R923 型增加 100 个纺杯，纺杯设计速度为 120000r/min，使单机生产效率比 R923 型提高 20% ~ 25%。赐来福的 BD6 型每台纺杯数达 480 头，是目前半自动转杯纺纱机配纺杯头数最多的机型。同时，该公司充分依托研发全自动转杯纺纱机的技术优势，把在全自动转杯纺纱机上许多关键技术，移植到 BD6 型半自动转杯纺纱机上，极大提升了设备的先进性。尤其是采用数字化接头技术，使接头处强力达到全自动转杯纺纱机水平。BD6 型半自动转杯纺纱机设计纺杯速度也是 120000r/min，纺纯棉 59tex 纱时，纺杯速度达到 105000r/min，引纱速度超过 200m/min，充分体现了高效优质的特点。

2. 国内转杯纺纱机

浙江日发公司 S40 型全自动转杯纺纱机纺纯棉 19.7tex 纱时，用 36mm 直径纺杯，速度达到 130000r/min 以上，自动接头质量已接近国外同机型水平，显示了国内制造全自动转杯纺纱机技术已成熟，可以逐步取代进口全自动转杯纺纱机。

山西经纬恒新、上海瑞淳和浙江泰恒、精功公司等主要生产半自动转杯纺纱机，设计速度均为 120000r/min，纺 19.7tex 纱时，实际运行速度均已突破 100000r/min 大关，达到 105000 ~ 110000r/min，与国外机型速度相当。

山西经纬恒新公司的 JWF1612 型转杯纺纱机，在纺杯速度、降低能耗、接头技术上都有重大突破。该机将半自动接头杆重新设计，电磁铁动作时才通电，动作准确、可靠性高、能耗低。设备所采用的电子凸轮可有效保证纱线质量，电子导纱可以大幅度降低皮辊磨损，减少机物料消耗。

上海淳瑞公司生产的 ET420 型与 ET480 型半自动转杯纺纱机与以往的设备相比特点明显，尤其是 ET480 型是与捷克合作开发，是适合纺中细特纱的半自动转杯纺设备。机上配有高速横动装置、断头自动抬升筒子及自动上蜡装置等。其采用德国进口全钢镀铝纺杯及加捻盘、电子清纱器等，具有较高的机电一体化水平。每台可安装纺杯 420 个，具有操作简单、能耗低、车头车尾负压均衡等特点。据介绍，ET480 型机型比其他机型节能 15% 左右，每台每年可节省电费 5 万 ~ 10 万元。该机还采用最先进的 CR12 一体式纺纱器，适合纺 14.8 ~ 18.5tex 中细特纱，其质量能达到较高水平。

浙江泰坦公司的 TQF368 型半自动转杯纺纱机是在 TQF268 机型基础上改进设计的，是高速高效、自动排杂的机型。适纺纤维长度 15 ~ 60mm，既适用棉及其混纺纱，也适用羊毛及其混纺纱，纺杯直径在 32 ~ 66mm，有多种规格，机器采用模块化设计，并采用新型抽气式纺纱器、半自动接头及闭环控制等多项新技术，使成纱质量与卷装质量均接近全自动转杯纺纱机的水平。

浙江精功公司的 JGR231 型转杯纺纱机，是目前国内同类机型中设计速度最高的机型。纺纯棉 18.5tex 纱时用 33mm 纺杯，速度高达 120000r/min，引纱速度为 120m/min。纺化纤 18.5tex 纱时，用 36mm 纺杯，速度为 110000r/min，引纱速度为 125m/min，该机选用托盘式结构的纺杯传动系统与进口纺杯，与传统轴承式转杯结构相比纺杯速度可提高 10% ~20%，且可节能降耗，延长纺杯使用寿命。该机型每台最多可装 400 个纺杯，纺杯最高速度达 130000r/min，引纱速度最高为 160m/min。纺杯直径有 33mm、36mm、40mm 三种，可根据使用原料规格及纺纱线密度选用。

从上述分析可以看出，国产转杯纺纱机在纺纱速度、接头质量及生产品种等方面均接近与达到国外机型水平，并具有较高性价比，可逐步取代进口设备，以提高企业经济效益。

（二）喷气涡流纺纱技术

1. 国外喷气涡流纺纱机

喷气涡流纺克服了原喷气纺成纱强力低、生产品种局限性大等缺陷，与传统环锭纺相比具有纺纱速度高、成纱毛羽少、耐磨性好等优点。

MVS870 型为日本村田公司生产的新一代喷气涡流纺机，该机安装 96 个纺纱器，比 MVS861 型增加 16 个纺纱器，纺纱最高速度也从 450m/min 提高到 500m/min，使单机生产效率提高 20% ~25%。日本村田公司是国际上最早研发与投入市场的喷气涡流纺制造公司，目前在市场上占有主导地位，拥有 140 多家用户。

喷气涡流纺主要生产 4 大系列纱线及织物（包括服装），一为黏纤及 R/T 混纺产品，以黏纤为主；二为涤纶及其 T/R 混纺产品，以涤纶为主；三为纯棉及其混纺产品，棉含量大于 50%，生产线密度在 14.8 ~18.5tex，据介绍：在日本试验车间里，纯棉纱线密度为 8.33 ~9.72tex；四为机织用纱产品，线密度以 14.8 ~19.7tex 为主，据介绍，在印度、巴基斯坦等东南亚国家，喷气涡流纺纱主要用于机织物，这与我国目前主要用于针织物有一定区别。MVS870 分别纺 19.7tex 纯黏纱与纯涤纶纱，使用原料规格均为 1.3dtex×38mm，生产速度为 500m/min，效率达到 85% 以上，显示了其高速高效的优良性能。

瑞士立达公司 J20 自动喷气纺纱机的功能与日本村田公司喷气涡纺纺纱机相同，但机器结构有很大区别，J20 系双面机型，每台配有 120 个纺纱器，据介绍最新设计有 200 个纺纱器，机器两侧可分别生产不同品种纱线。该机引纱线路是由下向上，从棉条引出到纺纱器距离较短，可减少棉条的意外牵伸。据介绍，J20 喷气纺纱机采用新的接头准备系统，能缩短接头时间，新的卷绕单元能确保最佳的卷装成形，从而提高卷装质量。工艺上可随机调节喷气纱的柔软度与毛羽。该机设计速度为 450m/min，国内实际使用在 400m/min 左右，速度比日本村田 MVS870 型喷气涡流纺纱机要低 10% 左右，但因单机安装头数较多，故 J20 型单机产量要高于 MVS870 型。由于目前 J20 型喷气纺纱机国内企业使用较少，使用时期也不长，其优越性有待在实践中进一步总结。

2. 国内喷气涡流纺纱机

国产 HFW80 型喷气涡流纺纱机，是江苏华方科技公司研发的设备，并具有多项发明专利和知识产权。该机的主要特点如下。

（1）速度较快，设计速度从 230 ~450m/min，展会上纺 R19.7dtex 纱，演示速度为 410m/min，

效率达到97%。

（2）适纺品种范围较广，已实现黏纤纱、涤纶及 T/R、T/C 等品种的批量生产，生产品种以 14.8～36.9tex 为主，最低纺纱线密度为8.4tex。

（3）自动化程度较高，有自动生头、无结头打结、自动清洁、自动落纱等多项功能，所以工人劳动强度减轻，可节省用工。

（4）机器性价比高，价格比国外同类机型低1/3。

（5）与传统环锭纺相比优势明显，以1万环锭纺作比较，占地面积可节省30%，能耗降低20%，可节约用工50%以上，同时具有成纱毛羽少、耐磨性好的优点。国产喷气涡流纺纱机形成批量生产后，可逐步取代进口设备。

纺纱机理的突破和改变是区分传统环锭纺纱方法与新型纺纱方法的根本标志。以转杯纺、喷气涡流纺等为代表的新型纺纱方法在纺纱速度、单机产量、卷装容量、成纱结构、染色及服用性能方面已获得较大的提升，促进了纺纱效率、产品质量的提高。但与欧美国家相比，所占比重仍较低，故仍有相当大的发展空间。

跨入21世纪以来，我国新型纺纱不仅产能发展较快，而且技术进步、技术改造步伐也明显加速，尤其是全自动与半自动的转杯纺及新型喷气涡流纺已在新型纺纱技术中占主导地位，其特点是高速高效、自动化、智能化，故在节约用工、提高纱线品质、降低纺纱成本等方面其比传统环锭纺有许多优越性，在一定范围内它可以弥补环锭纺技术的不足。尽管目前出现了许多新型纺纱方法，但在已有纱线中环锭纱仍占主导地位，尤其对于生产低线密度纯棉纱时，环锭纺纱更有优势。因此，传统环锭纺纱要扬长避短，通过基于环锭纺的技术改进与创新，使其继续发挥应有的作用。每种纺纱方法因其成纱机理不同，其成纱结构也各具特色，未来的纺纱市场将呈现多种纺纱方法及其新技术并存、产品多样化的态势，以满足不同终端产品质量、风格以及功能等多方面的市场需求，因此，各种方法及其新技术将会长期共存，相互补充。

参考文献

[1] 秋黎凤. 我国主要纺纱器材的发展现状、问题与对策 [J]. 纺织导报，2018（4）：55－60.

[2] 潘梁，朱丹萍，寿弘毅，等. 国外纺纱机械与纺纱器材技术的进步与发展 [J]. 纺织导报，2017（4）：56－60.

[3] 朱丹萍，寿弘毅，章友鹤，等. 纺纱设备和技术的进步与发展——2016年中国纺织机械展暨 ITMA 亚洲展会掠影 [J]. 浙江纺织服装职业技术学院学报，2017，16（1）：1－7＋17.

[4] 章友鹤，朱丹萍，赵连英，等. 新型纺纱的技术进步及产品开发 [J]. 纺织导报，2017（1）：58－61.

[5] 陈佳. 纺纱设备 [J]. 纺织导报，2016（2）：28－36＋38.

[6] 章友鹤，赵连英，毕大明，等. 纺纱机械及器材技术进步的新亮点——第十七届上海国际纺织工业展览会观后感 [J]. 纺织器材，2015，42（5）：58－62.

[7] 时香. 新型纺纱工艺技术与设备的发展 [J]. 纺织科技进展，2015（1）：7－9.

[8] 毕大明，章友鹤，史世忠，等．转杯纺与喷气涡流纺新型纺纱技术发展与进步的新亮点——参观2014中国国际纺织机械展览会暨ITMA亚洲展览会的启示［J］．现代纺织技术，2015，23（1）：50 − 52 + 57.

第二章 新型纺织纤维

第一节 新型纺织纤维分类

新型纺织纤维是利用现代生物、化学或物理等高新技术，通过分子结构设计、纺丝工艺技术创新等，开发出的或具有多种功能，或具有高性能，或生态环保的一类纤维。主要有新型天然纤维、差别化纤维、生物质纤维、高性能纤维等几大类。这些新型纤维以其独特的性能和功能不仅更好地满足了服用、装饰用纺织产品的需求，而且在航空航天、能源交通、卫生防护、农业、文娱等领域也发挥越来越重要的作用。

一、新型天然纤维

新型天然纤维的原材料，可再生、可持续、绿色环保，通常是指传统天然棉、毛、丝、麻纤维的改性或其他天然纤维的开发，在纤维性能，特别是环保方面具有独特的优势。主要有新型棉纤维，如天然彩色棉、转基因棉、有机棉、无土育苗棉、天然"不皱棉"、木棉等；新型麻纤维，如罗布麻、汉麻等；新型丝纤维，如天然彩色蚕丝等；新型毛纤维，如拉伸羊毛、彩色羊毛以及马海毛、兔毛、驼毛等特种动物毛；其他新型植物纤维，如竹纤维、香蕉纤维、椰壳纤维、桑皮纤维、菠萝叶纤维、棕叶纤维、棉秆韧皮纤维等。

二、差别化纤维

"差别化"一词始于日本，最早的差别化纤维是仿造天然纤维的形态和部分性质来改善化学纤维，如仿造蚕丝的三角形截面和碱减量处理来改变纤维的光泽；进一步是模仿天然纤维较高层次的结构，如羊毛皮质的双边分布及棉、麻纤维的异形和中空结构，制造出复合纤维、中空纤维和异形纤维；现在人们已经超出模仿思路，能够开发出天然纤维所不具备的特性，如超细、高弹、高强等高性能以及功能化和智能化纤维。差别化纤维经历了从仿天然到超天然的发展过程。

差别化纤维主要通过对化学纤维的化学改性或物理变形而得，它包括在聚合及纺丝工序中进行改性以及在纺丝、拉伸及变形工序中进行变形的加工方法。差别化纤维以改进织物服用性能为主，主要用于服用和装饰织物。从形态结构上划分，差别化纤维主要有异形纤维、中空纤维、复合纤维和超细纤维等；从物理化学性能上划分，差别化纤维有抗静电纤维、高收缩纤维、阻燃纤维和抗起毛起球纤维等。

三、生物质纤维

生物质纤维的开发与应用主要是针对大多以石油为原材料的传统合成纤维。生物质纤维是以天然聚合物为原料经过化学方法制成的一种可持续利用的新型纤维材料，具有原材料可再生、弃用后可自然降解、不污染环境的优点。生物质纤维主要有再生纤维素纤维，包括天丝、甲壳素纤维、竹浆纤维、莫代尔等；再生蛋白质纤维，包括大豆蛋白纤维、蛹蛋白纤维、牛奶纤维、花生纤维等；再生半合成聚乳酸纤维等。

四、高性能纤维

高性能纤维是对力、热、光、电等物理作用和酸、碱、氧化剂等化学作用有超常抵抗能力的一类纤维，如具有高强度、高模量、耐高温、阻燃、耐腐蚀、防电子束辐射、防射线辐射等能力。高性能纤维通常用于复合材料、产业用纺织品、特种防护纺织品等方面，主要有碳纤维、芳纶、聚乙烯纤维、聚苯硫醚纤维、玻璃纤维、玄武岩纤维、陶瓷纤维等。

第二节　新型天然纤维

一、天然彩棉

（一）概述

天然彩棉是自然生长、带有颜色的棉花。相对于白棉，彩棉是一种由色素基因控制的变异类型，是纤维细胞形成与发育过程中色素沉积的结果。目前世界上彩棉仅有棕色和绿色两大基本色系。由于天然颜色深浅差异较大，深棕色又被称为棕红、粉红、褐色、咖啡色等，淡棕色称为黄色、淡黄色、乳黄色等，把深绿色称为蓝色、淡蓝色等，把淡绿色称为浅灰色、米色等。

彩棉产品无需染色，坯布的后整理也尽可能环保无污染，从而降低能源消耗与生产成本；彩棉原料可再生，废弃后自然降解；彩棉与白棉相比，抗虫性明显提升，抗旱性好，特别适合旱地种植，因此，可以少施化肥，从而减少化肥的污染。

（二）天然彩棉的结构与性能

1. 天然彩棉的形态结构

根据目测和显微镜观察，彩棉的形态特征与白棉基本一样，其外观形态亦为细长的具有不规则转曲的一端封闭的扁平状，中部最粗，根部稍细于中部，梢部最细。成熟度好的纤维纵向呈转曲带状，且转曲数较多；成熟度较差的纤维呈薄带状，转曲较少。应用扫描电镜放大 500 倍观察彩色棉纤维的纵向形态，图 2-1 所示为棕色棉的纵向形态，图 2-2 所示为绿色棉的纵向形态，由图 2-1、图 2-2 所示可见，棕色棉比绿色棉转曲数多，成熟度好。

使用哈氏切片器分别对棕色系和绿色系天然彩棉做横截面切片，并在显微镜下进行观察，其横截面如图 2-3 和图 2-4 所示。

从图 2-3 和图 2-4 可以看出，天然彩棉横截面与普通白棉相似，都呈带有胞腔的腰圆形。天然彩棉的色彩呈片状，主要分布在次生胞壁内。棕色系天然彩棉纤维较粗，截面比较圆滑，胞腔较小；绿色系天然彩棉纤维较细，胞腔较大。

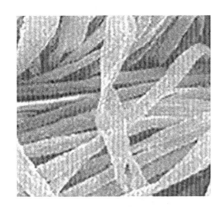

图2-1 棕色棉的纵向形态

图2-2 绿色棉的纵向形态

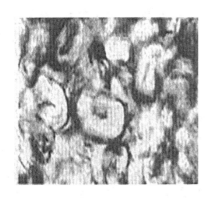

图2-3 棕色天然彩棉横截面显微镜照片

图2-4 绿色天然彩棉横截面显微镜照片

2. 天然彩棉截面构成与尺寸稳定性

彩棉纤维次生胞壁比白棉薄很多，而胞腔远远大于白棉，绿棉纤维截面呈 U 字形，胞腔约占 1/2；棕棉纤维次生胞壁和横截面积比绿棉纤维丰满，胞壁约占 1/3；白棉纤维胞腔占 1/6 ~ 1/5，棉纤维的纤维素主要分布在次生胞壁上，其各项性能也主要由次生胞壁提供。白棉经丝光溶胀处理后，胞腔基本消失从而获得较好的尺寸稳定性。彩棉胞腔大，可收缩的空间多，受湿热或化学、机械影响后，可发生剧烈收缩和变形。实验表明：用 50 ~ 60℃热水处理 1h，彩棉面积收缩率达 16% 以上；若经过浓碱处理，面积收缩率达 30% 以上。

3. 天然彩棉纤维素含量与纤维品质

纤维素含量，白棉占 97% 以上，棕棉占 93.44%，绿棉占 89.8%。低相对分子质量半纤维（包括冷水抽提物、热水抽提物、1% NaOH 抽提物、戊糖等）含量，白棉占 10% 左右，棕棉占 14% 左右，绿棉占 13% 左右。彩棉纤维素含量低，半纤维素含量高，造成纤维长度短，强度偏低，短绒率高，马克隆值、整齐度、衣分率也都低于白棉。另外，杂质中，彩色棉果胶含量小于白棉，占白棉的 35% ~ 45%。果胶物质是纤维细胞壁之间的黏合剂，因此，彩棉细胞壁之间的抱合力较低，可纺性差，断头率高，飞花多，易起毛。棕棉纤维素含量高于绿棉，因此，各项指标略好于绿棉，可纺性也稍好。

白棉与彩棉纤维品质的对比见表 2-1。

表 2 – 1　白棉与彩棉纤维品质的对比

品种	白棉	棕棉	绿棉
2.5%跨长（mm）	28 ~ 31	20 ~ 25	21 ~ 25
断裂强度（cN/tex）	19 ~ 23	14 ~ 16	16 ~ 17
马克隆值	3.7 ~ 5	3 ~ 4.3	3 ~ 3.3
整齐度（%）	49 ~ 52	44 ~ 47	45 ~ 47
短绒率（%）	<12	15 ~ 30	15 ~ 20
棉节（粒/g）	80 ~ 200	120 ~ 200	100 ~ 150
衣分率（%）	39 ~ 41	28 ~ 30	20

近年来，经过农业科技工作者的努力，彩棉的长度、强力都有了很大改进，研发和培育出长度 28 ~ 30mm（2.5%跨长）的棕棉和 26 ~ 29mm（2.5%跨长）的绿棉，断裂强度达到 20 ~ 23cN/tex，马克隆值达到 3.5 ~ 4.6，衣分率达到 23% ~ 38%，纤维的可纺性得到很大提高。

4. 天然彩棉杂质含量和亲水性

白棉杂质含量为 4.34%，其中脂肪含量 0.68%、木质素含量为 0。棕棉杂质含量为 14.28%，其中脂肪和木质素含量占 9.57%。绿棉杂质含量为 18.84%，其中脂肪和木质素含量占 13.68%。由此可见，彩棉杂质含量是白棉的 2 ~ 5 倍。彩棉杂质的主要成分是脂肪和木质素，两者都可用有机溶剂萃取。脂肪和木质素统称蜡质，主要性质是拒水，因此，彩棉拒水性很强，未经处理的彩棉毛效值为 0。要使彩棉产品具有亲水性，须经特别加工。

（三）天然彩棉的纺纱工艺

以绿棉普梳纯纺 28tex 纱线生产为例。

1. 原料选配

由于彩棉存在纤维主体长度偏短、单纤强力低、成熟度差异大、整齐度差、色泽不均匀、日晒牢度低、短绒率高、不孕籽较多、含杂高、籽屑和叶片较多等缺点，同时棉包间的色泽差异较大，且有杂色。因此，在实际生产中要根据天然彩棉的性能、颜色等特性合理选择，以达到纱线棉结少、毛羽少、条干均匀、色彩丰满等要求。表 2 – 2 列出了绿色彩棉的主要物理指标。

表 2 – 2　绿色彩棉纤维的主要物理指标

彩棉	长度（mm）	断裂强度（cN/tex）	整齐度（%）	短绒率（%）	棉结粒（粒/g）	均匀度（%）	含杂率（%）	纤维线密度（dtex）
绿色	28.86	22.2	46.05	17	108	1130	4.0	1.27

2. 纺纱工艺要求

纺纱工艺流程：A002D 型抓棉机→A006B 型混棉机→A036B 型豪猪开棉机→A036C 型开棉机→A092 型振动给棉机→A076 型成卷机→A186 型梳棉机→A272F×2 型并条机→A454 型粗纱机→A513F 型细纱机→1332 型络筒机

（1）清花工序。根据彩棉纤维强力低的特点，清花工序采用"低速度、轻定量、轻打击、早落少碎、多排少损伤"的工艺原则。A002D 型抓棉机要少抓和勤抓，提高抓棉机的运转率；A036B 采用锯片打手，A076 采用梳针刀片打手；各部件打手速度均降低 18% ～ 19%，以减少打击力度，避免纤维过多损伤和增加短绒率；棉卷定量偏轻控制，由原来的 420g/m 降为 385g/m；采用自调匀整装置，保证棉卷纵横向的均匀，棉卷质量不匀率控制在 1.0% 左右，伸长率为 1.5%。

（2）梳棉工序。彩棉纤维强力低、短绒含量高，刺辊和锡林应适当降速，减小对纤维的打击力度，降低短绒含量和纤维损伤及棉结；盖板速度适当提高，使盖板花总量增加，改善棉网质量。同时可减少短纤维充塞锡林针根、提高分梳度、减少成纱毛羽。彩棉纤维抱合力差、棉网易坠和烂边，道夫速度应适当降低；所有针布均采用格拉夫针布，提高针布锐度，加强纤维的分梳，提高棉网清晰度；锡林与道夫间的隔距适当偏小，以有利于纤维转移；锡林与盖板间采用紧隔距，生条轻定量。梳棉工序采用"轻定量、紧隔距、低速度"的工艺原则，其主要工艺参数见表 2 - 3。

表 2 - 3　梳棉工序主要工艺参数

项目	工艺参数	项目	工艺参数
生条定量（g/5m）	16.86	锡林～盖板五点距离（mm）	0.18、0.15、0.15、0.15、0.18
锡林速度（r/min）	320	锡林～道夫距离（mm）	0.1
道夫速度（r/min）	20	刺辊～锡林距离（mm）	0.18
刺辊速度（r/min）	820	除尘刀高度	平
盖板速度（mm/min）	228	除尘刀角度（°）	85
给棉板～刺辊距离（mm）	0.23		

（3）并条工序。彩棉纤维线密度差异大、长度偏短、短绒含量高，应适当缩小罗拉隔距，降低罗拉速度，防止缠绕罗拉和胶辊，以改善条干不匀率；采用口径偏小的喇叭口和重加压，使纤维抱合紧密，加强对纤维运动的控制，对阻止纤维头端外露有明显效果，能提高纤维伸直平行度并改善条干均匀度；采用头并后区牵伸大、二并后区牵伸小的工艺路线，以有利于纤维伸直。并条采用"紧隔距、重加压、轻定量、低速度"的工艺原则，其主要工艺参数见表 2 - 4。

表 2 - 4　并条工序主要工艺参数

项目	工艺参数	
	头道	二道
定量（g/5m）	15.28	13.68
罗拉中心距（mm）	40×45	40×45
加压（N）	294×314×294×59	294×314×294×59
出条速度（m/min）	180	180
后牵伸倍数（倍）	1.620	1.232
喇叭口直径（mm）	3	3
集合器直径（mm）	10×14	10×14

（4）粗纱和细纱工序。彩棉纤维在牵伸过程中牵伸力较大，粗纱和细纱工艺应采用"轻定量、重加压、适当捻系数、小钳口隔距、慢车速"的原则，主要工艺参数见表2-5。

表2-5　粗纱和细纱主要工艺参数

工序	捻度 （捻/10cm）	隔距 （mm）	加压 （N）	钳口隔距 （mm）	锭速 （r/min）	前罗拉速度 （r/min）
粗纱	5.08	21×25	255×147×176	3.3	564	150
细纱	96.5	18.5×27	176×118×137	2.5	8519	174

为了提高彩棉成纱质量，主要措施如下。

①粗纱卷绕密度和捻系数适当偏大，有利于改善粗纱内部结构，提高粗纱的光洁度及条干均匀度；

②粗纱定量适当偏轻，可减少细纱机总牵伸倍数，有助于减小纤维在牵伸运动中的移距偏差，改善条干均匀度；适当减小粗纱卷装直径，可降低退绕张力，减少意外伸长，伸长率要控制在1.0%左右，以利于改善细纱条干；

③粗纱回潮率适当偏大，使粗纱中纤维的抗扭和抗弯刚度减弱，以减少纤维相互排斥和静电干扰现象；

④适当降低锭速和车速，采用软弹不处理胶辊，增大加压，以保持握持力与牵伸力相适应，确保纤维在牵伸中运动平稳，提高条干均匀度；

⑤细纱工序要合理配置细纱牵伸和加捻卷绕部分的工艺参数，如放大细纱后区罗拉隔距、减小后区牵伸倍数、采用偏小的钳口隔距、适当提高细纱捻度、选择稍偏重的钢丝圈以及合理的使用周期；

⑥此外，将前胶辊适当前移1.5～2.5mm，选择亚光钢领和镀氟钢丝圈，使用直径稍小的钢领，保持机械状态良好，纺纱通道光洁，细纱车间保持稳定而合适的温湿度等措施，均是提高彩棉纱质量的有效措施。

（5）络筒工序。适当降低络纱速度，减少络纱张力，采用镍铸铁金属槽筒，保持络纱通道畅通；适当控制车间温湿度，改善静电现象和减少飞花短绒积聚，以防形成新的粗节和棉结；减小络纱速度，气圈破裂器高度控制在45～55mm，并减小因张力伸长带来的不良影响。

3. 成纱质量

测试结果见表2-6。

表2-6　普梳成纱质量测试结果

线密度（tex）	28	线密度（tex）	28
条干CV（%）	17.74	捻度（捻/10cm）	63.77
细节（个/km）	43.4	单纱断裂强度（cN/tex）	8.73
粗节（个/km）	828	单纱强力CV（%）	9.34
棉结（个/km）	876		

4. 小结

虽然工艺上采取了诸多相应措施，但因彩棉纤维的长度、长度整齐度、短绒含量、强力等主要性能与白棉纤维相比均有一定差距，因此，所纺纱线与同线密度白棉纱线相比也有一定差距。

彩棉纤维色谱本身存在较大差异，应顺势而为，建议开发彩棉产品时，采用彩棉与白棉混纺，一方面白棉的混入可改善混合棉的各项性能，使纺纱适应性与纱线质量均有提升；另一方面，可以简化纯白棉产品的后加工工序，改善传统棉产品的环保性能。

二、拉伸羊毛

（一）概述

细度是羊毛纤维最重要的经济指标与性能指标，羊毛的细度不仅决定了羊毛纤维的价格，也决定了羊毛及其制品的加工性能、产品内在质量、外观质量以及产品的风格与应用。随着毛纺产品轻薄化与四季可穿着的发展趋势，对细羊毛、超细羊毛的需求日益增长。轻薄化产品要求羊毛纤维的细度小，一般纤维直径低于 $18\mu m$，天然细羊毛品种少、产量小、价格高，与市场需求存在差异。20 世纪 90 年代由澳大利亚联邦科学工业研究组织和国际羊毛局共同开发了羊毛拉伸细化技术，其纤维注册商标为"OPTIM"，该技术缓解了超细羊毛资源短缺的问题。

羊毛拉细的基本原理是毛纤维在高温蒸汽浸湿条件下进行拉伸，纤维内的超分子结构发生改变，结晶区的大分子由 α 型螺旋链转变成 β 型曲折链，由原来的三股大分子捻成基原纤、多根基原纤捻成微原纤、原纤结晶结构转变成平行曲折链的整齐结晶结构，使无定形区（非晶区）大分子无规线团结构转变成大分子伸直的曲折链的基本平行结构，并借分子间范德华力、氢键、盐式键等横向结合定形，如图 2-5 所示。由于分子间结合能增大，平行伸直链结构稳定，定形效果好，且羊毛形态也变成伸直、细长、无卷曲状，改变了羊毛纤维原有的卷曲弹性和低模量特征，提高了纤维的弹性模量和刚性，减小了纤维直径，增加了纤维光泽，有丝绸感。

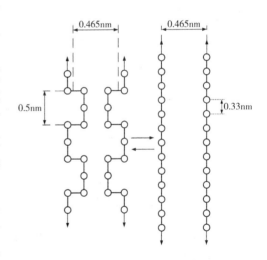

图 2-5　α型螺旋链与β型曲折链结构示意图

拉伸细化羊毛的工艺流程为：毛条→预处理（浸液）→假捻→拉伸→定形→干燥。产品主要有两类，一类是将拉伸后的羊毛永久定形，使羊毛拉长变细，形成具有防缩、丝光效果的细化纤维，被称为 OPTIM Fine；另一类是将拉伸后的羊毛暂时定形，使纤维获得高收缩性能，在与其他纤维混纺过程中可以使纱线和织物产生蓬松效果的细化纤维，被称作 OPTIM Max。拉伸细化改性技术与通过去除鳞片的减量细化法相比，可触及羊毛的毛干部分，使羊毛变得更细，甚至成为羊绒的理想替代品。

（二）拉伸细化羊毛的结构与性能

1. 拉伸细化羊毛的结构

拉伸细化羊毛纤维表面的鳞片有一定程度的脱落，鳞片密度减小，鳞片间距不均匀，纤维变细，与羊绒的鳞片形态接近；拉伸细化羊毛的部分鳞片有些翘起，部分纤维表面有拉伸后形成的纵向条纹；部分拉伸细化羊毛有些扭曲，纤维表面光滑，如图2-6所示。

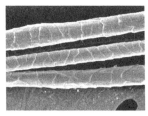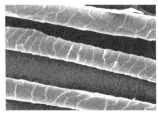

（a）羊毛拉伸细化前纵表面鳞片与横截面

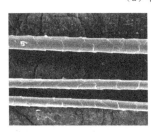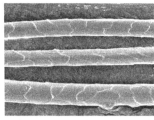

（b）羊毛拉伸细化后纵表面鳞片与横截面

图2-6 羊毛拉伸前后纵表面鳞片与横截面的对比

2. 拉伸细化羊毛的性能

（1）细度与长度。羊毛经拉伸细化后，细度基本能达到羊绒的平均细度；长度是原来的1.2~1.4倍，具体数据见表2-7。

表2-7 细度和长度

纤维种类	细度 （μm）	细度离散CV （%）	长度 （mm）	离散系数
羊绒	15.4	20.2	—	—
羊毛	18.5	21.2	86.8	33
拉伸细化羊毛	16.2	23.5	119.4	40

（2）强力、伸长和沸水收缩率。羊毛拉伸细化后纤维强力和伸长降低，沸水收缩率增大，具体数据见表2-8。

表2-8 强力、伸长和沸水收缩率

纤维种类	平均强力（cN）	平均伸长（mm）	沸水收缩率（%）
羊绒	3.96	4.02	—
羊毛	4.23	4.38	23.3
拉伸细化羊毛	2.87	1.72	27.6

（3）摩擦特性。羊毛经拉伸细化后，鳞片密度减小，纤维的顺逆摩擦因数之差减小，摩擦效应减小，使拉伸细化羊毛有羊绒般的手感，但其缩绒性能降低；由于鳞片翘起，摩擦因数较原毛增大，数据见表2-9。

表2-9　纤维摩擦因数

纤维种类	静态顺摩擦因数	静态逆摩擦因数	摩擦效应（%）
羊毛	0.16	0.1726	5.2
拉伸细化羊毛	0.26	0.2757	2.9

（4）拉伸细化羊毛的染色性能。

①表观上染率。原料为羊毛、羊绒和拉伸细化羊毛，采用相同的染料（蓝纳素红6G）、在相同的浓度、相同的条件（染色工艺、升温速度、pH和保温时间等）下进行染色，结果为：a. 拉伸细化羊毛的起染温度比羊毛、羊绒的温度低10℃左右；拉伸细化羊毛在45~65℃间上染最快，羊绒、羊毛在55~75℃间上染最快。这是由于拉伸细化羊毛的鳞片密度减小，鳞片与鳞片间的空隙增大，鳞片层对染料的壁障作用减小，染料分子能很快进到纤维内部。b. 拉伸细化羊毛的表观上染率比羊毛的表观上染率偏低。这是由于拉伸细化羊毛在拉力的作用下纤维内部结构较原毛有所变化，纤维大分子中无规排列部分减少，取向度增高，即分子间空隙减少，从而使染料渗透到纤维空隙的概率相对降低。c. 上染后颜色最深的是羊毛，羊绒和拉伸细化羊毛的颜色接近。这是由于拉伸细化后羊毛的细度接近羊绒，因此，质量相同时，拉伸细化羊毛与羊绒比普通羊毛的根数多、表面积大，单位面积吸附染料量小，颜色相对较浅。

②拉伸细化羊毛与羊绒、羊毛同浴染色。颜色从深到浅依次是拉伸细化羊毛、羊绒、羊毛。这是由于拉伸细化羊毛的鳞片密度减小，鳞片层对染料的阻碍能力下降，使其竞染能力增加。为了保证拉伸细化羊毛与羊绒或羊毛混纺产品的同色性，拉伸细化羊毛染色时要经过一定的前处理工艺。

③色牢度。对羊绒、羊毛、拉伸细化羊毛相同颜色的中色、深色进行色牢度检测，数据见表2-10。

表2-10　羊绒、羊毛、拉伸细化羊毛相同颜色的色牢度对比

测试项目		耐洗色牢度			耐汗渍色牢度			耐水色牢度			耐摩擦色牢度		耐光色牢度
		色变	毛沾	棉沾	色变	毛沾	棉沾	色变	毛沾	棉沾	干摩	湿摩	
中色	羊绒	4~5	4~5	4~5	4~5	4~5	4~5	4~5	4~5	4~5	4	4	3⁺
	羊毛	4~5	4~5	4~5	4~5	4~5	4~5	4~5	4~5	4~5	4	4	3⁺
	拉伸细化羊毛	4~5	4~5	4~5	4~5	4~5	4	4~5	4~5	4~5	4	4	3⁺
深色	羊绒	4~5	4~5	4~5	4~5	3~4	—	4~5	4~5	4~5	4	3~4	3⁺
	羊毛	4~5	4~5	4~5	4~5	3~4	3~4	4~5	4~5	4~5	4	3~4	3⁺
	拉伸细化羊毛	4~5	4~5	4	4~5	3	3	4~5	4~5	4~5	4	3~4	3⁺

从表 2 – 10 可以看出，拉伸细化羊毛的耐汗渍色牢度较羊绒、羊毛偏低 0.5 ~ 1 级，所以为保证色牢度指标合格，建议拉伸细化羊毛中浅色产品采用低温（80℃）染色，深色产品采用正常温度（90℃）染色。

（三）拉伸细化羊毛的纺纱工艺

我国部分纺织企业对拉伸细化羊毛纺纱工艺及其产品开发进行了研究，开发的产品主要有绒毛混纺纱线、花式纱线、精纺呢绒等；生产全毛细特轻薄产品的工艺流程为：条染复精梳工艺→纺纱工艺→织造工艺→染整工艺，开发的混纺纱产品有：OPTIM + 超细羊毛、OP-TIM + 羊绒、OPTIM + 桑蚕丝、OPTIM + 天丝、OPTIM + 大豆蛋白纤维、OPTIM + 细特涤纶等。通过多种纤维混纺、交并、交织，发挥各种纤维的特性，兼收并蓄，满足人们对毛精纺织物细特轻薄化、功能化、时尚化、个性化等方面的要求。

加工的主要关键技术如下。

1. 条染复精梳工艺

拉伸细化羊毛由于其纤维卷曲少、上染速率快、线密度高等特性，染色后收缩率大，造成条染后毛团塌陷严重，易产生染色缸差，毛团内外层也易产生色差。因此，制订条染工艺时，必须考虑其不同于普通羊毛的独特性能，应对起染温度、染色升温速率、染色容量和密度等进行严格控制，对染化料助剂、染液循环方式等也必须通过试验进行优选。条染复精梳工艺应严格控制毛粒在 1 只/g 以内，无毛片，回潮率适当偏大掌握，使成品毛条有稍高的含湿量。应适当增加复精梳各工序喂入制品的线密度，但也不宜过高，一般控制针梳不大于180g/m，精梳不大于 200g/m。

2. 纺纱工艺

由于 OPTIM 拉伸细化羊毛主体长度、平均长度都较长，但长度离散大，主体基数偏低，故在纺纱过程中对纤维的控制难度很大，毛纱条干的控制显得尤为突出。因此在纺纱工序，为提高毛纱条干，减少细节、毛粒，应增加纺纱前的总并合次数，但并合次数过高纤维烂熟，会增加毛粒；混条追加和毛油剂时，应加入抗静电剂；前纺各道以小牵伸、小张力为工艺制订原则，合理分配各道牵伸倍数；选择针梳隔距时，应充分考虑拉伸细化羊毛纤维的长度情况，既要保证对纤维的控制，又要避免对纤维的损伤；细纱牵伸倍数也以小牵伸为宜，牵伸倍数一般不大于 19 倍。

三、汉麻纤维

（一）概述

汉麻纤维具有麻类纤维的共同特点，即对种植环境与土壤要求相对较低，种植期间无需使用杀虫剂和肥料，不会造成土地污染，而且种植收获期较短；汉麻纤维和其他纤维混纺后所得织物挺括，悬垂性好，抗静电性能好，穿着凉爽不贴身，吸湿散热快，汉麻纤维无需特别整理即可屏蔽 95% 以上的紫外线。与棉产品相比，汉麻纺织制品更耐磨，吸湿透气性能、排汗性能更好，抗紫外线、屏蔽辐射、隔热绝缘、抗霉抑菌、消散音波、防止静电等性能优越，且面料风格粗犷，适宜穿、戴、包、挂、垫、盖等多种用途；利用汉麻纤维原料开发的麻纱、麻布、色织布等麻服饰用布和麻凉席、床单、台布、窗帘布、抽纱绣品等麻装饰用布以及汉麻保健系列产品，日益受到广大消费者的欢迎。

（二）汉麻的结构与性能

1. 汉麻的结构

汉麻纤维属韧皮纤维，其结构由三层组成。首先，被氧桥连接成的葡萄糖基链状大分子平行排列和取向，形成结晶结构；其次，由结晶部分和空隙组成纤维骨架；最后，在结晶结构内部及结晶区与空隙之间，充满胶质。随着汉麻的生长，它们分层淀积，组成纤维的细胞壁；此外，在纤维与纤维之间，也平行分布着胶质。在显微镜下，可以看到含有棕色树脂的胶质存在。由此可知，汉麻纤维束具有纤维与纤维之间的胶质系统、纤维内部的胶质系统和链状分子之间的胶质系统三个层次。

汉麻纤维的形态结构如图2-7所示，其横截面形状较为复杂，有不规则的多角形、多边形及椭圆形等形状；中腔呈线形或椭圆形，占整个横截面的1/3～1/2；纤维胞壁具有裂纹与小孔。汉麻纤维的纵向呈圆管形，具有横节和许多裂纹与小孔，无天然转曲，纤维顶端呈钝圆形，不像苎麻具有尖锐顶端，这也是汉麻纤维纺织产品无需特别处理就可避免其他麻类产品的刺痒感和粗糙感的根本原因。

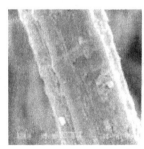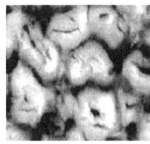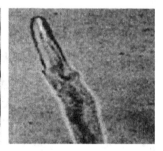

图2-7 汉麻纤维的形态结构

汉麻纤维长度一般在7～50mm，直径在15～30μm，纤维呈黄灰色至褐色，这与其生长条件和品种有关。经过漂白以后，颜色呈白色并带有光泽。纤维密度在1.49g/cm³左右，聚合度在2200～2300，聚合度约为亚麻的70%、棉的50%、苎麻的12.5%。汉麻单纤维较短，一般短于25mm，并且纤维的长度整齐度差，纺纱所用汉麻纤维通常是经过适当脱胶后的"工艺纤维"，是由胶质将单纤维粘连成的束纤维，其长度与细度与脱胶工艺有关，含胶量越少，工艺纤维越细，但长度也越短，反之则反。因此，需要结合纺纱工艺与产品要求合理制订脱胶工艺。

汉麻的主要化学成分是纤维素。此外，还含有一定量的半纤维素、木质素和果胶等物质。汉麻、苎麻、亚麻的化学组成见表2-11。

表2-11 汉麻、苎麻、亚麻的化学组成

纤维	纤维素（%）	半纤维素（%）	木质素（%）	果胶（%）	水溶物（%）	脂蜡质（%）	灰分（%）
苎麻	65～75	14～16	0.8～1.5	4～5	7.73	0.55	3.72
亚麻	70～80	12～15	2.5～5	1.48	—	1.2～1.8	0.8～1.3
汉麻	58.14	17.72	5.39	8.8	8.45	1.5	—

由表 2 - 11 可知，汉麻纤维中的纤维素含量较低，其他非纤维素成分含量较高，尤其木质素的含量较多，木质素是一种芳香族化合物，对许多化学试剂的稳定性较高，不易去除，给汉麻脱胶带来困难。

2. 汉麻的性能

（1）物理性能。汉麻纤维与亚麻纤维、棉纤维强伸性能的比较见表 2 - 12。汉麻纤维单纤断裂强度和断裂伸长率与亚麻接近。此外，汉麻纤维是各种麻纤维中比较细的一种，平均线密度接近于棉，按亚麻工艺路线纺纱，其理论上的可纺线密度比亚麻、胡麻高。汉麻纤维的木质素含量较高，脱胶难度较大，如果脱胶过程中木质素去除不彻底，将给汉麻纤维的纺织加工带来较大困难。实验表明，当汉麻精干麻的木质素含量低于 0.8% 时，纤维洁白、松散，能够满足纺织染色及后加工的要求。

表 2 - 12　汉麻纤维与亚麻纤维和棉纤维的性能比较

物理性能	汉麻纤维	亚麻纤维	棉
断裂强度（cN/tex）	27 ~ 69	27 ~ 73	24 ~ 25
断裂伸长率（%）	1.5 ~ 4.2	1.5 ~ 4.1	6 ~ 8

（2）吸湿透气性。汉麻纤维纵表面有许多纵向沟槽与裂纹，这些裂纹连接到纤维中腔。这种结构产生了优异的毛细效应，再加上汉麻纤维分子中含有大量的亲水性基团，使汉麻的吸湿、透气及导热性能格外出色。

据国家纺织品质量监督检测中心检测，汉麻帆布的吸湿速率为 34mg/min，散湿速率为 12.6mg/min，汉麻细布比汉麻 55/棉 45 混纺细布的吸湿速率高 27%，散湿速率高 32%。汉麻织物与棉织物相比，可使人的体感温度较环境温度低 5℃左右，夏季穿用更加舒适。

（3）耐热、耐晒和耐腐蚀性能。汉麻纤维的耐热性能较好，其在 370℃时不会改变颜色；它的耐日腐蚀性能好，能长时间耐海水腐蚀；它的耐日晒性能亦良好，长时间太阳光照射下强度不受损失。因此，汉麻纺织品特别适宜制作耐高温服装、防晒服装及各种特殊功能的工作服，也可制作渔网、绳索、内衬材料等。

（4）防紫外线辐射功能。汉麻纤维的结构中有螺旋线纹，多棱状，较松散。紫外线照射到纤维上时，一部分形成多层折射被吸收，大部分形成漫反射，这使汉麻纤维具有很好的防紫外线辐射功能。据中国科学院物理研究所测试，普通织物仅能阻隔 30% ~ 90% 的紫外线，汉麻织物无需特别整理，即可屏蔽 95% 以上的紫外线，汉麻帆布甚至能 100% 阻挡紫外线的辐射。汉麻是太阳伞、露营帐篷等产品的良好基材。

（5）消声吸波功能。汉麻纤维的多微孔结构使其具有独特的消声、吸波功能。

（6）防霉抑菌保健功能。防霉抑菌也是汉麻的主要特性之一。汉麻纤维中含有微量汉麻酚物质，这是一种非常优良的杀菌消毒剂。汉麻纤维的细长中腔内富含氧气，使得在无氧条件下才能生存的厌氧菌无法生存。

（三）汉麻纤维纺纱工艺

1. 纺纱工艺流程

利用棉纺设备纯纺汉麻短麻纱的工艺流程：

汉麻短麻预处理（加湿、养生 24h）→A002D 型抓棉机→A006B 型混棉机→A034 型开棉机→A036C 型豪猪开棉机→A092 型双箱给棉机→A076C 型单打手成卷机→A186D 型梳棉机→A272 型并条机（二道）→FA601A 型转杯纺纱机。

2. 纺纱工艺要求

（1）开清棉工序。根据汉麻的特点，开清棉工序应遵循"充分开松，均匀混合，早除大杂"的原则。抓棉机勤抓少抓。A036C 型豪猪打手改为梳针，适当提高转速，增强对纤维的开松作用，提高除杂效率；给棉罗拉和天平罗拉加压比纺棉时增加 10%。适当增加棉卷定量和缩短棉卷长度，以减少破卷、烂边。清棉机主要工艺参数：棉卷定量 415g/m；棉卷长度 34m；综合打手速度 900r/min；棉卷罗拉速度 13.1r/min。开清棉全机组的除杂率达到 65.3%，棉卷质量不匀率为 1.13%，棉卷结构紧密，无破洞、破边和粘卷现象。

（2）梳棉工序。梳棉是加工汉麻纱线的关键工序之一，应掌握"重定量、低速度、适当选择隔距和加压"的工艺原则。由于汉麻纤维抱合力差，成网、成条困难，应适当增加棉条定量，成条部分加装皮圈导棉装置。应适当增加给棉罗拉加压，降低锡林、刺辊速度，兼顾充分分梳与减少纤维损伤。压辊压力不宜过大，否则生条结构过于紧密，不利于并条牵伸，影响条干均匀度。梳棉的主要工艺参数见表 2-13。

表 2-13　梳棉的主要工艺参数

工艺项目	参数	工艺项目	参数
定量（g/5m）	28	锡林～盖板五点隔距（mm）	0.35、0.3、0.28、0.3、0.35
锡林速度（r/min）	330	锡林～刺辊隔距（mm）	0.18
刺辊速度（r/min）	890	锡林～道夫隔距（mm）	0.18
道夫速度（r/min）	16.5	除尘刀高度（mm）	3
盖板速度（mm/min）	214	除尘刀角度（°）	90

合理调节后车肚落纤工艺，适当加快盖板速度，尽量排除短绒和杂质，全机总落麻控制在 10%~12%，生条萨氏条干为 27.6%，质量不匀率为 4.8%。

（3）并条工序。采用二道并条。由于汉麻短麻的颜色一致性好，并条以提高条干均匀度为主。采用 6×8 的并合根数，较小的牵伸倍数，有利于改善纺纱条干。汉麻纤维的长度整齐度差，并有超长纤维，罗拉隔距应比纺棉时大，同时增加罗拉加压，有利于拉断部分超长纤维；汉麻纤维的抱合力差，纤维易分散缠绕胶辊，因此，罗拉速度应适当降低，同时胶辊表面应进行炭黑处理。经试验头并萨氏条干不匀率为 18.5%，二并为 15.3%。并条工艺参数见表 2-14。

表 2-14　并条工艺参数

工艺项目	头并	二并	工艺项目	头并	二并
定量（g/5m）	20.5	18.5	罗拉隔距（mm）	9×10	10×11
并合数（根）	6	8	后区牵伸倍数（倍）	1.73	1.25

（4）转杯纺纱工序。FA601A 型转杯纺纱机纺 56tex 汉麻纱的工艺见表 2-15。

表 2 – 15　转杯纺纱工艺参数

工艺项目	参数	工艺项目	参数
分梳辊速度（r/min）	7600	设计捻度（捻/10cm）	89
纺杯速度（r/min）	35000	分梳辊锯齿规格	OK37

主要工艺参数的确定方法如下。

①合理选定熟条定量。采用较轻定量喂入，熟条定量为 18.5g/5m，减轻分梳辊的负荷，提高梳理度，使纤维更好地分离成单纤维状态，从而提高成纱条干均匀度，减少断头。

②合理配备分梳辊，合理选择分梳辊速度。选择 OK36 型、OK37 型、OK40 型三种分梳辊进行对比试验，OK37 型锯齿规格梳理效果好，断头少，分梳辊的使用寿命长。为了有较好的分梳效果，应适当提高分梳辊速度。

③纺杯速度的确定。纺杯速度快，产量高，纤维在纺杯中的并合作用好，但断头较多，纺纱稳定性差。纺汉麻纱要重点考虑断头，减轻工人劳动强度。选择较低的纺杯速度有利于减少断头，也能保证成纱质量。

④捻系数设计及假捻盘的选择。汉麻纤维抱合力差，加捻效率低，实际捻度只能达到设计捻度的 80%。为了减少断头，在临界捻度范围内，配置较大的捻系数。假捻盘选用刻槽的大假捻盘，以获得较好的假捻效果。

⑤车间温湿度控制。合理控制温湿度是纺汉麻纱的关键之一，应做到既保证半成品的回潮率，防止静电干扰，又要防止车间相对湿度过高，引起缠绕。

3. 成纱质量

转杯纺汉麻 56tex 纱的主要特点是纱身光洁、无毛羽、条干均匀、麻结杂质少，成纱质量符合要求。具体成纱质量指标见表 2 – 16。

表 2 – 16　成纱质量指标

测试项目	数据	测试项目	数据
百米重量变异系数（%）	2.4	单纱断裂强度（cN/tex）	11
重量偏差（%）	–0.7	条干 CV（%）	23
单纱强力变异系数（%）	15		

四、天然彩色蚕丝

（一）概述

天然彩色蚕丝是近几年开发的蚕丝新品种。目前，家蚕彩色茧的色系主要分为黄红茧系和绿茧系两大类。黄红茧系包括金黄、淡黄、红色、锈色、肉色等；绿茧系包括淡绿、绿色。黄红茧系的茧色来源主要分两部分：一种是来自桑叶中的非极性类胡萝卜素，包括 β – 胡萝卜素、新生 β – 胡萝卜素；另一种则源于桑叶中的极性含氧类胡萝卜素，称为叶黄素，包括玉米黄质、蒲公英黄素、紫黄质、次黄嘌呤黄质等。绿茧系的蚕茧色素主要为黄酮类色素，是在中肠和血液中合成的。目前，天然黄色丝的生产工艺已经比较成熟，并已达到批量生产的阶段。转基因彩色茧尚处于小试阶段，其茧质性能尚未达到规模化生产的要求。

（二）天然彩色蚕丝的结构与性能

1. 天然彩色蚕丝的结构

天然彩色茧丝纤维内部具有一定的空隙，空隙率较白丝大，可达到10%左右，是一种天然多孔性蛋白质纤维，其色素主要集中在丝胶中。天然黄丝的丝条纵表面沟槽明显，丝胶分布不均匀，横截面平整，丝素三角形形态明显，且丝胶含量少，丝条离散；转基因绿丝的丝条表面光滑，丝胶分布均匀，横截面有蜂窝状小坑，丝素三角形形态不明显，且丝胶含量偏多。

天然彩丝主要由内层的丝素和外层的丝胶两部分组成，每根蚕丝都是由平行的两根单丝粘连而成。与普通白丝相比，天然彩丝的结晶度略低，为4.4%，其截面形状和纵向形态与普通白蚕丝无明显区别。丝胶和丝素都是由18种氨基酸组成，总量占茧丝的90%以上，剩余组分为少量的无机盐、色素、碳水化合物等物质。

2. 天然彩色蚕丝的性能

（1）吸湿保湿性能。彩色蚕丝因其蛋白分子间较大的空隙率，使纤维具有良好的柔韧性、保暖性、吸放湿性和透气性。

（2）紫外线吸收能力。彩色蚕丝蛋白质纤维中含有芳香族氨基酸，分子活性较大，对小于300nm的紫外光具有良好的吸收性。如果用紫外线长时间照射蚕茧，蚕茧内的蚕蛹发育、羽化的蚕蛾及后代均正常。但若将蚕蛹从茧内取出后直接照射，蚕蛹会受到严重影响，羽化的蚕蛹及后代大多会出现畸形。天然彩色茧丝这种优良的紫外线吸收能力，能有效地防止紫外线透射。

（3）抑菌能力。彩色蚕丝的黄酮色素含量和类胡萝卜素含量明显高于白色蚕丝。黄色蚕丝的黄铜色素含量比白色蚕丝高30%，类胡萝卜素含量比白色蚕丝高33倍；绿色蚕丝的黄铜色素含量比白色蚕丝高4倍，类胡萝卜素含量比白色蚕丝高9倍。彩色蚕丝中较高的黄酮色素含量和类胡萝卜素含量使其织物具有良好的抑菌能力，见表2-17。彩色蚕丝织物对黄色葡萄球菌、MRSA、绿脓菌、大肠杆菌、枯草杆菌和黑色芽孢菌 G^+ 等的抑制作用，明显地优于棉和白色蚕丝织物。此外，由于蚕丝多孔，具有类似活性炭的作用，还可使织物具有消臭的功能。

表 2 - 17　彩色蚕丝织物的抑菌效果

细菌种类	抑菌率（%）			
	棉织物	白蚕丝织物	绿蚕丝织物	黄蚕丝织物
黄色葡萄球菌	37.2	72.1	99.3	92.8
MRSA	41.0	69.8	99.7	98.6
绿脓菌	29.4	66.6	99.8	97.1
大肠杆菌	45.2	67.2	98.4	93.7
枯草杆菌	39.4	65.3	97.8	91.8
黑色芽孢菌 G^+	36.7	78.4	98.9	94.3

（4）抗氧化能力。生物在生命活动中会不断产生活性氧自由基，破坏生物的功能分子，对机体产生危害。蚕丝具有分解自由基的活性，其中绿色蚕丝的分解能力最强，可将90%的活性氧自由基分解；其次是黄色蚕丝，能分解50%活性氧自由基；白色蚕丝仅能分解30%活性氧自由基。

（5）色素分布不匀和不稳定性。家蚕彩色茧的色素来源于桑叶和蚕体内自身合成，无毒无害，色彩自然，色调柔和，有些色彩是染色工艺难以模拟的。但由于对其色素特性和利用方法的研究不够，加上家蚕茧色变近20个基因的调控，遗传规律复杂，常见的红黄色系列蚕茧的色素主要集中在丝胶中，并且在茧层中分布不匀，导致生丝颜色不匀，在缫丝、精练等过程中脱胶不均一和色素流失而形成花斑丝。

（三）天然彩色蚕丝的应用

1. 彩色蚕丝丝素的应用

用化学方法将彩色蚕丝中的丝素降解，使丝蛋白长链巨分子分解为小分子水解产物——丝素肽。丝素肽具有易被皮肤、毛发吸收的特点，可用作营养护肤、护发高级化妆品的添加剂。

2. 彩色蚕丝丝胶的应用

彩色蚕丝中的丝胶具有良好的吸湿性、抗紫外线能力和抗氧化能力，可以抵抗紫外线、化学物质、大气污染对肌肤的侵蚀。将其作为化妆品的添加剂，既能起到保湿作用，抑制黑色素的生成，还能延缓皮肤起皱老化。此外，还可将提炼的天然色素代替化妆品中使用的化学色素。彩色茧的天然色素代替化妆品使用的化学色素，更能体现其色泽的高雅，适应追求绿色、健康的高档化妆品消费市场的需求。同时，彩色蚕丝中的丝胶具有较强的分解自由基的特性，可作为食品营养添加剂和油脂类食品的天然抗氧化剂，以延长油脂的保质期。

3. 在服饰上的应用

彩色蚕丝内部有较多的空隙，是天然的优质多孔性蛋白质纤维。彩色蚕丝轻柔，保暖性好，吸放湿性能优良，透气性强，穿着舒适，且不含对人体有害的化学成分，是一种理想的贴身穿着衣料，可制成高档内衣。

4. 在医学上的应用

彩色蚕丝作为一种生物性原料，与人体的角质和胶原同为蛋白质，结构十分相似，具有良好的生物亲和性。其织物具有良好的抑菌能力，富含18种氨基酸，在医学上可制成创面保护膜，用于浅度烧伤、创伤和整形取皮区等皮肤缺损创面的治疗，有助于保持皮肤细胞活力，防止皮肤老化和人体白细胞下降，具有特殊的保健功能。另外，彩色茧中的叶黄素对预防人类一般性慢性疾病，如癌症、心血管疾病等表现出较好的生物活性。因此，天然彩色茧丝面料有很好的保健作用。

第三节　差别化纤维

一、异形纤维

（一）概述

异形纤维是指经一定几何形状（非圆形）喷丝孔纺制的具有特殊横截面形状的化学纤

维。根据所使用的喷丝孔不同，可得到方形、三角形、多角形、十字形、扁平形、Y形、H形、哑铃形等形状的截面，如图2-8所示，异形纤维的主要品种、特性和用途见表2-18。

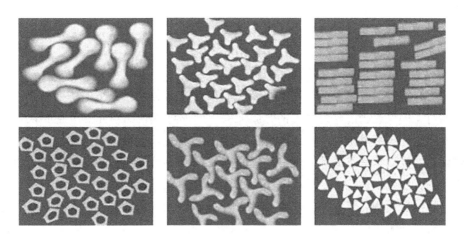

图2-8 异形纤维

表2-18 异形纤维的主要品种、特性和用途

截面形状	性能	用途
三角形	光泽好，有闪光效果	长筒丝袜，闪光毛线，机（针）织物，丝绸织物
扁平形	手感似麻、毛，能改善织物的起毛起球性	仿毛、仿麻织物
Y形、H形	比表面积大，散热性、透气性和吸湿性好	透气型运动面料
五角形	手感优良，保暖性和毛型感好	仿毛织物，起绉织物（仿乔其纱）

异形纤维最初由美国杜邦公司于20世纪50年代初推出三角形截面；继而，德国研制出五角形截面；60年代初，美国又研制出保暖性好的中空纤维；日本从60年代开始研制异形纤维，随之英国、意大利和苏联等国家也相继开发异形纤维。由于异形纤维的制造以及纺织加工技术比较简单，且投资少、见效快，因此，发展比较快。我国研制异形纤维是在70年代中期。异形纤维的品种相当丰富，按其截面形态大体可以分为三角（三叶、T）形、多角（五星、五叶、六角、支）形、扁平带状、中空纤维等类型，此外，还有八叶形、藕形、蚊香状盘旋形等，其性能特点各不相同。

（二）异形纤维的性能

异形纤维属于物理改性，与普通纤维相比，其化学组成未发生改变。因此，异形纤维总体上具有与普通化学纤维相似的力学性质。但是，由于截面形态的变化，与普通化学纤维相比，异形纤维在某些方面又具有自己的特点。

1. 几何特征

异形纤维具有特殊的截面形状，它对纤维纵向形态也产生重要的影响。为了表征异形纤维截面的不规则程度，通常可以采用异形度和中空度等指标。异形度B是指异形纤维截面外接圆半径和内切圆半径的差值与外接圆半径的百分比。

$$B = \frac{R-r}{R} \times 100\%$$

式中：B——纤维异形度；

R——异形纤维截面外接圆半径；

r——异形纤维截面内切圆半径。

此外，异形纤维截面的异形化程度也可以用圆系数、周长系数、表面积系数和充实度来表示。

2. 光泽

异形截面纤维的最大特征是其独特的光学效果，这也是该类纤维的主要特点与用途。圆形纤维表面对光的反射强度与入射光的方向无关，异形纤维表面对光的反射强度却随着入射光的方向而变化。异形纤维的这种光学特性增强了纤维的光泽感，使人眼在不同方向、不同位置接收到不同的光学信息而产生良好的感官感受。利用异形纤维的这种性质可以制成具有真丝般光泽的合成纤维织物。

另外，不同截面的异形纤维的光学特性也有所不同。从光反射性质上看，三角形、三叶形、四叶形截面纤维反射光强度较强，通常具有钻石般的光泽。多叶形（如五叶形、六叶形）截面的纤维光泽相对比较柔和，闪光小。

3. 抗弯性和手感

在截面积相同的情况下，异形截面纤维比同种圆形纤维难弯曲，这与异形纤维截面的几何特征有关。对几种不同截面的异形纤维和圆形纤维的抗弯刚度进行测试，结果见表2-19。结果表明：三角形等异形截面纤维的织物都比圆形纤维织物的抗弯刚度高。这表明纤维异形化不仅改善了纤维的光泽，而且也引起了力学性质的变化，从而引起风格与手感的改变，使异形纤维织物比同规格圆形纤维织物更硬挺。纤维异形化后，合成纤维有了类似于天然纤维的非圆形截面，因而手感方面也有所改善，消除了圆形纤维原有的蜡状手感，织物也更丰满、挺括及活络。

表2-19 不同截面纤维的直径与刚度比较

截面形态	圆形		圆中空		三叶形		三角形	
线密度（dtex）	3.3	1.7	3.3	1.7	3.3	1.7	3.3	1.7
纤维直径（μm）	17.0	12.5	18.3	13.5	20.9	16.1	19.0	14.4
刚度（kPa）	11.76	3.92	21.56	6.27	33.32	11.76	21.56	7.15

4. 蓬松性与透气性

一般情况下，异形纤维的覆盖性、蓬松性比普通合成纤维好，做成的织物手感也更厚实、蓬松、丰满、质轻，透气性也好。异形纤维截面越复杂，或者纤维异形度越高，纤维及织物的蓬松性和透气性就越好。例如，三角形和五星形聚酯纤维织物的蓬松度比圆形纤维织物高5%~8%。

5. 抗起球性和耐磨性

普通合成纤维易起毛、起球。由于纤维强力高，摩擦产生的球粒不易脱落，球粒会越积越多，严重影响织物外观和手感。异形化后，由于纤维表面积增加，丝条内纤维间的抱合力增大，起毛、起球现象大大减少。试验表明，锯齿形、枝翼形截面纤维起毛起球的倾向最小。

五角星形、H 形、扁平形截面纤维和羊毛等纤维混纺，比纯纺起球少得多。

6. 染色性和防污性

异形纤维由于表面积增大，上色速度加快，上染率明显增加。但由于异形化后纤维反射光强度增大，而使色泽的显色性降低，颜色深度变浅。因此，对异形纤维染色时，要想从外观上获得同样的效果，必须比圆形纤维增加 10% ～20% 的染料，这就增加了染色成本。实际生产中，可以通过适当确定纤维的线密度和单丝根数，在一定程度上降低染料的消耗并保证足够的颜色深度。

由于异形截面纤维的反射光增强，纤维及其织物的透光度减小，因而织物上的污垢不易显露出来，这样就提高了织物的耐污性。

（三）异形纤维的纺纱工艺

三角形截面涤纶是一种应用较广的仿真丝差别化纤维，从截面形状上通常分为正三角形或三叶形，正三角形截面涤纶的光泽和对光线的反射效果明显好于三叶形截面涤纶。其特点是光泽强，使织物具有丝绸般的光泽，且抗起毛、起球，易染色，防皱，手感接近天然蚕丝纤维。

以下介绍三角异形涤纶与棉混纺的纺纱工艺。纺纱线密度为 15tex。

1. 原料选配

选用截面为正三角形的 3.33dtex×38mm 有光涤纶，棉选用锯齿棉。具体指标见表 2-20。

表 2-20　涤纶及棉纤维指标

纤维品种	纤维线密度 （dtex）	断裂强度 （cN/dtex）	强度 CV （%）	断裂伸长率 （%）	长度 （mm）	卷曲率 （%）	含油率 （%）	回潮率 （%）
三角形涤纶	3.26	4.2	1.21	28.2	38.2	15.0	0.13	2.0
棉	1.60	3.7	—	—	29.1	—	—	8.5

2. 纺纱工艺流程

三角形涤纶/棉混纺，采用混纺精梳工艺流程，即三角形涤纶与锯齿棉分别制条，在并条工序混并。

三角形异形涤纶：

A002A 型抓棉机→A006B 型混棉机→A036C 型豪猪开棉机→A092A 型双箱给棉机→A076C 型单打手成卷机→A186F 型梳棉机→A272F 型并条机。

棉纤维：

A002A 型抓棉机→A006B 型混棉机→A034C 型开棉机→A036C 型豪猪开棉机→A092A 型双箱给棉机→A076C 型单打手成卷机→A186F 型梳棉机→FA344 型条卷机→FA261 型精梳机。

混纺：A272F 型并条机×3→A465D 型粗纱机→FA502 型细纱机→1332MD 型络筒机。

3. 纺纱工艺要求

（1）开清棉工序。由于三角形有光涤纶较粗，纤维蓬松，纤卷易发生粘连，故开清棉工序应掌握多梳、轻打、少落。采用加装凹凸罗拉，加温棒，在成卷过程中，在棉卷的纵向加粗纱条等办法，并适当减少纤卷长度，可解决粘卷问题。具体参数见表 2-21。

表2-21 开清棉工序主要工艺参数

棉卷定量 （g/m）	棉卷长度 （m）	棉卷罗拉转速 （r/min）	梳针打手转速 （r/min）	综合打手转速 （r/min）
390	27	10	450	920

（2）梳棉工序。三角形涤纶相对粗短，较为蓬松，密度大，静电大，在梳棉工序表现为纤维转移不良，有吸花、坠网等情况，为了顺利纺纱，必须采取较低车速，较小的棉网张力，适当的定量，并采用较高的锡林刺辊线速比，以利于纤维的转移。另外，为保证分梳质量，须采取紧隔距、强分梳工艺，且各分梳部件针布状态良好。对于静电问题，须加强对车间温湿度的控制，使之保持在较合适的范围。梳棉工艺参数见表2-22。

表2-22 梳棉工序主要工艺参数

定量 （g/5m）	锡林速度 （r/min）	刺辊速度 （r/min）	道夫速度 （r/min）	锡林~盖板五点隔距 （mm）
18	300	850	18	0.25、0.22、0.20、0.22、0.25

（3）并条工序。精梳棉条与涤纶预并条经三道混并混合。可采用抗静电处理胶辊防止胶辊、罗拉缠绕，缩小导条板开档距离，防止棉网边缘破裂造成的缠绕。另外，为提高纤维伸直度，改善熟条条干，预并和第一道混并均采用较大的后区牵伸倍数和较小的总牵伸倍数。并条工艺参数见表2-23。

表2-23 并条工序主要工艺参数

工艺	定量 （g/5m）	并合根数	总牵伸倍数 （倍）	后牵伸倍数 （倍）	隔距 （mm）	车速 （m/min）
预并条	17.92	6	5.5	1.87	10×16	1298
一混	18.98	5精梳棉条+2三角形涤纶	6.8	1.67	10×16	1298
二混	18.03	8	8.42	1.56	10×18	1298
三混	17.08	8	8.44	1.31	10×18	1298

（4）粗纱工序。三角形涤纶在并条与精梳棉条混合后，熟条抱合力较差，必须在纺粗纱时偏小掌握粗纱张力，张力过大易出现意外牵伸造成成纱细节偏多，故粗纱张力宜控制在-0.5%~+1.5%。工艺配置上以提高条干水平为主，为保证粗纱有足够的强力，避免在细纱机上粗纱退绕时的意外牵伸，必须适当加大粗纱捻系数。粗纱工艺参数见表2-24。

表2-24 粗纱工序主要工艺参数

粗纱定量（g/10m）	捻系数	后牵伸倍数（倍）	隔距（mm）
4.27	90	1.24	25×37

（5）细纱工序。三角形涤纶较粗，而所纺纱较细，三角形涤纶对细纱纱线条干和强力有

较大影响。因此，设定细纱工艺参数时，必须注意加强对牵伸区纤维的控制。根据三角形涤纶的特性，与粗纱较大的捻系数相配，应选择较大的后区牵伸隔距、较小的后区牵伸倍数和较小的钳口隔距来加强对牵伸区纤维的控制，以减少细节的产生。同时，为保证成纱有较大的强力，应适当增加细纱的捻系数。细纱工艺参数见表 2 – 25。

表 2 – 25　细纱工序主要工艺参数

总牵伸倍数（倍）	后区牵伸倍数（倍）	罗拉隔距（mm）	钳口隔距（mm）	捻系数
27. 76	1. 25	19 × 31	2.5	330

二、复合纤维

（一）概述

复合纤维是由两种及两种以上的聚合物或具有不同性质的同一聚合物，经复合纺丝法纺制成的化学纤维。若复合纤维由两种聚合物制成，即为双组分纤维或共轭纤维。复合纤维根据组分在纤维截面中的分布，大致可分为皮芯型、并列型、海岛型和裂离型，如图 2 – 9 所示。

1. 皮芯型纤维

利用两种聚合物各自分布在纤维的皮层和芯层，可以得到兼有两种聚合物特性或突出一种聚合物特性的纤维。

2. 并列型或偏心皮芯型纤维

利用两种聚合物在纤维截面上不对称分布，在后处理过程中产生收缩差，使纤维产生螺旋状卷曲，可制得具有类似羊毛的弹性和蓬松性的化学纤维。

图 2 – 9　复合纤维截面示意图

3. 海岛型或裂离型纤维

利用纤维内两种不相溶的组分，经物理或化学方法裂离成细特或超细特纤维，最低线密度可达 0.01dtex。

（二）复合纤维的性能

由于组成复合纤维的聚合物的成分或物理性能不同，会产生独特的性能特点。例如，两种组分的收缩率不同，会产生强烈收缩，形成天然永久的卷曲状；再如，用锦纶作皮层、涤纶作芯层的涤/锦复合纤维，既具有锦纶的耐磨、高强、易染、吸湿的优点，又有涤纶弹力好、保形性好、挺括、免烫的优点。因此，涤/锦复合是复合纤维的主要类型，有橘瓣形、米字形等异形截面，具有良好的吸湿性，主要应用于清洁用品和家用纺织品等方面。

根据不同聚合物的性能及其在纤维横截面上分布的位置不同，可以得到性能不同、用途不同的复合纤维。除了不同截面形状外，具有不同的截面结构和形态的复合纤维可以有多种效果，两种或两种以上成分纺制，经拉伸加热处理会产生永久卷曲状态，使纤维呈现类似羊毛的感觉，如三异仿毛纤维具有异截面、异线密度、异收缩的特殊性能。

（三）复合纤维的应用

1. 绒类织物

复合纤维开纤后的低线密度使织物经磨毛处理后，表面形成极短的微纤绒毛，织物外观独特、手感温暖、厚实，因而成为近年国内、国际市场上流行的面料，被称为人造麂皮。与天然麂皮相比，人造麂皮不仅具有天然麂皮的手感和外观，而且在织物的轻、薄、染色性、可洗性、抗皱性、透气性等方面均已超过了天然麂皮，而且有天然麂皮无法比拟的防霉性、防虫蛀性及耐洗涤性。人造麂皮主要用于制作外套、夹克、高尔夫手套等。

2. 人造皮革

两种合成纤维聚合物通过海岛法纺丝、拉伸、切断得到海岛复合短纤维，再制成三维立体交络结构的非织造布，然后用聚氨酯配制的浸渍液进行处理。待聚氨酯凝固后，将纤维中的一种成分溶出，形成超细纤维或多孔状的藕形纤维。选择是否进一步在其表面涂敷聚氨酯发泡层，可以得到不同的产品，即两层基体结构皮革和一层基体结构皮革。最后，再经染色、着色、烤花等表面处理，得到人造皮革产品。

3. 仿真丝织物

仿真丝织物的用途极为广泛。涤/锦复合丝经开纤处理后，由于纤维异形断面和线密度不同，以及其芯吸导湿特性，使得织物具有良好的手感和悬垂性，且具有独特的光泽，其服用舒适性和美感优于真丝织物。

三、超细纤维

（一）概述

超细纤维的概念源于日本。目前国际上并没有公认的超细纤维定义。美国PET（聚酯）委员会将单纤维线密度0.3~1dtex的纤维定义为超细纤维，日本将单纤维线密度0.55dtex以下的纤维定义为超细纤维，一般认定单纤维线密度0.1~1dtex的纤维属于超细纤维，而单纤维线密度小于0.1dtex的纤维为超级细纤维。

（二）超细纤维的性能

超细纤维因单纤维直径小、比表面积大、质轻、柔软、强度和吸湿性好，纤维及其产品都显示出许多独特的性能。

1. 手感柔韧而细腻

纤维线密度是一个重要的品质指标，它和纤维强度及其制品的外观、手感、风格等密切相关。纤维的弯曲刚度与纤维线密度的平方、纤维直径的4次方成正比，纤维的线密度越小，纤维越细、直径越小，纤维的抗弯刚度就越小。例如，将纤维的直径缩小到原来的1/10，则变细后纤维的抗弯刚度只有原来的十万分之一，使纤维及其制品的手感变得超级柔软。与普通化纤相比，超细纤维的取向度和结晶度较高，纤维的相对强度大。同时，纤维的弯曲强度和重复弯曲强度得以提高，使超细纤维具有较高的柔韧性。对涤纶而言，当单丝线密度在0.83dtex以下时，纤维的刚度和抗扭刚度将发生显著变化。此外，超细纤维织物经磨砂后，被磨断的纤维耸立在织物表面，具有细腻、柔软的茸毛感，可形成明显的桃皮绒效果。

2. 光泽柔和高雅

超细纤维的小尺寸、大比表面积产生了对光线反射时的分散效应，使纤维内部的反射光在表面分布更细腻，因而光泽比较柔和，使之具有真丝般的柔和高雅光泽。

3. 高清洁能力

超细纤维织物的大比表面积、强芯吸作用，使其与细小污物的接触面大、容易贴紧并将附着的污物吸进纤维间，避免了污物散失而形成再次污染。因此，超细纤维织物具有高清洁能力，是理想的洁净布和擦拭布。

4. 高吸水性和防水性

超细纤维因较大的比表面积和数量更多、尺寸更小的毛细孔洞，提高了纤维表面吸附水分和毛细芯吸能力，可以吸收和储存更多的液体（水或油污），而且吸附的大量水分只保存在空隙中，能很快被干燥；超细纤维易形成高密度结构的织物，其经纬密度可比普通织物高数倍，经收缩整理后，可得到不需要任何涂层的防水织物。

（三）超细纤维的纺纱工艺

下面以细特黏胶纤维为例，对生产超细纤维纱的各工序进行介绍，所用细特黏胶纤维为 0.6dtex × 38mm，纺制 9.8tex 纱线。

1. 纺纱工艺流程

A002D 抓棉机→A006B 自动混棉机→A036B 豪猪式开棉机→A036C 梳针开棉机→A092A 双棉箱给棉机→A076 清棉机→A186D 梳棉机→FA302 并条机（三道）→A454G 粗纱机→FA52A 细纱机→意大利萨维奥络筒机→成包。

2. 纺纱工艺要求

（1）清花工序。针对细特黏胶纤维细度细、刚度小、单纤维强力低、回潮率高、抗弯强度低，并且受打击容易扭伤纠缠等特点，清花工序以开松均匀为主，降低打击力度，减少打击次数，采用"低速度，多分梳，少打击，轻定量，多松少落，薄喂少落，少损伤，大隔距"的工艺原则。生产中成卷、退卷时粘连现象严重，影响生条重量与条干不匀，应采用防黏罗拉、棉卷轻定量等措施加以解决。清花工序工艺参数见表 2 - 26。

表 2 - 26　清花工序主要工艺参数

A002D 打手转速（r/min）	600	A036B 打手速度（r/min）	500
A002D 小车回转速度（r/min）	2.2	A036C 打手~给棉罗拉隔距（mm）	11
A002D 刀片伸出肋条距离（mm）	2.5	A036C 梳针尖~尘棒隔距（mm）	17×21.5
A002D 小车下降距离（mm）	3	A036C 梳针打手速度（r/min）	530
A006B 均棉罗拉速度（r/min）	185	A092A 剥棉打手速度（r/min）	400
A006B 打手速度（r/min）	400	A092A 回击罗拉速度（r/min）	540
打手~尘棒间隔距（mm）	12×18	角钉帘~均棉罗拉隔距（mm）	30
打手~角钉帘隔距（mm）	5	A076C 综合打手速度（r/min）	810
A036B 打手~给棉罗拉隔距（mm）	6	A076C 棉卷罗拉速度（r/min）	11
A036B 打手~尘棒隔距（mm）	12×16.5	尘棒~打手隔距（mm）	8×18

（2）梳棉工序。由于细特黏胶纤维静电严重，与针布摩擦因数大，易产生棉结，所以要提高梳理度，使单纤维分离状态良好，提高梳棉机释放和转移纤维的能力，以减少充塞针齿的纤维量，提高纤维的伸直平行度和棉网质量，减少生条棉结。锡林、刺辊及盖板速度应适当偏低，以减少对纤维的损伤和短绒含量；锡林与盖板间隔距应适当偏小，以提高分梳效果，使锡林纤维容易转移到盖板上；道夫与锡林间采用0.1mm的隔距，有利于道夫将锡林上的纤维顺利凝聚转移；棉条定量适当偏轻，以解决棉网转移困难和出现飘头及落网现象，有利于改善条干均匀度。因此，生产中采用"轻定量，紧隔距，低速度，小张力牵伸"的工艺原则。梳棉工序主要工艺参数见表2-27。

表2-27 梳棉工序主要工艺参数

生条定量（g/5m）	17.08	锡林~盖板五点隔距（mm）	0.25、0.23、0.25、0.23、0.23
锡林速度（r/min）	320	张力牵伸（倍）	1.098
刺辊速度（r/min）	805	给棉板~刺辊隔距（mm）	0.25
道夫速度（r/min）	21	刺辊~锡林隔距（mm）	0.15
盖板速度（r/min）	148		

（3）并条工序。纤维细度细，条子单位截面积纤维根数多，牵伸力增大，应适当增加并条加压量，以保证与牵伸力相适应的握持力，确保纤维顺利牵伸、不出硬头；重加压可减少棉条在牵伸过程中的滑移，提高牵伸效率和纤维的伸直平行度，改善棉条结构，提高条干水平；超细纤维容易缠绕罗拉和胶辊，应适当降低并条速度。并条工序主要工艺参数见表2-28。

表2-28 并条工序主要工艺参数

工艺	定量（g/5m）	并合根数（根）	罗拉中心距（mm）	加压（N）	出条速度（m/min）
头道	16.42	6	45×55	294×314×294×59	195
二道	15.03	8	45×55	294×314×294×59	175
三道	13.02	8	45×55	294×314×294×59	175

（4）粗纱工序。粗纱回潮率应适当偏大，使粗纱中纤维的刚度减弱，以减少纤维间排斥力。且粗纱车间应适当增大相对湿度，以减少静电的不良影响，解决缠绕罗拉和胶辊的问题，且胶辊表面采用抗静电涂料处理，减少牵伸缠绕，将温度控制在27~30℃，相对湿度控制在58%~65%；粗纱定量应适当偏轻，以降低细纱机总牵伸倍数，这有助于减少纤维在牵伸中的移距偏差，可改善纱条的光洁度；后区牵伸倍数适当放大，以减小牵伸力，使之与握持力相适应，确保纤维在牵伸中稳定运动，提高条干水平；粗纱捻度适当偏低，以避免细纱出硬头；同时减小粗纱卷装直径，以减小粗纱退绕时的拖动张力，减少意外伸长；轴向卷绕密度适当偏大，以利于改善粗纱内部结构，提高粗纱光洁度。粗纱工序主要工艺参数见表2-29。

表 2-29　粗纱工序主要工艺参数

线密度 （tex）	定量 （g/10m）	捻系数	隔距 （mm）	加压 （N）	锭速 （r/min）	前罗拉速度 （r/min）	轴向卷绕 密度（圈/cm）
14.7	4.39	68	27×35	255×147×118	520	158	3.351
11.8	3.68	70	27×35	255×147×118	520	154	3.125
9.8	3.20	70	27×35	255×147×118	520	152	3.125

（5）细纱工序。细纱采用"低速度，适当捻度，小钳口隔距，重加压，大后区牵伸"的工艺原则。使用 BC9 型钢领钢丝圈，可减少纺纱张力波动和断头率；胶辊硬度不宜太软，采用中弹中硬不处理胶辊，可解决缠绕罗拉和胶辊的问题，减少纱疵。适当降低锭速和车速，减小离心力作用和静电积聚现象对成纱质量的不良影响，并使机器处于正常状态，加强胶辊胶圈维修管理，确保成纱条干均匀。应增大压力，增加握持力，加大后区罗拉隔距，减小牵伸力，确保纤维在牵伸中运动稳定，提高条干水平。加强车间温湿度控制和设备维护保养，以减少静电，保证加捻卷绕部件光洁、无毛刺。细纱工序工艺参数见表 2-30。

表 2-30　细纱主要工艺参数

线密度 （tex）	捻度 （捻/10cm）	隔距 （mm）	加压 （N）	钳口隔距 （mm）	锭速 （r/min）	前罗拉速度 （r/min）
14.7	85.5	19×35	176×118×137	3.0	10000	174
11.8	91.0	19×35	176×118×137	2.5	9500	170
9.8	101.5	19×35	176×118×137	2.5	9500	168

（6）成纱质量及应注意的问题。按上述工艺纺出细特黏纤纱的性能见表 2-31。

表 2-31　细特黏纤纱成纱质量

线密度 （tex）	单强 CV （%）	百米重量 CV（%）	条干 CV （%）	单纱强力 （cN）	重量偏差 （%）	100km 纱疵 （个）	断裂伸长率 （%）
14.7	9.8	1.4	12.9	199.6	+0.02	14	11.2
11.8	11.2	2.0	13.5	180.5	-0.15	18	9.7
9.8	10.9	1.8	12.5	174.2	+0.11	17	10.0

应注意的问题如下。

① 使用抗静电剂，保持合适的车间温湿度，对改善细特黏胶纤维的成纱质量有利。

② 适当降低梳棉机车速，可减少纤维损伤和短绒含量。采用格拉夫针布，能明显提高纤维的梳理度，提高纤维的伸直平行度和棉网质量。

③ 合理配置工艺参数，如并条适当加压、粗纱轴向卷绕密度偏大掌握、合理控制细纱钢领钢丝圈的使用期、采用适当的胶辊硬度等，它们均是提高纱线质量的有效途径。

④ 细特纤维纺纱后可提高成纱中纤维排列的均匀性和条干均匀度；在粗纱和细纱捻系数

降低 10% 左右的情况下，仍然能提高单纱强力，并能降低单纱强力 *CV* 值。

总之，超细纤维在加工过程中，因单纤维强力降低，摩擦因数增大，容易出现毛丝、短丝；由于纤维抗弯刚度有所下降，形成织物的硬挺度、卷曲性和蓬松性有所下降；超细纤维的比表面积增大后，加工时应相应增加所需的上油量、上浆量和着色量，不仅会使机物料消耗有所增加，而且会造成退油、退浆困难以及染色易不匀的缺点。

四、聚对苯二甲酸丙二醇酯（PTT）纤维

（一）概述

聚对苯二甲酸丙二醇酯（PTT），是由对苯二甲酸（TPA）和 1, 3 – 丙二醇（PDO）经酯化缩聚而成的聚合物，是一种新型的聚酯纤维。因此，具有与 PET 纤维相同的耐光性、耐化学品稳定性和低吸湿性、"奇碳效应"产生的高回弹性和较低的结晶度，使其具有一般 PET 纤维和锦纶不具备的性能，表现出优异的悬垂性、触感和弹性。不仅如此，PTT 纤维还有良好的抗污性和耐磨性。作为热塑性材料，PTT 纤维已经在服用纤维、地毯材料和工程塑料等领域有了广泛应用，具有良好的潜在市场和发展前景。

（二）PTT 纤维的性能

1. 力学性能

PTT、PET 和 PBT 等纤维的力学性能对比见表 2 – 32。

表 2 – 32　PTT、PET 和 PBT 等纤维的力学性能

纤维	T_m（℃）	T_g（℃）	线密度（g/m）	强度（cN/dtex）	断裂伸长率（%）	热定形温度（℃）	染色温度（℃）	回弹性
PET	265	80	1.4	3.8	30	180	130	较差
PTT	228	55	1.3	3.0	50	140	100	较好
PBT	226	24	1.3	3.3	40	140	100	好
PLA	175	55	1.3	3.8	45	150	100	好
PA	220	50	1.1	4.0	35	140	100	较好

PTT 纤维的初始模量低于 PET 纤维，略高于 PBT 纤维；PTT 纤维的弹性恢复性和热收缩性明显高于 PET 纤维和 PBT 纤维。PTT 纤维的结晶度低，其断裂强度稍低，但 PTT 纤维作为纺织原料与棉、羊毛等混纺时，其强度可满足使用。

PTT、PET 和 PBT 三种纤维的挠屈模量分别为 3.11GPa、2.76GPa 和 2.34GPa；杨氏模量分别为 10.3GPa、9.7GPa 和 9.65GPa。PTT 织物的手感柔软性比 PET 织物好，线密度为 3.33dtex 的 PTT 织物与 2.2dtex 的 PET 织物柔软性相同，与同一线密度的锦纶织物的柔软性近似。这一特性使其无需像 PET 织物一样经碱减量处理。高回弹性和柔软性使 PTT 纤维在服用与装饰用方面与消费者要求柔软、舒适、形态稳定的弹性织物不谋而合。

2. 弹性回复性

多次循环拉伸试验表明，PTT 纤维拉伸 20% 时，仍能有 100% 的弹性回复性。例如，100% PTT 织物与含有 4.7% 氨纶弹性丝的涤纶织物有同样的弹性回复性。不同伸长率时，

PTT 与 PET 和 PBT 纤维的弹性回复率见表 2 – 33。

表 2 – 33 不同伸长率时纤维弹性回复率比较

伸长率（%）	弹性回复率（%）			
	PET	PTT	PBT	PA6
	75dtex/36f	75dtex/26f	75dtex/36f	75dtex/24f
10	65	87	78	80
20	42	81	66	67

3. 热学性能

PTT 纤维的熔融温度（T_m）为 228℃，比 PET 纤维（265℃）低；其玻璃化温度（T_g）与 PLA 纤维相似。

4. 耐化学品性能

PTT 纤维的耐化学品性能与其他合成纤维的比较见表 2 – 34。

表 2 – 34 PTT 纤维与其他合成纤维的耐化学品性能比较

化学品	PTT	PA6	PA66	PET
1%氯	+ +	– –	–	+ +
5% 盐酸	+ +	–	–	+ +
5% 烧碱	+ +	+ +	+	–

注 在 72～110℃的溶液中处理 120h，单丝强度的变化：+ + 强度最好，– – 强度最差。

5. 染色性能

采用分散染料染色，其染色温度必须在纤维的玻璃化温度以上（能染成深色）。PTT 纤维的玻璃化温度为 55℃，比 PET 纤维（81℃）低 26℃；当染色温度相同时，染料对 PTT 纤维的渗透性更好，故染色性能明显优于 PET 纤维，可在常压下沸染，且色牢度高。

（三）PTT 纤维的纺纱工艺

PTT 纤维与棉混纺产品具有良好的耐磨性、悬垂性，手感柔软。以下是棉/PTT 55/45，31.5tex 针织纱的纺纱工艺。

1. 原料选配

由于 PTT 纤维密度大，在生产过程中更易下落，相对而言，棉纤维中的短绒和杂质排除效果下降，所以选择棉纤维时，应尽量选择成熟度好、短绒含量低、棉结杂质少、加工质量好的原棉，以获得更好的成纱质量。原料的主要物理指标见表 2 – 35 和表 2 – 36。

表 2 – 35 PTT 纤维性能指标

纤维	长度（mm）	线密度（dtex）	断裂强度（cN/tex）	短绒率（%）	弹性不匀率（%）	伸长不匀率（%）	含油率（%）
PTT	38	1.67	3.7	17	17.2	24.5	0.18

表 2 – 36　棉纤维性能指标

纤维	主体长度 （mm）	线密度 （dtex）	断裂强度 （cN/tex）	短绒率 （%）	弹性不匀率 （%）	含杂率 （%）	等级
棉	29.2	1.8	3.52	12.8	17.2	1.1	2

2. 工艺流程

PTT 纤维密度大，使原料包坚实、不蓬松，造成抓棉机抓不到纤维或抓取纤维块很大，导致纤维卷厚薄不匀，重量不匀率大。在抓包处适当加入棉包，可使问题得到缓解，因此，采用先棉包混、后条混的两步混合方法，这样既保证开清、梳理的正常进行，又保证混和均匀及混纺比的准确。

纺纱工艺流程如下：

棉纤维：A002C 型抓棉机→A006BG 型混棉机→A035 型混开棉机→A036B 型豪猪式开棉机→A092 型给棉机→A076C 型成卷机→FA203 型梳棉机。

PTT 纤维与棉纤维：A002C 型抓棉机→A006BG 型混棉机→A036B 型豪猪式开棉机（梳针打手）→A092 型给棉机→A076C 型成卷机→FA203 型梳棉机→FA315 型并条机。

棉生条
PTT 与棉预并条 }FA315 型并条机（两道）→A454 型粗纱机→FB518 型细 PTT 与棉预并条纱机→1332MD 型络筒机。

3. 纺纱工艺要求

（1）开清棉工序。PTT 纤维表面光滑，抱合力差，含湿量低，静电现象严重，但不含杂质，纤维整齐度好。纺纱前 PTT 纤维必须加一定量的水或油剂，以防止纺纱过程中粘缠机件；车间相对湿度应控制在 65% ~70%，以减少静电；清棉机采取防粘措施。开清棉工序贯彻"轻打多梳，薄喂少落，低速度，大隔距，防粘连"的工艺原则。针对 PTT 纤维密度大、易下坠等特点，抓棉机较容易抓取棉纤维，余下的多数是 PTT 纤维，PTT 纤维块在抓棉压辊处翻滚，严重时会造成噎车，应特别注意抓棉机运行情况及混纺比的波动。开清棉工序主要工艺参数见表 2 – 37。

表 2 – 37　开清棉工艺参数

工艺项目	工艺参数	工艺项目	工艺参数
A002C 刀片伸出肋条距离（mm）	2	A076 打手速度（r/min）	750
A002C 小车间隔下降量（mm）	4	A076 风扇速度（r/min）	1250
A036B 打手速度（r/min）	600	棉卷长度（m）	27.9
给棉罗拉与打手隔距（mm）	16	棉卷定量（g/m）	360

（2）梳棉工序。梳棉采用纺化纤与棉相适应的工艺，双棉卷喂入。降低锡林速度、盖板线速度、道夫速度，以减少纤维损伤，从而降低短绒率，减少盖板花，应适当降低生条定量及牵伸倍数，以利于改善生条条干均匀度。采用新型纺棉化纤两用针布，适当增加锡林刺辊线速比能保证纤维顺利转移；要保证锡林的圆整度和平直度，方能做到"四快一

准"，避免锡林绕花，反复揉搓造成大量棉结。通过适当减小锡林与大漏底隔距，减小大漏底的包围弧长度，能排除大漏底吸花现象；通过减小锡林与道夫间的隔距，解决锡林与道夫间棉网紊乱和纤维转移不良的问题；采用适当的分梳隔距，能加强对纤维的分梳，提高棉网质量。梳棉工序主要工艺参数见表2-38。

表2-38　梳棉主要工艺参数

工艺项目	工艺参数	工艺项目	工艺参数
锡林速度（r/min）	330	盖板~锡林四点隔距（mm）	0.25、0.23、0.23、0.25
盖板线速度（mm/min）	102	给棉板~刺辊隔距（mm）	0.56
道夫速度（r/min）	23	锡林~道夫隔距（mm）	0.13
生条干重（g/5m）	17.1		

（3）并条工序。由于PTT纤维长度长，蓬松性和弹性较好，车速应适当降低，以防止缠绕罗拉和胶辊。采用顺牵伸工艺，有利于提高纤维的伸直平行度，改善重量不匀率，采用口径小的喇叭口，收缩须条宽度，可增加纤维间的抱合力。PTT纤维的回弹性及张力牵伸的大小也是影响质量和效率的重要因素，纤维经牵伸发生拉伸变形，在前罗拉与压辊间有回缩现象，所以前张力牵伸宜较小掌握，以防产生意外牵伸和缠罗拉或胶辊。

由于喂入头并的纤维条中纤维结构比较紊乱，头并后区应采用偏大的后区牵伸倍数，以减少粗节，提高纤维的定向性和分离平行度；二并后区采用较小的后区牵伸倍数，以进一步提高纤维的伸直平行度，改善条干均匀度。并条工序主要工艺参数见表2-39。

表2-39　并条主要工艺参数

工艺项目	头并	二并	工艺项目	头并	二并
并合数（根）	5 PPT/棉+3棉	8	前张力牵伸倍数（倍）	1.029	1.014
罗拉隔距（mm）	12/20	12/20	总牵伸倍数（倍）	8.02	8.2
后区牵伸倍数（倍）	1.77	1.2	压力棒调整垫厚度（mm）	8.9	8.9
前罗拉速度（r/min）	174	174	喇叭口径（mm）	3.0	2.8

（4）粗纱工序。由于PTT纤维长度长、摩擦因数大、回弹性好、导电性差、对温度敏感等特性，故工艺上宜采用"大隔距，重加压，小张力，小捻系数"的工艺原则。为了进一步提高纤维的伸直平行度，粗纱采用了轻定量，以减少细纱机的牵伸负担。为改善成纱条干均匀度，粗纱前后排采用不同的高效假捻器，以减少前后排粗纱的张力差异，粗纱捻系数定为纯棉的70%，以防止条干恶化，减少细纱出硬头现象。由于PTT纤维导电性能差，如果管理不当，在粗纱工序容易产生"黏、缠、带、挂"等弊病，造成竹节纱、粗经粗纬和突发性条干不匀等纱疵，因此应加强胶辊、胶圈表面处理，要求其表面光滑、颗粒细、耐磨性好，保证胶辊芯不缺油，牵伸部分齿轮啮合良好，隔距准确。粗纱工序主要工艺参数见表2-40。

表 2-40 粗纱主要工艺参数

工艺项目	工艺参数	工艺项目	工艺参数
粗纱干定量（g/m）	4.9	罗拉隔距（mm）	23×31.5
捻系数	85	前罗拉速度（r/min）	180
锭速（r/min）	675	断裂伸长率（%）	1.2~1.6
加压（N）	260×150×200	重量不匀率（%）	0.65
轴向卷绕密度（圈/cm）	3.4	公定回潮率（%）	4.68

（5）细纱工序。采用中硬度不处理胶辊，以提高条干水平，减少粗细节和棉结。牵伸部分采用较大的罗拉隔距、适当大的加压量和后区牵伸倍数，以加强对浮游区纤维运动的控制，有效降低纱疵数量。采用以上工艺后，可以适当收紧细纱钳口隔距。合理选配钢领、钢丝圈，并制订合理的钢丝圈调换周期，以减少毛羽。由于 PTT 纤维含量相对较多，应适当降低前罗拉速度，以防细纱断头后缠绕罗拉和胶辊。

车间温度控制在 25~30℃，相对湿度控制在 65%，以减少静电和飞花，使生产顺利进行。由于 PTT 纤维中含有一些粗硬丝和超长、倍长纤维，且其回潮率低、对金属摩擦因数大，在纺纱过程中容易产生橡皮纱和小辫子纱，生产中应控制好纺纱张力。应增加前胶辊的加压量，调整前胶辊、中胶辊的压力比，增加钢丝圈质量。为消除小辫子纱，开车时应高速开出不打慢车；在钢领板下降时关车；后工序中设定此类纱疵的清纱参数。细纱工序主要工艺参数见表 2-41。

表 2-41 细纱主要工艺参数

工艺项目	工艺参数	工艺项目	工艺参数
干定量（g/100m）	3.037	前罗拉速度（r/min）	180
捻系数	365	后区牵伸倍数（倍）	1.35
锭速（r/min）	675	总牵伸倍数（倍）	16.4
罗拉隔距（mm）	18.5×35	钳口隔距（mm）	2.5

成纱质量：条干 CV13.1%，细节 7 个/km，粗节 21 个/km，棉结 35 个/km，平均强力 340cN，重量偏差 +0.5%。

（6）络筒工序。在络筒工序中，采用"轻张力，低速度，小伸长，保弹性"的工艺原则。保证槽筒通道光滑、无毛刺，以减少断头和毛羽。采用空气捻接器，以保证捻接质量，络纱速度控制在 1200~1600m/min，张力在 6~8 档，合理设定电子清纱参数，以清除有害纱疵。

纺制棉/PTT 混纺针织纱，必须从 PTT 纤维的特性出发，采用棉包混和与棉条混和的两步混和法，以保证纤维的充分混和。清梳工序是关键工序，确定合理的清梳工艺流程及相关工艺参数尤为重要。由于 PTT 纤维长度长、摩擦因数大、回弹性好，粗纱工序应采取"大隔距，重加压，小张力，小捻系数"等有效的工艺措施。由于 PTT 纤维与棉纤维间的差异，在细纱上要加强对浮游纤维的控制，以提高条干水平，减少粗细节、棉结等常发性纱疵。另外，控制好温湿度也是顺利纺制出棉/PTT 混纺针织纱的有效手段。

第四节　生物质纤维

一、天丝纤维

（一）概述

Tencel 纤维是一种新型生物质纤维，商品名为"天丝"，我国称天丝纤维。它与黏胶纤维同属于再生纤维素纤维，是将木浆溶解在氧化胺溶剂（NMMO）中直接纺丝而成，在生产过程中可以收回 99% 以上的有机溶剂 NMMO，形成无废物排放的回收再利用循环生产系统；且天丝产品使用后可降解，不会对环境造成污染，是一种环境友好的绿色纤维材料。

（二）天丝纤维的结构与性能

1. 天丝纤维的结构

（1）聚合度。天丝纤维与几种黏胶纤维的聚合度见表 2 - 42。一般情况下，随着纤维聚合度的提高，其他性质，如定向度、结晶度、断裂强度、杨氏系数提高，断裂伸长率降低。

表 2 - 42　几种不同纤维的聚合度

纤维名称	聚合度	纤维名称	聚合度
一般浆粕	200 ~ 600	变化型高湿模量黏胶纤维	350 ~ 450
天丝纤维	500 ~ 550	强力黏胶纤维	300 ~ 350
普通黏胶纤维	250 ~ 300	富强黏胶纤维	500 左右

（2）结晶度。天丝纤维与几种黏胶纤维的结晶度见表 2 - 43。

表 2 - 43　几种不同纤维的结晶度

纤维名称	结晶度	纤维名称	结晶度
一般浆粕	60	变化型高湿模量黏胶纤维	44
天丝纤维	50	富强黏胶纤维	48
普通黏胶纤维	30		

天丝纤维结晶度较高，测得天丝纤维的沸水收缩率为 2.68%，而黏胶纤维为 4.09%。

（3）形态结构。黏胶纤维与天丝纤维的形态结构，如图 2 - 10 所示。

天丝纤维是典型的纤维素纤维，属于单斜晶系纤维素 II 晶型，结晶度较高。与黏胶纤维相比，其纤维大分子有更高的取向度和沿纤维轴向的规整性。内部结构紧密，缝隙孔洞少。纤维呈规整的圆形截面，基本上由全芯层组成。

2. 天丝纤维的性能

（1）力学性能。天丝纤维与其他纤维的性能比较见表 2 - 44。

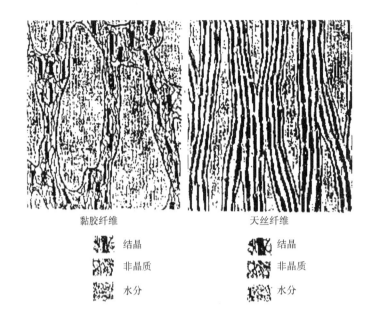

黏胶纤维　　　　　　　　　　　天丝纤维

結晶　　　　　　　　　　結晶

非晶质　　　　　　　　　非晶质

水分　　　　　　　　　　水分

图 2 - 10　黏胶纤维与天丝纤维的结构形态

表 2 - 44　几种纤维的性能比较

纤维性能	天丝	黏胶纤维	高湿模量黏胶纤维	棉	涤纶
线密度（dtex）	1.7	1.7	1.7	—	1.7
强度（cN/tex）	40 ~ 42	22 ~ 26	34 ~ 36	20 ~ 24	40 ~ 52
断裂伸长率（%）	14 ~ 16	20 ~ 25	13 ~ 15	7 ~ 9	44 ~ 45
湿态强度（cN/tex）	34 ~ 38	10 ~ 15	19 ~ 21	26 ~ 30	40 ~ 52
湿态断裂伸长率（%）	16 ~ 18	25 ~ 30	13 ~ 15	12 ~ 14	44 ~ 45
5%伸长条件下湿态模量（CN/dtex）	270	50	110	100	—
回潮率（%）	11.5	13	12.5	8	0.5

由于天丝纤维的分子聚合度高于标准的"高湿模量"纤维，所以它的强度高于其他纤维素纤维，最重要的特性是湿态时也能保持其强度。天丝纤维的干强为 40 ~ 42cN/tex，湿强约为干强的 85%，均高于棉纤维的干强和湿强，这意味着它能经受多次机械或化学后整理而对织物损伤较少，耐后整理性好。它的湿模量高，印染整理过程中收缩率较低，尺寸稳定性好。

（2）化学性能。对碱溶液的稳定性较高，与棉的混纺织物能经受丝光处理，以改善外观，减少收缩，提高褶皱稳定性。

（3）染色性。与其他纤维素纤维使用相同的染料，如用直接、活性、还原、硫化等染料进行染色，上染率类似于黏胶纤维，高于棉纤维，色彩鲜艳、耐久。

（三）天丝纤维纺纱工艺

1. 原料选择

天丝纤维线密度 1.7dtex，长度 38mm，纺制 29.5tex 纱。

2. 工艺流程

A002D 型抓棉机→A006B 型自动混棉机→A036C 型梳针滚筒开棉机→A092 型棉箱给棉机→A076型成卷机→A186D 型梳棉机→A272F 型并条机（二道）→A454E 型粗纱机→FA502 型细纱机→SAVIO 自动络筒机。

3. 纺纱工艺要求

（1）开清棉工序。天丝纤维长度长，整齐度好，不含杂质、短绒。抓包机要少抓、勤抓，减少打击，增加开松，以减少纤维损伤和产生短绒；合理控制车间温湿度，采用助剂防静电，采用防黏罗拉、棉卷夹粗纱、加大紧压罗拉压力等防黏、防缠措施；成卷后用塑料薄膜包好，严防油剂和水分挥发。开清棉工序应采取"多松少打，薄喂少落，低转速，大隔距"的工艺原则。开清棉工序主要工艺参数见表 2-45。

表 2-45　开清棉工序主要工艺参数

工艺项目	工艺参数	工艺项目	工艺参数
干定量（g/m）	395	棉卷长度（m）	34.5
综合打手速度（r/min）	940		

（2）梳棉工序。道夫采用轻定量、慢速度，以提高梳棉棉网质量；适当增加盖板速度和盖板~锡林间的隔距，有利于盖板除杂和减小纤维损伤，以减小生条含短绒率，提高成纱均匀度；棉网由道夫出来后至圈条部分各压辊的压力宜偏小掌握，以免生条太紧密，不利于后续工序加工。梳棉工序主要工艺参数见表 2-46。

表 2-46　梳棉工序主要工艺参数

工艺项目	工艺参数	工艺项目	工艺参数
干定量（g/5m）	18	给棉板~刺辊隔距（mm）	0.23
锡林速度（r/min）	350	刺辊~锡林隔距（mm）	0.18
刺辊速度（r/min）	900	锡林~道夫隔距（mm）	0.13
盖板速度（mm/min）	190	锡林~盖板五点隔距（mm）	0.38、0.36、0.33、0.33、0.36
道夫速度（r/min）	14		

（3）并条工序。并条可改善条干不匀，消除弯钩纤维，提高纤维的伸直平行度。头道并条采用较小总牵伸倍数、较大后区牵伸倍数，以伸直前弯钩纤维；末道并条选择较小后区牵伸，将总牵伸主要分配在前区，以提高对后弯钩纤维的伸直效果；并条定量宜偏小掌握，适当放大罗拉隔距，以改善条干水平。并条工序主要工艺参数见表 2-47。

表 2-47　并条工序主要工艺参数

工艺项目	头并	二并	工艺项目	头并	二并
干定量（g/5m）	16.5	15.5	后区牵伸倍数（倍）	1.63	1.23
并合数（根）	8	7	出条速度（m/min）	200	200
罗拉中心距（mm）	46×53	45×53			

（4）粗纱工序。因天丝纤维的强力大、整齐度高，粗纱捻度一般比同线密度纯棉捻度低20%～45%。捻度宜适当偏大掌握，并适当控制粗纱张力，以防止粗纱意外牵伸，有利于成纱条干均匀。粗纱工序主要工艺参数见表2-48。

表2-48　粗纱工序主要工艺参数

工艺项目	工艺参数	工艺项目	工艺参数
粗纱定量（g/10m）	5	前集棉器直径（mm）	10
粗纱捻度（捻/10cm）	3	罗拉隔距（mm）	27×30
后区牵伸倍数（倍）	1.3	锭速（r/min）	750
总牵伸倍数（倍）	6.2	前罗拉速度（r/min）	243
中集棉器直径（mm）	12		

（5）细纱工序。细纱工序宜集中前区牵伸，加大后区隔距，减小牵伸力，适当加大罗拉压力，选择适当的粗纱捻系数。细纱工序主要工艺参数见表2-49。

表2-49　细纱工序主要工艺参数

工艺项目	工艺参数	工艺项目	工艺参数
干定量（g/100m）	2.646	后区牵伸倍数（倍）	1.35
前罗拉速度（r/min）	210	细纱捻度（捻/10cm）	62
罗拉隔距（mm）	18×28	钢领	PGl4254
锭速（r/min）	10226	钢丝圈	6802U 5#
钳口隔距（mm）	3		

（6）络筒工序。采用小张力、慢速度络纱，以减少毛粒的产生。络筒工序主要工艺参数见表2-50。

表2-50　络筒工序主要工艺参数

项目	工艺参数	项目	工艺参数
车速（m/min）	850	张力圈质量（g）	4

综上，天丝纤维能够适应现有棉纺环锭设备。但由于天丝纤维具有明显的原纤化倾向，纤维在湿态中或在机械应力作用下，沿着纤维轴方向分裂出原纤。在棉纺设备上必须采用较低的速度，在清梳工序应避免过分打击，减慢打手速度，加强纤维转移。粗纱、细纱工序适当调整工艺，适当放大罗拉隔距，采用合适的捻系数。

二、竹纤维

（一）概述

按加工方法的不同，竹纤维可分为原生竹纤维和再生竹纤维两种。原生竹纤维是利用机械、物理等方法将竹子制成纤维，其工艺原理与麻相似，也可以称为竹麻纤维。原生竹纤维受长度、细度所限，适纺性能较差，多用于建筑建材、汽车制造、污水处理等产业领域。再生竹纤维的生产类似于黏胶纤维，即先将竹子制成浆粕再纺丝成为纤维，是一种再生纤维素纤维，也称竹黏胶纤维。

由于目前的竹纤维纺织品几乎都是由再生竹纤维制成，所以本书重点介绍再生竹纤维的性能和纺纱加工方法。后文中所说的竹纤维如无特别说明，均指再生竹纤维。

（二）竹纤维的结构与性能

1. 竹纤维的形态特征

竹纤维纵向表面具有光滑、均一的特征，纤维纵向的表面呈多条较浅的沟槽，横截面接近圆形，边缘具有不规则锯齿形，表面结构与成型条件有关。这种表面结构使得竹纤维的表面具有一定的摩擦因数，纤维具有较好的抱合力，有利于纤维的成纱。竹纤维密度较小，这是其手感柔软的一个重要原因。竹纤维的白度与普通黏胶纤维接近。

2. 竹纤维性能

（1）力学性能。

①强伸性能。普通黏胶纤维的干、湿强度分别为 2.26cN/dtex 和 1.46cN/dtex，再生竹纤维的干湿强度分别为 2.49cN/dtex 和 1.97cN/dtex，略高于黏胶纤维；竹纤维的干湿断裂伸长率分别为 17.5% 和 7%；竹纤维的干湿初始模量略高于黏胶纤维，表明竹纤维具有比普通黏胶纤维更好的加工与服用性能。

②卷曲性能。竹纤维具有一定的卷曲，这可增加纤维间的摩擦与抱合，有利于纺纱加工；竹纤维的初始模量较大，导致其弹性回复率较低。

③摩擦性能。竹纤维的动摩擦因数和静摩擦因数分别为 0.101 和 0.247；黏胶长丝的动摩擦因数和静摩擦因数分别为 0.27 和 0.43，竹纤维的摩擦因数较小，纤维的摩擦抱合性能较差，纺纱时需做一定的预处理。

（2）吸湿性。竹纤维是高吸湿纤维，在 20℃、相对湿度 65% 时回潮率在 13.5% 左右；在 20℃、相对湿度 95% 时，回潮率为 45%，因此，竹纤维服装穿着舒适，抗静电、抗沾污性能好。但与黏胶纤维一样，润湿后强度下降 30% 以上，存在着不耐水洗的缺点。

（3）透气性。竹纤维与黏胶纤维、蚕丝的透湿量见表 2-51。竹纤维有很好的透气性能，这与竹纤维特殊的高度中空的天然横截面有关。

表 2-51 竹纤维、黏胶纤维、蚕丝的透气性能

纤维种类	竹纤维	黏胶纤维	蚕丝
透气量（g/s）	1.652	1.375	1.475

注 水皿法，试验条件：湿球温度 25℃、干球温度 35℃、相对湿度 45%，时间 2h，试样面积 37.5cm^2。

（4）导电性能。质量比电阻是测定纤维可纺性的一个重要指标，竹纤维的质量比电阻为 $1.82 \times 10^8 \Omega \cdot g/cm^2$，数值相对较高，在纺纱过程中需采取抗静电措施。

（5）染色性能。竹纤维为纤维素纤维，可选择用于纤维素类纤维的染料。适合竹纤维染色的染料有活性染料、直接染料、硫化染料、还原染料等品种，不仅染料多且色谱全，织物经染色、印花后，色牢度好，色泽鲜艳。但由于纤维素纤维的平均相对分子质量和聚集态结构不同，因此，染料对它们的可染程度不尽相同，与黏胶纤维相比，竹纤维的染色性能更好。

因为竹纤维结晶度较低、非晶区大，纤维湿态下膨胀率高，使得染料在纤维内部扩散所需的孔道体积增大，提高了染料在纤维内的扩散系数，在规定的染色时间内有利于染料的上染。混纺产品同浴染色时，需注意不同纤维的竞染速率。

（三）竹纤维的纺纱工艺

竹纤维除刚性较大外，与一般黏胶纤维纺纱性能基本相似，下面以竹纤维纯纺纱为例，按照其纺纱工艺流程，对生产竹纤纱的各工序进行介绍，所用竹纤维为 1.33dtex × 38mm，纺制 14.8tex 的竹纤维纯纺纱。

1. 纺纱工艺流程

A002D 型自动抓棉机→A006B 型自动混棉机→A036B 型豪猪式开棉机→A 092A 型双棉箱给棉机→A076C 型单打手成卷机→1181 型梳棉机→FA315 型并条机→FA315 型并条机→A454E 型粗纱机→FA502A 型细纱机。

2. 纺纱工艺要求

（1）预处理。竹纤维在纺纱过程中易产生静电积聚，进而在生产中缠绕罗拉、胶辊，影响生产与质量。因此，在生产之前应对纤维进行预处理。根据纤维回潮率以及含油率大小，在投料前 6 ~ 8h 给纤维按照一定比例喷水，使纤维在以后的各工序中处于放湿状态。

（2）清棉工序。竹纤维具有纤维整齐度好、含杂少的优点，但强力低、抱合力差。抓棉机要少抓勤抓、减少打击、减少纤维损伤和产生短绒。将开棉机的打手改用梳针式的，三翼打手去掉刀片，给棉罗拉至打手的隔距应适当放宽。竹纤维抱合力差，成卷松散，棉卷定量不宜太小，同时要防止棉卷粘连。车间实际温度为干温 20.5℃，湿温 16.5℃，相对湿度 57%。清花棉卷罗拉速度设计为 13r/min，豪猪打手设计速度为 369r/min。

（3）梳棉工序。由于竹纤维强力比棉低、杂质少，为防止损伤纤维和减少短绒，应适当降低锡林、刺辊速度，采用较大的锡林刺辊线速比，同时由于竹纤维杂疵少，所以应适当降低盖板速度。竹纤维卷曲少，在纺纱过程中很容易伸直，导致纤维抱合力减弱，使棉网出现飘头、坠网、破边现象。因此，张力牵伸宜偏小掌握，同时适当降低道夫速度。梳棉工艺主要工艺参数见表 2-52。

表 2-52　梳棉工序主要工艺参数

工艺项目	工艺参数	工艺项目	工艺参数
标准干重（g/5cm）	20.8	锡林速度（r/min）	208
设计牵伸倍数（倍）	93.75	道夫速度（r/min）	19.4
给棉板抬高（mm）	5	刺辊速度（r/min）	679
锡林~盖板五点隔距（mm）	0.15、0.13、0.13、0.13、1.15	盖板速度（mm/min）	71

（4）并条工序。并条工序应注意控制温湿度，胶辊做防静电处理，适当降低并条机速度，以减少静电，避免缠绕罗拉和胶辊。采用顺牵伸工艺，头并后牵伸大，二并后牵伸小，以增加纤维的紧密性和抱合力，喇叭口以偏小为宜。并条工序主要工艺参数见表 2-53。

表2-53　并条工序主要工艺参数

工艺参数	头并	二并	工艺参数	头并	二并
标准干重（g/5cm）	18.5	18.1	并合数（根）	7	7
回潮率（%）	11.5	11.1	罗拉隔距（mm）	13×16	13×16
设计牵伸倍数（倍）	7.87	7.15	压辊速度（m/min）	1490	1490

（5）粗纱工序。粗纱工序应适当增大粗纱捻系数，防止粗纱在退绕过程中发生脱断和意外伸长，应提高粗纱的回潮率，减少成纱毛羽。应放大后区牵伸隔距，增大后区牵伸倍数，减小牵伸力，以降低粗节数量，提高条干均匀度。应适当减小粗纱卷装，以减小粗纱退绕时的拖动张力，避免粗纱产生意外伸长。另外，应采用经防静电处理的胶辊，以改善粗纱质量。粗纱工序主要工艺参数见表2-54。

表2-54　粗纱工序主要工艺参数

工艺参数	纯棉	混棉	工艺参数	纯棉	混棉
标准干重（g/5cm）	6	6	设计捻度（捻/10cm）	3.08	3.30
回潮率（%）	11.2	8.5	前后罗拉隔距（mm）	25×35	25×35
设计牵伸倍数（倍）	6.03	6.03	前罗拉速度（r/min）	224	224
捻系数	80.20	85.24	锭子速度（r/min）	658	658

（6）细纱工序。竹纤维强力低、静电现象严重，细纱纺纱易断头，纱线毛羽多、条干差。因此，细纱工序应适当降低锭速和车速，以减小离心力和静电积聚对细纱质量的影响。选择稍大的捻度和较小的后区牵伸倍数，防止纤维在后区牵伸中过分扩散，以利于减少纱线毛羽，改善成纱条干均匀度。另外，合理选配钢领和钢丝圈、使用稍硬的软弹性表面胶辊都有助于提高纱线质量。细纱工艺主要工艺参数见表2-55。

表2-55　细纱工序主要工艺参数

工艺参数	纯棉	混棉	工艺参数	纯棉	混棉
标准干重（g/100cm）	1.310	1.322	设计捻度（捻/10cm）	87.9	87.90
回潮率（%）	11.8	9.4	前后罗拉隔距（mm）	16.4×41.6	16.4×41.6
设计牵伸倍数（倍）	45.80	45.39	前罗拉速度（r/min）	204	204
捻系数	338	337			

（7）络筒工序。最好采用自动络筒机，以确保获得良好的空捻打结质量和良好的成形。配以合适的电子清纱工艺，以去除成纱中的各类纱疵；应采用较低的卷绕速度和卷绕张力，以减小摩擦和伸长，防止纱线起毛，使纱线保持良好的光泽。

三、甲壳素纤维

（一）概述

甲壳素纤维是由虾蟹壳中含有的一种叫几丁质的物质加工而成的，其分子结构与植物纤维素的结构非常相似。甲壳素来源广泛，除了甲壳类动物外，也存在于昆虫类动物体和霉菌类（蕈类、藻类）细胞内。甲壳素纤维是自然界唯一带正电荷的阳离子纤维，具有优异的生物活性和生物相容性，由其制成的手术缝合线抗菌且可与肌体相容，无需拆线，避免了二次伤害和感染。甲壳素纤维可自然降解，将纤维埋在地下5cm，3个月后即可被微生物分解，且不会造成污染。甲壳素及其衍生产品在纤维、食品、化工、医药、农业及环保等领域具有十分重要的应用价值。

（二）甲壳素纤维的结构与性能

1. 甲壳素纤维的结构

（1）形态结构。纯甲壳素和壳聚糖纤维的纵表面有凹槽，纤维内部为原纤结构，有大量孔洞或毛细孔，没有明显的皮、芯结构，这是由于纺丝液喷出后进入凝固浴收缩而形成固体，致使表面产生沟槽，而纤维内部的溶剂扩散后形成孔洞。

甲壳素与黏胶纤维共混，纤维截面形态边缘为不规则的锯齿形，随共混纺丝液中甲壳素含量的增加，纤维截面外缘逐渐趋向圆滑，锯齿逐渐消失，呈现菊花型。甲壳素与黏纤共混长丝的表面均有纵向沟槽，且随甲壳素含量的增加，沟槽数减少。随甲壳素含量的增加，纤维表面变得毛糙，不光滑。纵向沟槽和横截面的孔洞利于吸湿、导湿和放湿。

（2）聚集态结构。甲壳素和壳聚糖纤维的结构与纤维素纤维很相似，由于增加了氨基，破坏了大分子的结构规整性，不易结晶，更亲水，因此，甲壳素和壳聚糖纤维的湿强与干强比低于纤维素纤维，达25%左右。壳聚糖纤维的结晶度和晶粒尺寸比甲壳素纤维小。

2. 甲壳素纤维的性能

（1）强伸性能。黏胶基甲壳素纤维的干态强力比黏胶纤维高，湿态强力和黏胶纤维相似。但黏胶基甲壳素纤维吸湿后，强力下降明显。在纺纱过程中应适当控制其含湿量，以保证纺纱过程顺利。纤维断裂伸长率的大小与其纤维的结晶度、取向度、分子间力的大小等因素密切相关，黏胶基甲壳素纤维湿态断裂伸长率比黏胶纤维高。初始模量的大小表示纤维受较小拉伸力时抵抗变形的能力。黏胶基甲壳素纤维的初始模量比黏胶纤维高，与涤纶相近，但湿态模量下降。断裂比功的大小说明纤维的韧性，断裂比功大，纤维在拉伸时能吸收较大的能量，要破坏它需做较大的功，其反映纤维的韧性较好，而且耐磨，其制品一般比较坚韧。黏胶基甲壳素纤维的韧性优于黏胶纤维而差于其他纤维。对比结果见表2-56。

表2-56 黏胶基甲壳素纤维的力学性能与其他纤维的比较

纤维种类	断裂强度（cN/dtex）		断裂伸长率（%）		初始模量（cN/dtex）	断裂比功（cN·mm/mm³）	
	干态	湿态	干态	湿态		干态	湿态
黏胶基甲壳素	1.52~2.38	1.44~1.88	19.2~21.9	15.9~19.4	16.7~26.8	3.96~5.58	2.48~4.51
黏胶纤维	1.30~1.90	1.56~1.73	11.4~17.2	9.0~14.5	19.5~26.7	2.50~3.86	1.88~2.89
棉	2.90~5.00	3.10~6.50	3.0~6.0	—	68.0~93.0	—	—
羊毛	1.18~1.90	0.89~1.85	11.2~34.9	12.4~48.5	11.5~33.8	2.70~11.83	2.02~8.06
涤纶	3.50~4.56	3.65~4.78	29.3~40.9	19.5~35.7	17.7~30.8	9.34~19.00	3.98~13.50

（2）卷曲性能。化学纤维一般在加工时可采用物理或机械的方法使纤维具有一定的卷曲，以提高可纺性，改善纤维的弹性和纤维集合体的蓬松性，使织物柔软、丰满，具有良好的抗皱性和保暖性。黏胶基甲壳素纤维与其他几种纤维卷曲性能的对比见表2-57。

表2-57 黏胶基甲壳素纤维的卷曲性能与其他纤维的比较

纤维种类	卷曲数（个/25mm）	卷曲率（%）	卷曲弹性回复率（%）	残留卷曲率（%）
黏胶基甲壳素	5	8.3	69.6	5.8
黏胶纤维	3	5.8	64.7	3.7
棉	—	—	—	65.0
羊毛	12	11.0	85.0	12.0
涤纶	13	21.1	89.5	18.9

卷曲数影响纤维间的摩擦抱合作用，过大会使纤维在开松梳理过程中受到损伤，过少则纤维间的抱合力差，影响成网、成条和成纱。一般化学纤维的卷曲率控制在10%~15%，卷曲弹性回复率是考核卷曲牢度的指标，一般控制在70%~80%，残留卷曲率表示纤维受力后的耐久程度，一般控制在10%左右。黏胶基甲壳素纤维的卷曲性能各项指标比黏胶短纤维好，但比涤纶差。

（3）吸湿透气性。甲壳素纤维的大分子链上存在大量羟基（—OH）和氨基（—NH$_2$）等亲水性很好的基团，而且其单位化学基团的电荷和极性基密度都比较大。另外，甲壳素纤维表面的纵向沟槽也有助于吸湿。因此，甲壳素纤维具有优良的吸湿透气性能。甲壳素纤维的吸湿率可达400%~500%，是纤维素纤维的两倍多；其平衡回潮率超过黏胶纤维15%以上。甲壳素纤维优良的吸湿透气性能，以及特殊的抗菌、防臭功能，使甲壳素纤维织物适合做内衣等要求舒适性能好的服装。

（4）导电性能。纤维的导电性能直接影响纤维的纺纱加工，特别是对于回潮率普遍较低的化学纤维而言，其质量比电阻是考察纺纱能否顺利的指标之一。通常化学纤维的质量比电阻在$10^9\Omega\cdot g/cm^2$以内即可使纺纱加工比较顺利，而对涤纶等质量比电阻较大的纤维，需要通过助剂来改善表面导电性能。黏胶基甲壳素纤维的导电、导湿性能与其他纤维的比较见表2-58。

表2-58 黏胶基甲壳素纤维的导电、导湿性能与其他纤维的比较

纤维种类	回潮率（%）	质量比电阻（$\Omega\cdot g/cm^2$）	纤维种类	回潮率（%）	质量比电阻（$\Omega\cdot g/cm^2$）
黏胶基甲壳素	12	$10^6\sim10^7$	羊毛	16	$10^8\sim10^9$
黏胶纤维	13	10^7	涤纶	0.4	$10^{13}\sim10^{14}$
棉	8	$10^6\sim10^7$			

（5）热学性能。黏胶基甲壳素纤维与其他纤维素纤维一样无熔点，不软化，不收缩，有明显的烧纸味。黏胶基甲壳素纤维的耐热性比羊毛纤维好，但比黏胶纤维差，在染整时应特别注意控制温度。

（6）化学性能。甲壳素纤维和壳聚糖纤维不溶于水、稀酸、稀碱和一般的有机溶剂。甲

壳素纤维在浓硫酸、盐酸、硝酸、85%磷酸等强酸中发生剧烈降解，同时相对分子质量明显下降；黏胶基甲壳素纤维不溶于一般的有机溶剂，因其与黏胶纤维有相似的结构、成分与外观，在鉴别纤维时，最为简单的方法是用碘与碘化钾着色剂着色，晒干后黏胶基甲壳素纤维呈黑色，而黏胶纤维为黑蓝色，两者有明显的区别。甲壳素纤维呈碱性，具有高度的化学活性，对活性染料和直接染料有较好的亲和性，因而有优异的染色性和上染率。

（7）生物性能。

①抗菌性。甲壳素纤维本身带有正电荷，其分子中的氨基阳离子与构成微生物细胞壁的磷壁酸或磷脂阴离子发生离子结合，限制微生物的生命活动。壳聚糖分子还能分解成低分子，穿入到微生物细胞壁内，抑制遗传因子从 DNA 到 RNA 的转移而阻止细菌和霉菌的发育，达到天然抑菌的目的，同时，甲壳素纤维与人体皮肤汗液接触时可激活体液中的溶菌酶，防止有害细菌侵入体内。

甲壳素纤维对大肠杆菌、金黄色葡萄球菌、白色念珠菌、枯草杆菌有抗菌性，采用振荡烧瓶试验法样品抑菌率与对照样品抑菌率的差值大于有关卫生标准的 26%，超过了 30%，且水洗不影响其抗菌特性。由甲壳素纤维制成的纺织品具有良好的抗菌防臭作用。

②生物相容性和安全性。甲壳素及其衍生物可以在生物体内降解，不会有蓄积作用，产物也不与体液反应，对组织无排异反应，因此，有良好的生物相容性；甲壳素制品对人体的耐刺激性与毒性均合格。

③生物可降解性。壳聚糖由壳聚糖酶合成，在生物体内可以被溶菌酶降解为对人体无毒的 N - 乙酰氨基葡萄糖。壳聚糖分子中的氨基、羟基等活性基团通过各种反应可制备各种壳聚糖衍生物，如甲壳素，因此，甲壳素纤维也具有很好的生物可降解性。

（三）甲壳素纤维的纺纱工艺

纯的甲壳素纤维大部分用作医用纺织品，服用纺织品中的甲壳素纤维多是共混纤维，如上述黏胶基甲壳素纤维，或是纯甲壳素纤维与其他纤维混纺的产品。

1. 原料选配与混合

对于甲壳素纤维混纺产品，确定其在混纺中的含量是原料选配中的重要问题，甲壳素纤维的含量会影响混纺产品的适纺性能、生产成本和最终产品的功能。如开发抗菌类功能产品，甲壳素纤维的含比不能太低，一般不低于 10%；但含比大会增加原料成本，也会影响可纺性。

据资料介绍，与棉混纺时，在保证抗菌效果的前提下，含比以 10% ~40% 为宜，成纱线密度以 9.7 ~18.5tex 为宜；与天丝、莫代尔等纤维素纤维混纺时，含比一般不高于 20%，成纱线密度 14.6 ~18.5tex；与羊毛、棉三元混纺时，混纺比选择棉 60%、羊毛 30%、甲壳素纤维 10%，纺纱线密度为 28 ~36tex。

为突出甲壳素纤维的功能，如能选择长度较短、细度稍粗的甲壳素纤维与棉混纺，则按照纤维在加捻成纱时的转移规律，可使甲壳素纤维较多分布在成纱外层，更好地发挥甲壳素纤维吸湿透气、抗菌等功能。

2. 纺纱工艺要求

下面以甲壳素纤维与棉混纺为例简要介绍各工序的工艺，首先，甲壳素与棉混纺可采用条混。

（1）开清棉工序。甲壳素纤维长度不匀率小，杂质少，但有并丝和硬丝，应选择较短的开清流程。甲壳素纤维刚性小，强度较低，纤维间抱合力小，比较蓬松，因而开清工艺应贯彻"多松少打，轻打重梳"的原则，适当降低打手速度，注意打手部位的气流状态，以防止纤维返花和减少纤维扭结；打手至尘棒间距离应适当放大，尘棒与尘棒间隔距应适当缩小，安装角应适当减小，以减少纤维损伤；棉卷定量偏轻掌握，若棉卷过重、过长会造成里层黏卷现象严重。

（2）梳棉工序。根据甲壳素纤维强力低、纤维间抱合力小、杂质少等特点，梳棉工艺应适当降低锡林、刺辊速度，锡林至盖板隔距偏大掌握，采用合适的道夫速度和生条定量，以较小的棉网张力牵伸。

（3）并条工序。并条工序应适当降低速度，为保证熟条条干，可采用"多并合，重加压，中定量，大隔距"的工艺原则。此外，加大并条张力牵伸可解决熟条发硬和圈条不良的问题。

（4）粗纱工序。粗纱工序可采用"低速度，大捻度，大隔距"的工艺原则。较大的粗纱捻系数既可避免粗纱卷绕和细纱退绕时产生意外伸长，也可使细纱后区牵伸时纤维变速点稳定。罗拉隔距应比纺棉时适当放大，胶辊压力应比纺棉时增大20%，使罗拉握持力适应牵伸力。

（5）细纱工序。目前甲壳素/棉混纺纱多数用于对成纱条干要求较高的针织纱，因此，细纱工序重点是提高成纱条干均匀度、控制粗细节和毛羽。可采用"小后区牵伸倍数，小钳口隔距，大后区隔距"的工艺配置，前上胶辊硬度适中，适当加大压力，以增加对纤维的控制，提高成纱条干均匀度。

四、大豆蛋白纤维

（一）概述

大豆蛋白纤维属于再生植物蛋白纤维，是以榨过油的大豆豆粕为原料，利用生物工程技术提取出豆粕中的球蛋白，通过添加功能性助剂，与腈基、羟基等高聚物接枝、共聚、共混，制成一定浓度的蛋白质纺丝液，改变蛋白质空间结构，经湿法纺丝而成。大豆蛋白纤维是我国自主开发并率先实现工业化的创新性纤维生产技术。

大豆蛋白短纤维生产基本流程如图2-11所示。

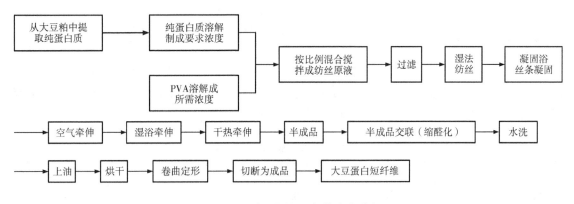

图2-11　大豆蛋白短纤维生产流程

（二）大豆蛋白纤维的结构与性能

1. 大豆蛋白纤维的结构

大豆蛋白纤维的截面形态不完全一致，大多呈哑铃形，一部分呈扁平形、腰圆形，还有少部分呈三角形，截面中心颜色较深，这可能是由纤维内外层的成分不同所致；纵向表面不光滑，有清晰的沟槽。大豆蛋白纤维主要由三部分组成，最外层为改性蛋白质，中间部分为经缩醛化的聚乙烯醇，内芯为含磺酸基的聚丙烯腈。根据公开专利文献报道，大豆蛋白纤维中的蛋白质含量在23%～55%，聚乙烯醇和其他成分为45%～77%，蛋白质主要以不连续的团块状分散在连续的PVA介质中，结构上含有氨基、羟基、腈基等。这种结构和组成使它具有较好的吸湿性和导湿性。此外，大豆蛋白纤维的光泽亮丽，略呈淡黄色，手感轻柔、滑爽。

2. 大豆蛋白纤维的性能

（1）力学性能

①强伸性能。大豆蛋白纤维的干态断裂强力接近涤纶，断裂伸长率与蚕丝、黏胶纤维接近，但是变异系数较大，尤其是断裂强力指标，这说明纤维存在较明显的强力不匀，将给纺纱带来一定难度。另外，大豆蛋白纤维吸湿之后，强力下降明显，这与黏胶纤维类似。大豆蛋白纤维的强伸性能与其他纤维的对比见表2-59。

表2-59　大豆纤维的强伸性能与其他纤维的比较

工艺参数		大豆蛋白纤维	棉纤维	毛纤维	蚕丝	普通黏胶纤维
断裂强力（cN/dtex）	干态	4.2～5.4	3.0～4.9	1.0～1.7	3.4～4.0	1.7～2.3
	湿态	3.9～4.3	3.3～6.4	0.8～1.6	2.1～2.8	0.8～1.2
相对钩接强度（%）		75～85	70	80	60～80	30～65
相对打结强度（%）		85	90～100	85	80～85	45～60
初始模量（cN/dtex）		72～132	68～93	11～25	50～100	65～85
断裂伸长率（%）	干态	18	3～7	25～35	15～25	10～24
	湿态	21	—	25～50	27～33	24～35
摩擦因数	静态	0.235	0.22（纤维相互平行）	0.20～0.25（顺摩擦）	0.52（纤维相互平行）	0.43（纤维相互平行）
	动态	0.287	0.29～0.57（纤维交叉）	0.38～0.49（逆摩擦）	0.26（纤维交叉）	0.19（纤维交叉）

②卷曲性能。大豆蛋白纤维的卷曲弹性回复率较低，卷曲弹性回复率与刚度有关，大豆蛋白纤维的初始模量较小，因而弹性回复率也低，卷曲弹性回复率较低会给纺纱带来一定困难。大豆蛋白纤维的卷曲性能与其他纤维的对比见表2-60。

表2-60　大豆纤维的卷曲性能与其他纤维的比较

工艺项目	大豆蛋白纤维	棉纤维	毛纤维	蚕丝	黏胶纤维（普通长丝）
卷曲数（个/cm）	5.2	—	6～9	—	4.8～5.6
卷曲率（%）	1.65	—	—	—	—

续表

工艺项目	大豆蛋白纤维	棉纤维	毛纤维	蚕丝	黏胶纤维（普通长丝）
残留卷曲率（%）	0.88	—	—	—	—
弹性回复率（%）	72（伸长率3%） 45（伸长率5%）	74（伸长率2%） 63（伸长率20%）	99（伸长率2%） 63（伸长率20%）	54~55 （伸长率8%）	99（伸长率2%） 63（伸长率20%）

③吸湿透气性。大豆蛋白纤维的回潮率较棉、毛和天丝纤维低，但优于常规合成纤维。大豆蛋白纤维织物的放湿较棉和羊毛纤维快，大豆蛋白纤维的热阻较大，保暖性能优于棉和天丝纤维。综合来说，大豆蛋白纤维及其织物具备良好的湿热舒适性。

④导电性能。大豆蛋白纤维的比电阻接近于蚕丝，明显小于合成纤维，这表明该纤维的电学性能比较好，这对纺织加工及服用舒适性能有利。

⑤摩擦性能。大豆蛋白纤维的摩擦因数相对其他纤维偏低，且动、静摩擦因数差值较小，纤维之间的摩擦抱合力小，使纺纱过程成网、成条性能差，松散、易断，纺纱过程需加入适量助剂来加以改善。

⑥热学性能。通过热重（TGA）分析，测定未交联和交联大豆蛋白纤维的热失重变化，可以对大豆蛋白纤维的热性能进行分析。未交联大豆蛋白纤维在335℃开始热分解，失重明显，在435℃热分解严重；交联纤维在365℃开始有明显的热分解失重，在460℃热分解严重。交联型大豆蛋白纤维比未交联型耐热性好些。

（2）化学性能

①化学反应性。大豆蛋白纤维中含有氨基（—NH$_2$）和羧基（—COOH），既可吸酸，也可吸碱。在强酸性条件下（pH = 1.7）处理60min后强力损伤仅为5.5%，pH = 11时处理60min后强力损伤19.2%，可见大豆蛋白纤维有较好的耐酸性；大豆蛋白纤维在NaOH浓度为16.7mmol/L时，吸碱量基本达到饱和；加入NaCl使纤维的吸酸、吸碱量增加，这与羊毛纤维是一致的；从大豆蛋白纤维的吸酸、吸碱量可知，纤维中—NH$_2$数量大于—COOH数量；大豆蛋白纤维中—NH$_2$和—COOH的含量比蚕丝纤维低，这是由于大豆纤维中蛋白质含量低所致，因此，大豆蛋白纤维应选择弱酸性染料。选择还原剂Na$_2$S$_2$O$_4$及氧化剂NaOCl和H$_2$O$_2$作为漂白剂，参照蚕丝纤维的漂白工艺进行漂白，结果表明大豆蛋白纤维有较好的耐氧化还原性能，强力基本没有损失。大豆蛋白纤维的化学性能与其他纤维的比较见表2-61。

表2-61　大豆蛋白纤维的化学性能与其他纤维的比较

性能 \ 纤维	大豆蛋白纤维	棉纤维	毛纤维	家蚕丝	黏胶纤维（普通长丝）
耐酸性	在浓盐酸中可完全溶解，在浓硫酸中很快溶解，但残留部分物质。在冷稀酸中只有少量溶解	热稀酸、冷浓酸可使其分解，在冷稀酸中无影响	在热硫酸中会分解，对其他强酸具有抵抗性	热硫酸会使其分解，对其他强酸抵抗性比羊毛稍差	热稀酸、冷浓酸可使其强度下降，以至溶解；5%盐酸、11%硫酸对纤维强度无影响

性能＼纤维	大豆蛋白纤维	棉纤维	毛纤维	家蚕丝	黏胶纤维（普通长丝）
耐碱性	在稀碱溶液中，即使煮沸也不溶解，在浓碱中经煮沸后颜色变红	在氢氧化钠溶液中膨润丝光化，但不损伤强度	在强碱中分解，弱碱对其有损伤	丝胶在碱中易溶解，丝朊受损伤，但比羊毛好	强碱可使其膨润，强度降低；2%氢氧化钠溶液对其强度无影响
耐氧化性	在双氧水中纤维软化，起初略显黄色，最终颜色很白；在次氯酸钠溶液中软化，颜色较白，类似羊毛	一般氧化剂可以使纤维发生严重降解	在氧化剂中受损，胱氨酸分解，羊毛性质发生变化，卤素还能降低羊毛缩绒性	含氯的氧化剂能使丝素发生氧化裂解，而且还会发生氧化作用，使肽键断裂	不耐氧化剂，与棉类似

②溶解性。大豆蛋白纤维微溶于 1.0mol/L 次氯酸钠溶液（反应条件：25℃，30min）、80%甲酸溶液（反应条件：室温，15min），故大豆蛋白纤维与动物蛋白纤维混纺产品组分分析，不可采用碱性次氯酸钠法，大豆蛋白纤维与锦纶混纺产品的组分分析不可采用80%甲酸法。大豆蛋白纤维几乎不溶于二甲基甲酰胺（反应条件：95℃，1h），对大豆蛋白纤维与腈纶混纺织物进行组分分析，可采用二甲基甲酰胺法。大豆蛋白纤维几乎全溶于75%硫酸溶液（反应条件：50℃，1h）、甲酸－氯化锌溶液（反应条件：40℃，2.5h），对大豆蛋白纤维与涤纶混纺织物进行组分分析，可采用75%硫酸法，与棉、苎麻、亚麻纤维混纺产品的组分分析，可采用甲酸－氯化锌法。

③染色性能。大豆蛋白纤维本为淡黄色，很像柞蚕丝。它可用弱酸性染料、活性染料染色。尤其是采用活性染料染色，产品鲜艳而有光泽，耐日晒、耐汗渍牢度好。与真丝产品相比，解决了染色鲜艳度与染色牢度之间的矛盾，真丝产品的耐日晒、耐汗渍牢度较差，很容易褪色。

（三）大豆蛋白纤维的纺纱工艺

大豆蛋白纤维可以纯纺或与棉、麻、毛、丝及各种化学纤维混纺，开发各种服用纺织产品，其产品具有良好的舒适性，外观光泽好，有柔软的手感。

纯大豆蛋白纤维纺纱的关键是解决梳棉工序的棉网转移难、易断、不易成网以及纤维间抱合力差的问题。现在以大豆蛋白纤维纯纺为例介绍纺纱工艺。

1. 原料预处理

大豆蛋白纤维体积质量较小，质量比电阻较高，纺纱时飞花散失多，静电现象比较严重，易发生缠绕，所以投料前应加入一定比例的水，还需加入抗静电、防滑等助剂，缓解纺纱静电现象及因纤维表面光滑、抱合力差引起的成网、成条难的问题，提高适纺性能。抗静电剂、防滑剂用量及比例应适当，以避免过多黏缠机件。一般用水量为大豆蛋白纤维干重的4%左右，抗静电剂用量在大豆蛋白纤维干重的6%左右，喷洒要均匀，用塑料薄膜封好，存放24h后投入使用。

2. 工艺流程

A002D 型抓棉机→A006B 型自动混棉机→A036C 型梳针打手开棉机→A092 型双棉箱给棉机→A076 型成卷机→A186D 型梳棉机→A272F 型头道并条机→A272 型二道并条机→A454 型粗纱机→FA502 型细纱机→大豆蛋白纤维纱。

3. 纺纱工艺要求

（1）开清棉工序。因大豆蛋白纤维的线密度小、长度长、短绒少、整齐度好，蓬松且不含杂质，但抱合力差，因而采用短流程工艺及"多松少打，薄喂少落，防绕防黏"的工艺原则。

抓棉机应抓细、抓匀，并提高抓棉机的运转效率，适当降低抓棉机小车每次的下降距离和打手刀片伸出肋条的距离，降低抓棉打手速度，避免纤维打击过度，减少纤维的损伤。适当降低梳针打手速度和综合打手速度，合理选择梳针打手与给棉罗拉隔距及综合打手与天平罗拉的隔距。减小尘棒间隔距，增大打手与尘棒间隔距。适当调整水平帘与角钉帘间的速比，缩小均棉罗拉与斜帘的隔距，适当加大各紧压罗拉的压力，增加纤维层的紧密度。采用凹凸罗拉、加粗纱条、紧压罗拉加热和减少卷长等方法，可避免黏卷现象。棉卷定量要偏轻掌握，以防止黏卷，并且可减少卷子破洞和质量不匀率，以利于开松并减轻梳棉机梳理负荷。为避免水分和油剂的挥发，棉卷应用塑料薄膜包好，随用随取。应提高车间的相对湿度，将其控制在 65% ~70% ，以减少静电的影响。

（2）梳棉工序。大豆蛋白纤维蓬松、光滑，抱合能力差，纤维卷曲数少，且为非永久性卷曲，在纺纱过程中容易伸直，易破边、落网、飘头，梳棉工序成网困难。因而梳棉是大豆蛋白纤维纺纱最困难的一道工序，应采用"轻定量，中隔距，低速度，大转移比，多梳少落"的工艺原则。

大豆蛋白纤维蓬松性好，生条定量应偏轻掌握，不宜过重，否则容易堵塞喇叭口。应适当抬高给棉板，以增加给棉工作长度，减少纤维损伤，提高成纱质量。应适当减小棉网张力，以降低生条条干不匀率。为了加强对棉层的握持，保持刺辊的分梳能力，减少棉网云斑和生条中棉束、棉结，应适当加大给棉罗拉压力。适当调节锡林与盖板间的隔距，隔距过小，锡林绕花，隔距过大，会出现棉结和块状云斑，恶化生条质量。应适当放大前上罩板上口隔距，使盖板花量正常，避免缠绕锡林。应适当降低道夫速度，以减轻梳理负荷，锡林与道夫间的隔距适当偏小掌握，有利于纤维顺利转移。道夫与剥棉罗拉隔距适当偏小，可解决棉网因纤维间抱合力差而产生断裂。此外，还需采用新型化纤针布，增加车间相对湿度到 70% ~75% 等措施。

（3）并条工序。并条的任务是改善条子的质量不匀率，利用牵伸使纤维平行顺直，提高纤维的分离度，并对条子进行定量控制。大豆蛋白纤维的纤维长，蓬松，弹性好，并条采用"低速度，重加压，中定量，大隔距"的工艺原则。

头并后区牵伸倍数偏小掌握，以伸直前弯钩纤维，减小移距偏差、降低棉结。二并的条子中大部分是后弯钩纤维，后区牵伸倍数应适当偏小，以降低粗节和条干不匀率。头并采用 6 根并合，二并采用 8 根并合。并合根数适当减少，牵伸倍数减小，条子不易发烂发毛，牵伸附加不匀降低，有利于提高成纱质量。采用口径偏小的喇叭口，收缩须条宽度，增加纤维间的抱合力，有利于后道工序对纤维运动的有效控制，车间相对湿度以 75% 左右为宜。

（4）粗纱工序。粗纱工序选择合适的总牵伸、后区牵伸及适当的捻度是工艺的重点。粗纱张力过大会产生收缩，造成意外牵伸、条干恶化、断头增加，粗纱断裂伸长率以控制在1.4%左右为宜。适当放大后区牵伸隔距，增大后区牵伸倍数，对减小牵伸力、降低粗节数量和提高成纱条干有利，后区牵伸倍数在1.1~1.2为宜。

采用较小的卷装直径，避免因纤维表面光滑、纤维之间抱合力差而使粗纱容易冒纱和脱圈，减少粗纱退绕时的拖动张力，减小意外伸长。粗纱定量适当偏轻，可减小细纱机总牵伸倍数，有助于减小纤维在牵伸运动中的移距偏差，改善成纱质量。粗纱轴向卷绕密度适当偏大，有利于改善粗纱的内部结构质量，提高粗纱的光洁度。此外，还需合理控制车间温湿度、选择好粗纱捻系数以及前区集合器型号，以保证粗纱结构良好。

（5）细纱工序。适当放大细纱机后区隔距并缩小后区牵伸倍数，对于减少粗节和细节及提高成纱质量十分有利，但后区牵伸倍数不能太小，一般控制在1.45倍左右，否则会产生牵伸波，增加粗细节数量。

适当选择罗拉隔距和重加压，平衡牵伸力稳定牵伸，前胶辊前移3mm，中胶辊后移3mm，可使牵伸区内摩擦力界分布更趋合理，减小浮游区长度，降低移距偏差，减少千米节结，提高条干均匀度。适当加大胶辊硬度也对提高条干均匀度有利。适当降低锭速，可减小离心力作用和静电积聚现象对成纱质量的影响，车间相对湿度应控制在67%左右。

4. 存在的主要问题

（1）大豆蛋白纤维的卷曲弹性回复率低，会影响成纱时纤维的抱合，给成纱带来一定困难，同时会影响织物的抗皱、保暖、手感等服用性能，所以需改进成纤的加工工艺，提高纤维本身的刚性和弹性。

（2）大豆蛋白纤维的干态断裂强力接近于涤纶，断裂伸长接近于蚕丝和黏胶纤维；而湿态断裂强力下降较多，断裂伸长增加。说明纤维吸湿后，大分子接合力减弱，结晶区变得松散。另外，断裂强力变异系数较大，故纤维存在明显的强力不匀，给纺纱带来一定的困难。

（3）大豆蛋白纤维耐热性较差，当温度达到120℃左右就开始发黄发黏，在100℃沸水中处理30min，纤维干热强力下降，伸长变大。纤维卷曲增多，证明其湿热性能不稳定，不利于染整加工。若染整工艺不当，易造成织物手感偏硬。

（4）大豆蛋白纤维本身呈豆黄色，常规漂白工艺难以获得洁白效果，影响染色印花。

（5）大豆蛋白纤维单纤细且表面光滑，虽比电阻不是很大，但纺织加工过程中静电现象严重，需加以解决。

五、聚乳酸纤维

（一）概述

聚乳酸纤维（Polyactic Acid，PLA）又称玉米纤维。它是由玉米等谷物原料经过发酵、聚合、纺丝制成的。其生产过程中，首先将玉米中的淀粉提炼成植物糖，再将植物糖经过发酵形成乳酸，乳酸再经过聚合生成高性能的乳酸聚合物，最后将这种聚合物通过熔体纺丝等方法制成聚乳酸纤维。

聚乳酸纤维可生物降解，在微生物的作用下，其废弃物会分解成二氧化碳和水，在光合作用下又会生成起始原料淀粉，而淀粉又是聚乳酸的原料，这一循环实现了资源的可持续利用。聚乳酸纤维可用常规的化纤生产工艺进行加工，有长丝、短纤维、单丝等多种规格。

（二）聚乳酸纤维的结构与性能

1. 聚乳酸纤维的结构

聚乳酸纤维横截面和纵向形态如图 2 - 12 所示。其横截面为近似圆形且表面存有斑点，纵向存在无规律的斑点及不连续性条纹，主要是由于聚乳酸纤维存在着大量的非结晶部分。

图 2 - 12　聚乳酸纤维的外观形态

2. 聚乳酸纤维的性能

（1）强伸性能。聚乳酸纤维与涤纶、锦纶的物理性能见表 2 - 62。聚乳酸纤维的密度介于涤纶和锦纶之间，比棉、丝、毛等纤维的密度小，说明聚乳酸纤维具有较好的蓬松性，制成的服装比较轻盈；聚乳酸纤维的强度较高，达到 3.0 ~ 4.5cN/dtex，接近涤纶；聚乳酸纤维的断裂伸长率为 30% ~ 50%，高于涤纶和锦纶，纤维模量小，与锦纶相近，属于高强、中伸、低模型纤维。

表 2 - 62　聚乳酸纤维、涤纶、锦纶的性能比较

工艺项目	聚乳酸纤维	聚酯纤维	锦纶
密度（g/cm³）	1.27	1.38	1.14
断裂强度（cN/dtex）	3.0 ~ 4.5	4.0 ~ 4.9	4.0 ~ 5.3
断裂伸长率（%）	30 ~ 50	25 ~ 30	25 ~ 40
玻璃化温度（℃）	57	70	40
熔点（℃）	175	260	215
杨氏模量（kg/mm²）	400 ~ 600	1100 ~ 1300	300

聚乳酸纤维和常用纤维的弹性回复率比较见表 2 - 63。由表可以看出，聚乳酸纤维在小变形时弹性回复率比锦纶要好，即使变形在 10% 以上，纤维的弹性回复率也比锦纶以外的其他纤维高很多，因此，聚乳酸纤维抗皱性好。

表 2 - 63　聚乳酸纤维和常用纤维弹性回复率比较

变形	聚乳酸纤维弹性（%）	棉纤维弹性（%）	涤纶弹性（%）	黏胶纤维弹性（%）	羊毛弹性（%）	锦纶弹性（%）
2%	99.2	75	88	82	99	—
5%	92.6	52	65	32	69	89
10%	63.9	23	51	23	51	89

（2）生物降解性能。聚乳酸纤维可降解的根本原因是聚合物上酯键的水解。一般认为，其末端羧基对其水解起催化作用，降解过程从无定形区开始。水解速率不仅与聚合物的化学结构、相对分子质量、形态结构及样品尺寸有关，而且依赖于外部水解环境，如微生物的种类及其生长条件、环境温湿度、pH 等。在正常的温度和湿度条件下，聚乳酸及其制品是稳定的，但在一定的环境和条件下，可以分解成二氧化碳和水。

（3）吸湿快干和保暖性能。聚乳酸纤维的回潮率为 0.4% ~ 0.6%，与涤纶接近，比大多数天然纤维和合成纤维低，吸湿性能较差。但纤维具有独特的芯吸作用，因而织物有良好的导湿快干性；聚乳酸纤维保温性比棉及涤纶高 20% 以上。

（4）可燃性。聚乳酸纤维在燃烧过程中只有轻微的烟雾释出，发烟量较小，烟气中不存在有害气体；燃烧放热量小，燃烧热是乙纶、丙纶的 1/3 左右。与涤纶相比，自熄时间短，极限氧指数是常用纤维中最高的，接近于国家标准对阻燃纤维极限氧指数 28% ~ 30% 的要求。

（5）耐光及染色性能。聚乳酸纤维在室外曝晒 500h 后，强度仍可保留 55% 左右。聚乳酸纤维与涤纶的染色性能类似，分散染料可以对聚乳酸纤维着色。但聚乳酸纤维的形态及超分子结构与涤纶有所不同，故染色性能和染色工艺与涤纶有一定的差异。

聚乳酸纤维也存在一些缺点，如耐磨性较差，影响了它在高性能服装领域的应用；此外，熔点较低，这就限制了它在高温环境下的应用。

（三）聚乳酸纤维的纺纱工艺

1. PLA 纯纺纱工艺流程

流程一：清花 A076C→梳棉 1181C→预并 FA302→头并 FA302→二并 FA311→粗纱 A454G→细纱 FA506→自动络筒 MCN07 - 2。

流程二：清梳联 DK760→预并 FA302→头并 FA302→二并 FA311→粗纱 A454G→细纱 FA506→自动络筒 MCN07 - 2。

2. 纺纱工艺要求

（1）清花工序。采用清梳联工艺时，环境温度最好掌握在 23 ~ 25℃，相对湿度在 50% ~ 60%，应注意适当降低速度，避免过分打击，以减少产生短绒和棉结。由于聚乳酸纤维具有良好的弹性，加之回潮率低，静电大，开松后纤维很蓬松，因此，各部隔距应适当放大。在圈条成型部分，静电与蓬松易造成喇叭口、圈条斜管堵塞、棉条输出不顺畅、成型不良，应适当降低圈条速度。

采用成卷工艺时，纤维的较大弹性造成棉卷伸长大、松弛状态下回缩也很大，容易产生负伸长，试验中棉卷的伸长达到 -1.56%。另外，由于纤维之间的抱合力小，纤维蓬松，容易产生黏卷。适当减小棉卷定长，加大棉卷压力可解决上述问题。

（2）梳棉工序。由于聚乳酸纤维具有良好的弹性和弹性回复性，纤维蓬松，因此，梳棉工序应加大各部隔距，提高各通道光滑度，减少堵塞断条。梳棉针布与涤纶相近，除尘工艺应尽量减小落棉率。

（3）并条工序。在并条生产中未解决由静电产生的缠绕罗拉胶辊现象，可适当降低速度，喇叭口偏小掌握，以提高条子抱合力，应降低满筒长度，减轻条子与上圈条器表面的摩擦，通过胶辊涂料不采用酸处理等措施加以改善。

（4）粗纱工序。粗纱工序应合理选择粗纱捻系数，既要提高纤维抱合力，又要防止细纱出"硬头"。纺纱张力偏小掌握，以减少纱条意外伸长。后区牵伸倍数在 1.2 左右，牵伸区隔距为 25mm×35mm，粗纱捻系数为 65～70。

（5）细纱工序。细纱工序应注意选择钢丝圈型号和成纱捻系数，针织纱捻系数选择 350，机织纱为 370～380，由于聚乳酸纤维具有较低的熔点，锭子速度与钢丝圈速度不宜过高，选择合适的钢丝圈号数可防止产生毛羽，保证成纱质量。

（6）络筒工序。自动络筒采用低速小张力，以减少对单纱条干和毛羽的破坏，保证良好成形，减少后工序断头。

六、牛奶蛋白纤维

（一）概述

牛奶蛋白纤维是以牛乳作为基本原料，经过脱水、脱油、脱脂、分离、提纯，使之成为一种具有线型大分子结构的乳酪蛋白，再与聚乙烯醇或聚丙烯腈进行共混、交联、接枝制备成纺丝原液，最后通过湿法纺丝成纤、固化、牵伸、干燥、卷曲、定形、短纤维切断或长丝卷绕而成，纤维有维纶基与腈纶基两种。牛奶蛋白纤维中含有 17 种氨基酸，与人体皮肤的化学成分一致，且含有保湿因子，是制作内衣的上佳面料。

（二）牛奶蛋白纤维的结构与性能

1. 牛奶蛋白纤维的结构

国内生产维纶基牛奶蛋白纤维，聚乙烯醇与牛奶酪蛋白的含量比为（69～73）:（31～27）；腈纶基牛奶蛋白纤维聚丙烯腈与牛奶酪蛋白的含量比为（68～74）:（32～26）。

维纶基牛奶蛋白纤维横截面和纵向的形态如图 2－13 所示。由图 2－13 可以看出，牛奶纤维横截面呈圆形，类似合成纤维，纵向有隐条纹，边缘光滑。

图 2－13　维纶基牛奶蛋白纤维的外观形态

2. 牛奶蛋白纤维的性能

（1）强伸性能。牛奶蛋白纤维的断裂强度比羊毛、棉、蚕丝和黏胶纤维都高，仅次于涤纶；其断裂伸长较大。

（2）耐热性。对牛奶蛋白纤维进行热分析发现，自 48℃起，它开始失重；在 149℃时，失重 4%；在 440℃时，失重 30%；92.7℃时，牛奶纤维分解，其温度低于水的沸点。在后整理或其他相关应用时，需注意纤维的耐热性能。

（3）染色性能。牛奶蛋白纤维常规染色中，适合的染料有活性染料、弱酸性染料和中性染料等。研究发现，采用活性染料染色时，织物的耐洗牢度好，鲜艳度高，并且染深浓色时，需经过两次皂洗。

（4）抗静电性能。从织物的静电消除性能看，100%牛奶蛋白纤维织物在8kV的高压下，尽管所带的静电低于毛/腈针织物，但是静电消除的时间却很长。毛/腈针织物所带静电在12s内迅速消除，而100%牛奶蛋白纤维织物在12s后仍带有较高的静电量。随着织物中牛奶蛋白纤维比例的减少，其织物的抗静电性能逐步提高。牛奶蛋白纤维含量分别为45%和30%的混纺织物，在静电压8kV的条件下，30s后所带的静电量明显降低，静电消除时间也明显减少。因此，牛奶蛋白纤维适合与其他纤维混纺，以改善其抗静电性。

（5）摩擦性能。摩擦因数的大小对牛奶蛋白纤维的可纺性有着重要的影响。牛奶蛋白纤维的摩擦因数比较小，与蚕丝接近，在纺纱过程中，纤维与纤维间的抱合力小，纤维间容易产生滑移，不利于顺利纺纱。纺纱前加入适量助剂，可增大抱合力，提高可纺性。

（6）光泽、手感。牛奶蛋白纤维具有真丝的光泽，细特牛奶蛋白纤维织物纹路清晰，悬垂性极佳。牛奶蛋白纤维光滑，触摸时感觉温暖，具有真丝般的手感，而且纤维还有真丝一样的丝鸣感。

（三）牛奶蛋白纤维的纺纱工艺

以牛奶蛋白/精梳棉70/30、18.2tex纱为例说明其纺纱工艺的技术特点。

1. 原料规格与工艺流程

纤维长度38mm，线密度1.52dtex，干断裂强度2.8cN/dtex，干断裂伸长率25%～35%，湿断裂强度2.4cN/dtex，湿断裂伸长率28.8%，回潮率5.5%，体积质量1.22 g/cm³。

纺纱工艺流程：

牛奶蛋白纤维预处理→A002A型圆盘抓棉机→A045型凝棉器→A006B型自动混棉机→A036BS型豪猪式开棉机（更换梳针打手）→A062型电气配棉器→A092AST型双棉箱给棉机→A076E型成卷机→A186型梳棉机。

牛奶蛋白纤维条/精梳棉条→FA306并条机→FA326并条机→JWF1416型粗纱机→DT129型细纱机→No.21C型自动络筒机。

2. 纺纱工艺要求

（1）预处理。牛奶蛋白纤维容易产生静电，在清棉工序前必须进行开松与调湿处理。根据牛奶蛋白纤维的投入量（折算成干重）计算出设定回潮率（不低于12%）下水的质量，按抗静电剂与水的混和比例为1.5%～2%进行配制，然后进行喷洒、混和与闷放，以便渗透均匀。

（2）开清棉工序。针对牛奶蛋白纤维较蓬松、整齐度好、无杂质、易开松的特点，开清棉工序采取"少松，少打，以梳代打，防缠绕"的工艺原则。抓棉打手伸出肋条高度2mm，做到精细抓取、混和均匀；豪猪式开棉机梳针打手速度400r/min，综合打手速度720r/min；适当提高凝棉器风扇速度为1250r/min，保证不损伤纤维、纤维不会摩擦成团造成堵车，保证送棉均匀。为防止黏卷，制卷过程中采用防黏罗拉，并加大紧压罗拉压力，机前用粗纱条将卷层分开，成卷后用塑料布包裹好纤维卷，以防散湿，在搬运过程中，要轻拿轻放，水平放置，纤维卷定量300g/m，卷长31.4m。

（3）梳棉工序。牛奶蛋白纤维摩擦因数低，抱合力低，光滑松散，梳棉工序应采取"强分梳，快转移，防缠绕，重加压"的工艺原则。适当降低锡林与刺辊速度，增大速比，保持刺辊清洁和锡林的梳理状态良好，减少棉结产生。主要工艺参数：锡林速度243r/min，刺辊速度615r/min，速比2.17，盖板速度119r/min，锡林与盖板五点隔距0.23mm、0.20mm、0.20mm、0.18mm、0.23mm，给棉板抬高5mm，除尘刀高度+2mm，生条定量17.023g/5m。温度控制在26~27.5℃，相对湿度控制在75%~78%。经测试梳棉生条棉结11粒/g，杂质0，生条含短绒率6.8%，质量不匀率3.8%。

（4）并条工序。并条采取"低速度，重加压，大隔距，多并合"的工艺原则。温度控制在27.5~29℃，相对湿度控制在80%~83%。并合采用轻重搭配，保证熟条的质量不匀率和条干不匀率，经测试，熟条质量不匀率为0.9%，条干不匀率为2.08%，含短绒率7.3%。并条工序主要工艺参数见表2-64。

表2-64 并条工艺参数设计

并条	定量 （g/5cm）	合并根数 （根）	牵伸倍数 （倍）	隔距 （mm）	前罗拉转速 （r/min）
一并	16.5	8	8.1	9×18	200
二并	16.4	6（牛奶纤维条）+2（精梳棉条子）	8.1	8×18	200
三并	16.4	88	8.1	8×18	200

（5）粗纱工序。粗纱工序的重点是保证条干均匀，尽量减少粗细节，在细纱不出"硬头"的前提下，粗纱捻系数偏大掌握，并控制伸长率，减少意外伸长。总牵伸倍数7.47，后区牵伸倍数1.24，捻系数108，罗拉隔距24mm×36mm，粗纱定量4.5g/10m。经测试，粗纱质量不匀率0.65%，条干不匀率为4.58%。

（6）细纱工序。细纱工序主要工艺参数及成纱质量分别见表2-65和表2-66。

表2-65 各品种细纱工艺参数

线密度 （tex）	细纱定量 （g/100cm）	罗拉隔距 （mm）	后区牵伸倍数 （倍）	总牵伸倍数 （倍）	前罗拉转速 （r/min）
18.2	1.725	20×36	1.16	26.0	210
14.5	1.386	20×36	1.16	32.3	200
11.7	1.110	20×36	1.18	40.5	185

表2-66 各品种成纱质量指标

线密度 （tex）	条干不匀率 （%）	细节 （个/km）	粗节 （个/km）	棉结 （个/km）	单纱强度 不匀率（%）	单纱断裂强度 （cN/tex）	3mm毛羽数 （根/m）
18.2	11.51	1	15	19	10.2	14.5	1.89
14.5	12.88	4	29	29	7.4	13.5	2.09
11.7	13.4	5	45	38	13.3	14.8	2.87

七、蚕蛹蛋白纤维

（一）概述

蚕蛹蛋白纤维是一种新型的再生动物蛋白纤维，主要有黏胶基蚕蛹蛋白纤维和丙烯腈—蚕蛹蛋白纤维两种。黏胶基蚕蛹蛋白纤维由蚕蛹蛋白质和黏胶纤维经湿法纺丝制成，一般采用70%的黏胶纤维和30%的蚕蛹蛋白共混而成。丙烯腈—蚕蛹蛋白纤维是由丙烯腈在引发剂存在下与蚕蛹蛋白质发生接枝共聚制得，蛋白质富集在纤维表面，形成皮芯结构。黏胶纤维共混蚕蛹蛋白纤维开发应用较早，纺织相关研究较多，丙烯腈接枝共聚蚕蛹蛋白纤维的相关开发应用尚在探索中。

（二）蚕蛹蛋白纤维的结构与性能

1. 蚕蛹蛋白纤维的形态结构

黏胶基蚕蛹蛋白纤维纵向表面不平滑，有明显的裂缝和沟槽；其横截面呈锯齿形，有明显的皮芯结构，与再生纤维素纤维相似。丙烯腈—蚕蛹蛋白纤维表面有许多沿纤维轴向分布的细长条纹。这是因为纤维分子的蚕蛹蛋白和聚丙烯腈不完全接枝共聚，而是由丙烯腈分子、蚕蛹蛋白分子和两者的接枝共聚分子三部分组成，在纺丝过程中，蚕蛹蛋白分子的水溶性较大，较易水解和脱落，故而在纤维的表面形成条纹。

2. 蚕蛹蛋白纤维的性能

黏胶基蚕蛹蛋白纤维综合了纤维素纤维和蛋白质纤维两种纤维的性能，集真丝和再生丝的优点于一身，不但具有色泽亮丽、光泽柔和、吸湿透气性好、悬垂性好、抗皱性优、回弹性好等优点，还具有滑爽如真丝、柔软似羊绒的特点，非常适合贴身衣物使用。

（1）强伸性能。黏胶基蚕蛹蛋白纤维与普通黏胶纤维的力学性能的比较见表2-67。黏胶基蚕蛹蛋白纤维的干态、湿态断裂强度和断裂伸长率均低于普通黏胶纤维，初始模量也低于普通黏胶纤维，因此，其织物的强力和保形性不如普通黏胶纤维织物。由于黏胶基蚕蛹蛋白纤维的力学性能较差，在纺纱过程中应注意减少机械打击和摩擦，严格控制车间温度、湿度，以保证生产顺利进行。

表2-67　黏胶基蚕蛹蛋白纤维与普通黏胶纤维力学性能的比较

纤维名称	断裂强度（cN/dtex）		断裂伸长率（%）		初始模量（cN/dtex）	
	干态	湿态	干态	湿态	干态	湿态
黏胶基蚕蛹蛋白纤维	2.25	1.59	11.98	10.21	48.08	50.14
普通黏胶纤维	3.40	2.97	17.82	16.43	46.20	52.66

纤维的弹性不仅影响织物的耐用性，还影响织物的外观与抗皱性。由表2-68可知，黏胶基蚕蛹蛋白纤维的急弹性变形所占比例较小，弹性回复率小，弹性较普通黏胶纤维差，织物的尺寸稳定性差。

表2-68　黏胶基蚕蛹蛋白纤维与普通黏胶纤维弹性的比较

纤维名称	总长度（mm）	急弹性变形（mm）	塑性变形（mm）	总弹性变形（mm）	弹性回复率（%）
黏胶基蚕蛹蛋白纤维	1	0.36	0.18	0.82	21.26
普通黏胶纤维	1	0.43	0.15	0.85	23.82

（2）回潮率。蚕蛹蛋白纤维的公定回潮率为13%，与黏胶纤维相当，具有优良的吸湿性，用其制作的服装面料穿着舒适，服用性能好。

（3）卷曲性能。蚕蛹蛋白纤维的卷曲数、卷曲率、卷曲回复率和卷曲弹性率均小于普通黏胶纤维，表明蚕蛹蛋白纤维的抱合力、卷曲回复能力和卷曲牢度比普通黏胶纤维差。

（4）质量比电阻。蚕蛹蛋白纤维和普通黏胶纤维的质量比电阻分别为 $1.485 \times 10^9 \Omega \cdot g/cm^2$、$1.47 \times 10^{10} \Omega \cdot g/cm^2$。蚕蛹蛋白纤维质量比电阻小，表明该纤维抗静电性能较好。

（三）蚕蛹蛋白纤维的纺纱工艺

1. 原料性能及规格

由于蚕蛹蛋白纤维强力低，为了提高其成纱强力，除采用紧密赛络纺技术外，可在生产中加入一定量的涤纶；为了更好地体现纤维吸湿、透气和亲肤的特性，再加入一定量的天然棉纤维。设计品种为蚕蛹蛋白纤维/涤/棉 45/25/30 比例混和，纺紧密赛络纺 53tex 针织用纱。原料性能及规格见表 2-69。

表 2-69　纤维原料的物理性能

项目	线密（dtex）× 长度（mm）	断裂强度（cN/dtex）	回潮率（%）	短绒率（%）	含杂率（%）
蚕蛹蛋白纤维	1.7×38	1.89	11.65		
涤纶	1.67×38	4.78	0.36		
棉	4.1（马克隆值）×29	2.8	7.81	16	15

2. 纺纱工艺流程

蚕蛹蛋白纤维长度整齐度好，杂质少，采用条混方式混和。

（1）蚕蛹蛋白纤维：A036C 型（梳针打手）开棉机→A092A 型双棉箱给棉机→A076C 型成卷机→A186D 型梳棉机→FA311 型预并条机。

（2）棉纤维：A002C 型抓棉机→A006B 型混棉机→A036C 型豪猪式打手开棉机→A092A 型双棉箱给棉机→A076C 型成卷机→A186G 型梳棉机。

（3）涤纶：A002C 型抓棉机→A006B 型混棉机→A036C 型（梳针打手）开棉机→A092A 型双棉箱给棉机→A076C 型成卷机→A186D 型梳棉机→FA311 预并条。

（1）+（2）+（3）→FA311 型并条机（混一）→FA311 型并条机（混二）→FA311 并条机（混三）→FA421SM 型粗纱机→FA506 型细纱机→1332 型自动络筒机。

3. 纺纱工艺要求

（1）原料预处理。蚕蛹蛋白纤维因静电大、可纺性差，各工序易黏缠，上机之前要预处理，按一定比例加水和抗静电剂，闷放 24h 以上使用，水和抗静电剂要喷洒均匀。

（2）开清棉工序。由于蚕蛹蛋白纤维长度整齐度好，杂质少，表面光滑，手感柔软，短绒较少，在生产中采用短工艺流程，以梳代打，清花工序以开松均匀为主。采用"多松轻打，多梳少落，逐渐开松，不伤纤维，薄喂少落，低速度，短流程，少打击，防粘连"的工艺原则，以达到提高卷子质量，减少损伤纤维的目的。A036C 型采用梳针打手，减小开松打击力度，防止损伤纤维，减少卷子破洞，降低卷子的质量不匀率；A076 型的打手速度宜适当降低，为使卷子均匀，增加风扇速度，为防止黏卷，采用加粗纱，可使卷子成形良好。主要工艺参数：梳针打手速度 430r/min，综合打手速度 750r/min，棉卷干定量 360g/m，棉卷回潮率 10.34%。

（3）梳棉工序。梳棉是加工蚕蛹蛋白纤维的关键工序。采取"低速度，轻定量，少伤纤维，多回收，适当张力"的工艺原则。针布宜采用新型化纤专纺针布，可增加针齿对纤维的梳理度，使单纤维状态良好，提高梳棉机的梳理作用，减少生条棉结；同时使纤维在道夫和锡林间得到充分有效的梳理，并从锡林上顺利凝聚转移到道夫上；同样纤维在锡林和盖板间也得到充分的交替转移，梳理效果明显提高。适当增加刺辊与给棉板间的隔距，降低刺辊、锡林和道夫速度。为减少盖板花和落棉，应选择较低的盖板速度。主要工艺参数：生条干定量 17g/5m，锡林速度 360r/min，道夫速度 16r/min，刺辊速度 840r/min，盖板速度 91mm/min，给棉板与刺辊隔距 12mm，刺辊与锡林隔距 7mm，锡林与盖板间五点隔距 0.8mm、0.7mm、0.6mm、0.6mm、0.7mm。主要质量指标：结杂 0~1，回潮率 9.63%，棉网清晰度较好。

（4）并条工序。经过梳棉机加工后，生条中纤维伸直度得到一定程度的改善，但纤维间抱合力较差，适当增加加压量，能保证握持力与牵伸力相适应，确保纤维在牵伸过程中运动稳定，提高条干水平。胶辊使用处理防缠胶辊，以增加胶辊抗静电性能，蚕蛹蛋白纤维上混并前先经过一道预并，再经过三道混并，以改善混纺均匀性，提高成纱条干均匀度，改善布面质量，同时能更好地控制混纺比例，涤纶预并条，干定量 19.1g/5m，棉条用梳棉生条，干定量 18.5g/5m。

为减少纺纱过程中缠绕胶辊、罗拉等现象，速度偏低掌握，并使用处理的防缠胶辊。预并、头并后牵伸偏大掌握，以提高纤维的伸直平行度。二并后牵伸适中掌握，末并后牵伸偏小掌握，以利于提高成纱条干均匀度。适当放大罗拉隔距，合理牵伸分配，以改善纤维结构，提高纤维的伸直平行度。并条工序主要工艺参数见表 2-70。

表 2-70 并条工序的主要工艺参数

工艺项目	干定量 （g/5m）	并合数 （根）	后牵伸倍数 （倍）	罗拉隔距 （mm）	前罗拉速度 （r/min）
预并	18.5	8	1.78	12×10×20	1964
混一	18	8	1.9	12×10×20	2220
混二	17	6	1.5	12×10×20	2070
混三	15.6	6	1.2	12×10×20	2250

主要质量指标：预并条不匀率 2.85%，混一条干不匀率 2.6%，混三条干不匀率 2.36%。

（5）粗纱工序。粗纱工序中选择合适的粗纱张力，能减小意外伸长，改善条干，减少断头；后区牵伸倍数过大或过小均会产生粗细节，影响成纱条干均匀度。粗纱在工艺配置上，要以进一步提高纤维在棉条中的伸直平行度，改善条干均匀度为原则。适当放大粗纱的后区牵伸隔距，以利于减小牵伸力，降低粗节数量，提高成纱条干性能。在细纱不出硬头的前提下，粗纱捻度应适当偏大，这样能提高粗纱的内在质量，有利于细纱牵伸；粗纱后区牵伸倍数宜适当偏小控制，前区牵伸倍数宜适当偏大控制，以保证粗纱条干均匀度。粗纱主要工艺参数：粗纱定量 3.6g/10m，捻系数 88，后区牵伸倍数 1.23，隔距 12mm×30mm×34mm，前罗拉速度 190r/min。主要质量指标：条干不匀率 5.61%。

（6）细纱工序。采用在 FA506 型环锭纺细纱机上改造的四罗拉紧密赛络纺来纺制，工艺方面适当加大后区牵伸倍数，缩小钳口隔距，有利于提高条干均匀度；适当降低车速，可减少断头率。通过重加压和适当偏大的罗拉隔距，可以平衡牵伸力，使之与握持力相适应，确保纤维在牵伸过程中稳定运动，以达到提高条干水平的目的。细纱主要工艺参数：前罗拉速度 178r/min，后区牵伸倍数 1.21，捻系数 390，罗拉隔距 18mm×31mm，喇叭口 3.5mm×2.5mm，胶辊为中硬度胶辊，钢丝圈使用 FO9/0。细纱工序主要质量指标见表 2-71。

表 2-71 14.7tex 蚕蛹/涤/棉 40/20/40 混纺纱成纱质量指标

实际线密度（tex）	重量偏差（%）	重量不匀率（%）	强力（cN）	断裂强力（cN/tex）	强力不匀率（%）	断裂伸长率（%）	捻度（捻/10cm）
14.9	+1.5	2.04	215	14.5	11.2	7.74	89.9

捻系数	捻不匀（%）	条干不匀率（%）	条干不匀率（%）	细节（−50%）（个/km）	粗节（+50%）（个/km）	棉结（+200%）（个/km）	毛羽指数
345	2.6	11.5	1.52	2	13	36	3.14

（7）络筒工序。为降低毛羽增加值，络筒工序主要采用小张力、慢速度工艺。适当降低车速，减小纱线张力，防止条干恶化及棉结增加，要求络纱通道光洁，采用空气捻接器，并时刻关注接头质量。络纱工艺参数：棉结（N）：+250%，短粗节（S）：+130%×1.3cm，长粗节（L）：+35%×15cm，细节（L）：−35%×20cm，落纱速度 1000m/min，张力 50CN。

第五节　高性能纤维

一、碳纤维

（一）碳纤维性能

1. 密度

碳纤维密度为 1.7~2g/cm³，比金属轻，可制得轻质材料。碳纤维密度主要取决于炭化温度，如经 3000℃高温石墨化处理后，密度可接近 2g/cm³。

2. 力学性能

碳纤维制备过程中，由于各种非碳元素的释放，其线密度逐渐减少；另外，制备过程中的牵伸作用也会使其线密度减少。碳纤维的 C—C 键能远大于腈基形成的分子间的内聚能，所以碳纤维强度远大于原丝强度。PAN 长丝由线型大分子构成，纤维的断裂伸长率高；而预氧化和炭化过程中，线型结构被破坏，由于环化反应和芳构化反应，形成石墨的碳网结构。碳纤维的拉伸模量和拉伸强度最大。研究表明，可以根据碳网面的纤维轴向取向度和孔大致定量确定拉伸模量。取向度越高，纤维拉伸模量越大。热处理过程中，温度、张力是影响取向度的主要因素。影响碳纤维拉伸强度的因素很多，纤维的缺陷是重要因素。碳纤维制备过程中的力学性能变化见表 2 –72。影响碳纤维力学特征的结构因素和工艺因素见表 2 –73。

表 2 –72 碳纤维制备过程中的力学性能变化

纤维种类	线密度（dtex）	强度（cN/dtex）	断裂伸长率（%）
原丝	1.2	8.59	11.4
预氧化丝	1.16	2.54	10.2
中温炭化丝	0.834	4.46	2.95
碳纤维	0.578	170	1.24

表 2 –73 影响碳纤维力学特征的结构因素和工艺因素

结构因素		原丝	工艺因素	
基本结构	取向度 结晶状态 均匀性	化学组成 拉伸条件 均一性 孔穴 线密度 致密性 杂质	预氧化处理条件 拉伸条件 气氛的选择 化学药品处理 处理温度、时间 预氧化程度 预氧化丝匀质化 单丝间黏结情况	炭化处理条件 升温速度 最终处理温度 气氛选择 拉伸状况 工艺全过程清洁化
结构缺陷	内部缺陷 表面缺陷			

3. 化学稳定性

碳纤维除能被强氧化剂氧化外，对一般的酸碱是稳定的。在空气中，温度高于 400℃ 时，出现明显的氧化，生成 CO 和 CO_2；故在空气中使用不应超过 360℃，在不接触空气或氧化性气氛时，具有很高的耐热性。

4. 其他性质

热学性质具有各向异性的特点，纤维轴向的膨胀系数在室温下是负值，且随着温度上升而变大，200~400℃ 间转为正值；而垂直于纤维轴向为正值。碳纤维增强复合材料制品尺寸稳定，对环境条件骤变的适应性强。通过精心设计和严密施工，可把制品的热膨胀系数降到最小。另外，碳纤维具有很好的耐低温性、耐摩擦性、耐磨损性、润滑性、振动衰减性、生物相容性、X 射线穿透性等。

（二）碳纤维的应用

1. 军事领域

（1）导弹上的应用。飞行器在最初的数十马赫的超音速飞行中，会有很大压力的冲击波作用于其头部，周围的气流会产生不同程度的剪切应力；飞行器在高速飞行时还可能受到粒子的碰撞、声振荡和惯性力等机械力的作用。碳纤维复合材料都能够满足这些要求，因此，导弹上的部件应用了许多碳纤维增强复合材料。

（2）先进歼击机和隐形飞机上的应用。结构质量系数是先进歼击机的重要性能指标之一。1kg 的碳纤维增强复合材料可以代替 3kg 的铝合金复合材料，从而可以大大减轻飞机的质量。碳纤维的使用还可以提高飞机的抗阻尼和耐疲劳性能，解决大量使用钛合金无法避免的短时间内产生无法预测的疲劳裂纹和共振断裂等灾难性事故。

（3）卫星天线和空间工作站上的应用。卫星和空间工作站的结构材料越轻，就可以越多地增加其携带设备、仪器的有效质量。仅碳纤维材料在卫星壳体上的应用，就可使卫星自身减少 25% 的质量，增加 50kg 的仪器荷载。

2. 建筑领域

建筑领域的房顶、桥梁、隧道、涵洞、地铁及其相关的混凝土工程，是碳纤维在民用工业中应用增长最快、最有前途的领域之一，已经是世界的发展热点，多以压板、包缠料等片材修复、加固材料代替钢索和预应力钢绞线等筋条材料，直接掺入混凝土中提高其强度和模量，从而减少钢筋用量。

3. 汽车工业

在汽车上用碳纤维代替钢材，可以减质 40% 以上，可使车速提到 120km/h 以上。碳纤维汽车部件，具有耐用、防划、抗压、抗锈和减质节油等显著特点。

4. 石油工业

碳纤维在钻井平台上的应用可包括管道系统、油箱和油罐三个部分。碳纤维的主要优点是防腐，可大大减少维修费用和更换程序，明显降低使用周期成本。另外，还有减质、安全、便于现场安装、经济效益高的优点。为了抽取深度地质石油，抽油杆需要加长，但是传统的钢质抽油杆因为自重的原因无法大幅度延长。高比强度的碳纤维复合材料可以作为理想的替代品。

二、芳纶 1414 纤维

（一）概述

芳纶 1414 纤维的学名为聚对苯二甲酰对苯二胺（PPTA）纤维，也称对位芳纶或芳纶Ⅱ。它的问世大大拓展了化学纤维的应用领域，开创了高性能合成纤维的新时代。更重要的在于它是世界上首例用高分子液晶纺丝新技术制得的纤维。

美国杜邦公司是对位芳纶的发明者和主要的生产商。1966 年 S. L. Kwolek 发明了对位芳纶液晶纺丝新技术，1972 年对位芳纶实现产业化，商品名为"Kevlar®"。我国对位芳纶的研究始于 1972 年，21 世纪初，我国的对位芳纶迎来了一个新的开发热潮，并在工程化研究方面取得了重大突破。

对位芳纶自 1972 年问世以来，在经历了较长时期的技术和市场开发后，生产国家和厂商日渐增多，产能不断扩大。特别是进入 21 世纪以来，随着应用领域的拓展，世界需求量以每年 10% ~ 15% 的速度递增。

（二）芳纶 1414 纤维的性能

对位芳纶最突出的性能是其高强度、高模量和出色的耐热性，同时具有良好的绝缘性、抗腐蚀性和适当的韧性，可供纺织加工。

1. 力学性能

芳纶具有天然的黄色和金黄色，光泽亮丽；密度为 1.43 ~ 1.44g/cm^3。芳纶的比强度和比模量仅次于碳纤维，而大于钢丝和玻璃纤维。由于高度结晶和取向，纤维的各向异性极为明显，纤维的径向和轴向压缩强度、压缩模量及剪切应力较小。纤维耐磨性较差，纤维与纤维间或纤维与金属间摩擦易原纤化。

2. 耐热性与热稳定性

纤维能承受 500℃ 的高温而不分解不熔化；纤维不燃、不熔、不滴，超高温后直接碳化，所以在强热场合纤维强度能保持 90% 以上，在 190℃ 的热空气中，收缩率为 0。对位芳纶的连续使用温度范围极宽，可在 196~204℃ 范围内长期正常运行，纤维生命周期很长。纤维在 200℃ 下经历 100 h 能保持原强度的 75%，在 160℃ 下经历 500h 仍能保持原强度的 95%，因而赢得"合成钢丝"的美誉。对位芳纶纤维的基本热学性能见表 2-74。

表 2-74 对位芳纶的热学性能

热学性能	燃烧性能	储存热量	空气中热收缩	耐热性	热稳定性
指标	极限氧指数 LOI（%）	比热 [J/（kg·k）]	收缩率（%）	分解温度（℃）	强度损失率（%）
数值	29①，37②	1420	0	500	90

注　①为日本帝人 Twaron® 织物的 LOI 值。
　　②为日本帝人 Twaron® 长丝纱的 LOI 值。

3. 化学性能

氧化稳定性、耐碱性、耐有机溶剂和漂白剂的性能好，但耐日晒、耐潮湿和抗紫外线性以及表面与基体复合的黏合性差。

（三）芳纶 1414 纤维的应用

1. 长丝纤维品种及应用

美国杜邦和日本帝人生产的长丝纤维品种见表 2-75，主要用于各类纱线和织物。

表 2-75 芳纶 1414 长丝纤维著名品牌及品种

品牌	美国杜邦 Kevlar®						
规格	-29	-49	-68	-100	-119	-129	-149
用途	各种用途	高模量纱	中模量纱	各种色纱	高伸长纱	高强度纱	超高强度纱
品牌	日本帝人 Twaron®						
规格	1000	1012	2012	2015	2015	2015	2015	2015
线密度（dtex）	1680	3360	930	1680	1100	930	550	420
产品用途	各种纱线						

2. 有色纤维品种及用途

芳纶长丝和短纤维的有色纤维有灰绿色、黑色和黄色等几种基本颜色，主要用于制作防护服，如消防服、防割和防刺手套等。

3. 短纤维品种及其应用

有卷曲和无卷曲两类，纤维长度 6~64mm，用于生产增强材料、缝纫线或替代石棉作为离合器衬片等。

三、高性能聚乙烯纤维

（一）概述

高强度高模量超高相对分子质量聚乙烯纤维（UHMWPE 纤维）是继碳纤维、芳纶 1414 纤维之后，高性能纤维领域的又一重要产品。事实上，在目前已商业化的高强度纤维中，也以 UHMWPE 纤维的强度最高，达 39.7cN/dtex（Dyneema SK77）。目前 UHMWPE 纤维已广泛应用于制备防弹衣、防护设备、安全防护衣、手套、行李箱织物、风等线、运动器材、海洋绳缆、高强度复合材料和土工织物等领域。

（二）高性能聚乙烯纤维的性能

1. 力学性能

UHMWPE 纤维的密度为 $0.97g/cm^3$，只有芳纶的 2/3 和高模碳纤维的 1/2，而轴向拉伸性能很高。其比拉伸强度是现有高性能纤维中最高的，比拉伸模量除高模碳纤维外也是很高的，较芳纶大得多。其强度在 2.72～4.35N/tex，UHMWPE 纤维的断裂伸长率为 3%～6%，相对碳纤维、玻璃纤维和芳纶来说，拉断该纤维所需要的能量最大。UHMWPE 纤维的强度、模量明显高于其他纤维，在相同质量的材料中，强度最高。

2. 耐冲击性能

UHMWPE 纤维是玻璃化转变温度低的热塑性纤维，韧性很好，在塑性变形过程中吸收能量，因此，它的复合材料在高应变率和低温下仍具有良好的力学性能，抗冲击能力比碳纤维、芳纶及一般玻璃纤维复合材料高。UHMWPE 纤维复合材料的冲击总吸收能量分别是碳纤维、芳纶和 E-玻璃纤维 1.8 倍、2.6 倍和 3 倍，其防弹能力比芳纶装甲结构的防弹能力高 2.6 倍。

3. 耐化学腐蚀性

UHMWPE 纤维具有高度的分子取向度和结晶度，具有良好的耐溶剂溶解性能。UHMWPE 纤维在多种介质中，如水、油、酸和碱等溶液中浸泡半年，强度不受影响。UHMWPE 纤维在水中浸泡两年，仍保留原有强度，还可防生物腐蚀。

4. 耐磨性能

材料的耐磨性一般随模量的增大而降低，但对 UHMWPE 纤维而言，则相反。这是由于该纤维的摩擦因数低所导致的。UHMWPE 纤维的破断循环数比芳纶高 8 倍，耐磨性和弯曲疲劳性也比芳纶高，适合制作绳索。

5. 电绝缘性和耐光性能

UHMWPE 纤维增强复合材料的介电常数和介电损耗值低，反射雷达波很少，对雷达波的透射率高于玻璃纤维复合材料。对不同材料的介电常数和介电损耗值进行比较，聚乙烯材料最小，适用于制造各种雷达罩，介电强度约为 700kV/mm，能抑制电弧和火花的转移。

（三）高性能聚乙烯纤维的应用

1. 防护用品

防护是 UHMWPE 纤维应用最广领域，用它制成的防弹衣具有轻柔的特点，且防弹效果优于芳纶。还可用于防切割、防刺、防链齿等领域，如手套、击剑套服、头盔等，用 UHM-WPE 纤维织物制成的摩托头盔，其质量比普通头盔减少 40%。

2. 绳缆和渔网

UHMWPE 纤维具有高强、高模、耐腐蚀和耐光老化性能，适宜于制作绳缆和渔网，尤其适用于海洋工程，解决了钢缆绳不耐腐蚀，以及锦纶、涤纶由于降解老化需要经常更换的问题。UHMWPE 纤维又由于密度小，其自由悬挂长度可无限长（海水中），解决了以往使用铜缆时，由于缆绳自重而导致的断裂。在航空航天中，高强高模聚乙烯纤维可以制作航天飞机着陆时的减速降落伞和飞机上悬吊重物的绳索。

3. 复合材料和体育用品

UHMWPE 纤维耐冲击性好，吸收能量大，是制备复合材料的优良增强纤维，在温度较低的条件下，其性能比芳纶还好。用 UHMWPE 纤维制作轻型复合装甲，具有优良的防破甲和防穿甲性能，适宜制作装甲车、防弹运钞车、军用头盔、胸甲、盾、雷达的防护外壳罩、飞机和船的装甲等。在民用方面可制作防护挡牌、大型储罐、扬声器等。在体育用品方面可作船体增强板、船帆、风筝、弓弦、雪橇和划水板等。UHMWPE 纤维耐极低温的性能可应用于超导、电力和医疗领域。

四、聚苯硫醚纤维

（一）概述

美国于 1967 年首次利用硫化钠法开发成功聚苯硫醚（Polyphenylene sulfide，简称 PPS），1973 年实现工业化生产，1979 年合成适合纺丝的高分子线型 PPS，19 世纪 80 年代，PPS 纤维实现工业化生产。国内 PPS 纤维于 20 世纪 90 年代开始研究，进入 21 世纪才实现工业化。PPS 纤维最大的特点是能在较高温度和极其恶劣的工作环境下长期使用，且具有优良的纺织加工性能和用传统针刺技术加工成非织造织物的性能，主要用于热过滤材料。

沸水收缩率的大小与配制纤维所用的工艺条件有关，可低（0～5%），也可高（15%～25%）。吸湿率较低，主要是纤维表面吸湿性差，熔点达 285℃，高于目前工业化生产的其他熔融纺纤维，可纺制线密度 38.89～44.44tex 的单丝。

（二）聚苯硫醚纤维的性能

1. 化学稳定性

PPS 纤维特别引人注目的是在极其恶劣的条件下仍能保持原有的性能，具有突出的化学稳定性。高温下放置在不同的无机试剂中一周后能保持原有的抗拉强度。在一些苛刻的条件下，纤维的抗拉强度基本不受影响，只有强氧化剂如浓硝酸、浓硫酸和铬酸才能使纤维发生剧烈的降解。PPS 纤维还具有很好的耐有机试剂性能，除了 93℃ 的甲苯对它的强度略有影响外，在四氯化碳、氯仿等有机溶剂中，即使在沸点下放置一周，对其强度也没有影响。由 PPS 纤维制成的非织造过滤布在 93℃、50% 硫酸中具有良好的耐腐蚀性，对强度保持率无显著影响。在 93℃、10% 氢氧化钠溶液中放置两周，其强度也没有明显变化。

2. 热稳定性

PPS 纤维具有出色的耐高温性。加工成制品很难燃烧，把它置于火焰中虽会燃烧，但一旦移去火焰，燃烧立即停止，燃烧时呈黄橙色火焰，并生成微量的黑烟灰，燃烧物不脱落，形成残留焦炭，表现出较低的延燃性和烟密度。PPS 纤维的极限氧指数可达 34～35，在正常的大气条件下不会燃烧，它的自然着火温度为 590℃。置于氮气之中，在 500℃ 以下基本无失重，但超过500℃，失重开始加剧，失重到起始质量的40%时质量基本保持不变，直至达到1000℃高温。在空气中，温度达到700℃时将发生完全降解。PPS纤维在200℃时强度保持率为60%；250℃时强度保持率约为40%；在250℃以下时，其断裂伸长率基本保持不变。若将其复丝置于200℃的高温炉中，54天后断裂强度基本保持不变。断裂伸长率降至初始断裂伸长率的50%；在260℃下经48h后，仍能保持纤维初始强度的60%，断裂伸长率降至初始断裂伸长率的50%。将PPS纤维非织造过滤织物置于232℃的炉中5周后，其强度保持率在50%以上。

（三）聚苯硫醚纤维的纺纱应用

以聚苯硫醚/不锈钢纤维为例，聚苯硫醚具有优异的耐热性、抗化学腐蚀性、阻燃性，以及良好的电性能及尺寸稳定性，不锈钢纤维因其良好的导电性能和力学性能被广泛用作防电磁波辐射、抗静电织物，但其存在着纤维刚性大、加捻困难等问题。采用聚苯硫醚与不锈钢纤维混纺，既能降低不锈钢纤维纺纱的难度，又能开发出具有导电、抗静电、防辐射和阻燃于一体的复合型功能织物。

五、玻璃纤维

（一）概述

玻璃纤维由熔融态玻璃制成，分为连续纤维和棉状人工矿物纤维两大类。玻璃纤维是一种无机非金属材料。具有耐高温、抗腐蚀、强度高、密度小、吸湿低、延伸小和绝缘性好等一系列优异特性，是复合材料中最主要的增强材料。玻璃纤维的致命缺点是脆性大、不耐磨、不耐折。

1938年玻璃纤维最初由美国开发成功，从20世纪50年代开始工业化发展。以纤维、织物（含非织造布）和毡等形式大量用作复合材料的增强材料，其产品广泛用于石油、化工、冶炼、交通、电器、电子、通信、航天和民用生活用品等各个领域。

（二）玻璃纤维的性能

玻璃纤维直径通常为3~24μm，小于其他有机纤维和金属纤维。由于在熔融状态下，表面张力促进表面收缩，纤维外表呈光滑圆柱状，截面为完整圆形。

1. 密度

玻璃纤维的密度一般为2.5~2.7g/cm³，高于普通有机纤维，低于大多数金属纤维。

2. 抗拉强度

玻璃纤维具有很高的抗拉强度，远远超过其他天然纤维、合成纤维和某些金属纤维，是理想的增强材料。

3. 弹性模量

玻璃纤维的弹性模量高，基本属于弹性体范围，断裂伸长率很小（3%~4%）。玻璃纤维的耐疲劳性能差，可通过改变玻璃成分和纤维成型工艺以及纤维表面涂覆处理等措施，减少玻璃纤维表面的微裂纹，防止水气渗入，提高玻璃纤维的耐疲劳性。在长期荷载的情况下，玻璃纤维不会发生蠕变，使得其复合后的产品能长期保持性能。

4. 热稳定性

玻璃纤维的软化温度高达550~750℃，相比之下，锦纶为232~250℃，醋酯纤维为204~

230℃，聚苯乙烯为88～110℃。在加热至500℃之前，玻璃纤维的强度不会降低太大。特殊成分的玻璃纤维耐高温可达1000℃，大大优于各类有机纤维，确保作为骨架材料时，在高温环境中保持性能稳定。

5. 脆性、耐折疲劳性

玻璃纤维性脆，单丝集束性差和耐折疲劳性差，容易断裂。这给材料加工带来一定的困难。玻璃纤维的脆性与它的直径成正比，例如，直径为3.8μm的玻璃纤维，其柔软性优于涤纶，所以用于织造的玻璃纤维一般选用直径小于9μm的长丝。

6. 耐热隔热性

玻璃纤维不燃烧，有很好的耐热性。其单丝在200～250℃下，强度损失很低，但略有收缩，因而玻璃纤维可以在高温下使用，特别是用在高温过滤防火材料方面。近年来，用耐热玻璃纤维制成织物过滤器，在除尘技术领域显示出重要性，这种过滤器在使用过程中烟道气无需冷却即可过滤除尘。玻璃布制成的袋式过滤器或平面过滤器，可用于烟气温度为200～300℃的熔炉、化铁炉、转炉、发电厂除尘设备以及水泥工业除尘设备等领域。

玻璃纤维的导热系数仅为125W/（m·K），因而在隔热和绝缘材料方面已取代石棉。美国研制出一种表面包覆乙烯树脂的玻璃纤维窗帘布，能吸收太阳的热量而不遮挡阳光，并对强烈的紫外光有防护作用。这种窗帘布的绝热效率是普通窗帘布的7倍，如果夏季装在窗外，可隔绝室内外热交换而降低室温，节能环保。

7. 电绝缘性

玻璃纤维在常温下几乎不导电。碱金属氧化物是影响玻璃纤维电绝缘性的主要因素，故不含碱金属氧化物的玻璃纤维具有很好的电绝缘性和介电性能，高温下体积比电阻高于$10^{12}\Omega\cdot cm$，介电常数为6.6，在电子、电器上获得广泛的应用。

8. 耐蚀性、耐气候性和吸声性

耐蚀性一般是指耐水性和耐碱性。玻璃纤维的耐水性随玻璃纤维含碱量的增加而减弱，而耐酸性则随含碱量的增加而增强。因此，无碱玻璃纤维的耐水性好，中碱玻璃纤维的耐酸性好，但均不耐碱。通过改变玻璃组分或对纤维进行表面涂覆处理，可以改善玻璃纤维的耐碱性。

无碱玻璃纤维的耐气候性较好，而有碱玻璃纤维则较差，这主要是空气中的水分和各种气体对纤维侵蚀的结果。

玻璃纤维还具有较大的吸音系数，音频为1025Hz时，玻璃纤维的吸音系数为0.5，改变玻璃纤维织物的结构、单位质量、厚度，吸音系数随之变化。材料越厚，吸音系数越大，可满足各种吸音、防噪环境的使用要求。

（三）玻璃纤维的应用

1. 无捻粗纱

无捻粗纱是由平行原丝或平行单丝集束而成的。无捻粗纱按玻璃成分可划分为无碱玻璃无捻粗纱和中碱玻璃无捻粗纱。生产玻璃粗纱所用玻璃纤维直径从12～23μm。无捻粗纱的线密度从150～9600tex。无捻粗纱可直接用于缠绕、拉挤等复合材料成型中，也可织成无捻粗纱织物，或将无捻粗纱进一步短切。

2. 无捻粗纱织物

方格布是无捻粗纱平纹织物，是手糊玻璃钢重要基材。方格布的强度主要在织物的经纬方向上，对于要求经向或纬向强度高的场合，也可以织成单向方格布，用方格布铺敷成型的复合材料层间剪切强度低，耐压和耐疲劳强度差。

3. 玻璃纤维毡

一种是将玻璃原丝（有时也用无捻粗纱）切割成50mm长，将其随机但均匀地铺陈在网带上，通过黏结或热固成短切原丝毡。另一种是将玻璃原丝直接敷在连续移动网带上黏合而成的连续原丝毡。连续原丝毡中纤维是连续的，对复合材料的增强效果较短切毡好。此外，还有表面毡、针刺毡、缝合毡等产品。

4. 短切原丝和磨碎纤维

短切原丝分干法短切原丝及湿法短切原丝。前者用在增强塑料生产中，后者则用于造纸。磨碎纤维主要在增强反应注射工艺（RRIM）中用作增强材料，在制造浇铸制品、模具等制品时用作树脂的填料，以改善表面裂纹现象，减小模塑收缩。

5. 玻璃纤维织物

玻璃纤维织物按纤维性能可分为无碱和中碱两类。玻璃布主要用于生产各种电绝缘层压板、印刷线路板、各种车辆车体、储罐、船艇、模具等。中碱玻璃布主要用于生产涂塑包装布，以及用于耐腐蚀场合。织物按组织结构和织法可分为平纹织物、立体织物、异形织物、槽芯织物、缝编织物等品种，以满足各种不同用途。

6. 组合玻璃纤维

把短切原丝毡、连续原丝毡、无捻粗纱织物和无捻粗纱等材料，按一定的顺序组合起来形成组合玻璃纤维增强材料。

六、玄武岩纤维

（一）概述

玄武岩纤维（CBF）是继碳纤维、芳纶和超高相对分子质量聚乙烯纤维的第四大高性能纤维，与这些纤维相比，玄武岩纤维具有许多独特的优点。如突出的力学性能、耐高温、可在 $-269 \sim 650℃$ 范围内连续工作、耐酸碱、吸湿性低，此外，还有绝缘性好、绝热隔音性能优异、有良好的透波性能等优点。以玄武岩纤维为增强体可制成各种性能优异的复合材料，广泛应用于航空航天、建筑、化工、医学、电子、农业等军工、民用领域。

玄武岩纤维具有非人工合成的纯天然性，熔化过程中没有硼和其他碱金属氧化物排出，烟尘中无有害物质析出，不排放有害气体，无工业垃圾及有毒物质污染环境，且产品寿命长，是一种低成本、高性能的新型绿色环保材料。

（二）玄武岩纤维的性能

1. 强伸性能

一般情况下，玄武岩纤维的拉伸强度是普通钢材的 $10 \sim 15$ 倍，是 E 型玻璃纤维的 $1.4 \sim 1.5$ 倍，纤维强度远远超过天然纤维和合成纤维，玄武岩连续纤维的拉伸强度为 $3000 \sim 4840$MPa，是理想的增强材料。

2. 耐温性能

玄武岩纤维的使用温度为 $-260 \sim 650℃$，软化点为 $960℃$，在 $400℃$ 下工作时，其断后强度能够保持 85% 的原始强度；在 $600℃$ 下工作时，其断后强度仍能保持 80% 的原始强度；如果预先在 $780 \sim 820℃$ 下进行处理，在 $860℃$ 下工作而不会出现收缩。

3. 绝缘隔音性

玄武岩连续纤维的体积电阻率和表面电阻率比 E—玻璃纤维高，具有良好的电绝缘性能和介电性能。玄武岩连续纤维有着优良的隔音、吸声性。表 2—76 列出了玄武岩连续纤维在不同音频下的吸声系数。随着频率增加，其吸声系数也增加。

表 2 - 76   30mm 厚的玄武岩连续纤维板的吸声系数

音频（Hz）	100 ~ 300	400 ~ 900	1200 ~ 7000
吸声系数	0.05 ~ 0.15	0.22 ~ 0.75	0.85 ~ 0.93

4. 分散性

纤维在混凝土中的分散性极为重要，如果纤维的分散性不能满足要求，纤维掺入不但对混凝土或砂浆没有增强增韧作用，相反还会降低混凝土的力学性能和耐久性。玄武岩纤维是以同属硅酸盐的火山喷出岩为原料制成，与混凝土成分基本相同，使其在混凝土或砂浆中有较好的分散性，可作为此类材料的增强材料。

5. 化学性能

化学稳定性是指纤维抵抗水、酸、碱等介质侵蚀的能力。通常以受介质侵蚀前后的质量损失和强度损失来度量。玄武岩连续纤维和 E—玻璃纤维在不同介质中煮沸 3h 后质量损失率见表 2 - 77。2 种纤维在不同介质中浸泡 2h 后强度保留率见表 2 - 78。

表 2 - 77   玄武岩连续纤维和 E—玻璃纤维在不同介质中煮沸 3h 后质量损失率

介质	玄武岩纤维（%）	E—玻璃纤维（%）
H_2O	98.6 ~ 99.8	98.0 ~ 99.0
HCl	69.5 ~ 82.4	52.0 ~ 54.0
NaOH	83.8 ~ 86.5	60.0 ~ 65.2

表 2 - 78   2 种纤维在不同介质中浸泡 2h 后强度保留率

介质	玄武岩纤维（%）	E—玻璃纤维（%）
H_2O	0.2	0.7
HCl	5.0	6.0
NaOH	2.2	38.9

（三）玄武岩纤维的应用

1. 声热绝缘复合材料

玄武岩纤维的导热系数随纤维直径的减小而减小，随纤维密度的增大先减小后增大，选用合适线密度和密度的玄武岩纤维可使玄武岩纤维导热系数很低，此种玄武岩纤维可作为热绝缘复合材料。同时由于玄武岩纤维的使用温度范围和抗震性能优良,可用于高温作业的防护服和低温保温服。由玄武岩纤维织成具有多孔结构和无规则排列的板状或网状结构时,吸声性能好,且随着纤维层厚度的增加和密度的减少而增强,因此,可制成声绝缘复合材料应用于航空、船舶、机械制造、建筑行业中作为隔音材料。用玄武岩纤维还可制造一系列兼备声、热隔绝性能的复合结构材料,用于防火墙、防火门、电缆通孔等特殊工业或高层建筑防火设施中。

2. 高温过滤材料

玄武岩纤维是一种新型的绿色环保材料,可用于有害介质、气体的过滤、吸附和净化,特别是在高温过滤领域,玄武岩纤维的长期使用温度是650℃,玄武岩纤维远优于传统过滤材料,是过滤基布、过滤材料、耐高温毡的首选材料,还可用于抗生素生产过程中的空气净化和消毒。

3. 混凝土增强、建筑修复、加固材料

玄武岩纤维强度高、分散性好,是混凝土、砂浆的良好增强材料,可提高制品的抗拉强度和建筑工程的防渗抗裂性。玄武岩纤维较高的强度、弹性模量、耐高温和优良的耐化学腐蚀性能,使其在水泥基复合材料中有广阔的应用前景;上述特性还使其可广泛用于梁、柱、板、墙等结构的补强,以及桥梁、隧道、水坝等其他土木工程的加固,特别是抗震加固方面。

4. 道桥土工材料

玄武岩纤维具有较高的强度、弹性模量和耐高低温、耐侵蚀等性能,适用于路面土工格栅中的基础材料——纤维布,起到抗疲劳开裂、耐高温车辙、抗低温缩裂以及加强软土层等作用。

参考文献

[1] 何建新. 新型纤维材料学 [M]. 上海:东华大学出版社,2014.

[2] 王建坤. 新型服用纺织纤维及其产品开发 [M]. 北京:中国纺织出版社,2006.

[3] 宗亚宁. 新型纺织材料及应用 [M]. 北京:中国纺织出版社,2009.

[4] 杨乐芳. 产业化新型纺织材料 [M]. 上海:东华大学出版社,2012.

[5] 邢声远,江锡夏. 纺织新材料及其识别 [M]. 北京:中国纺织出版社,2010.

[6] 孙浪涛,张一心. 天竹纤维纺纱生产实践 [J]. 山东纺织科技,2011,52(3):35-38.

[7] 高小亮,徐帅. 甲壳素纤维的性能与纺纱工艺探讨 [J]. 山东纺织经济,2011(1):45-46.

[8] 宋孝浜,吴翼翔. 牛奶蛋白纤维与精梳棉混纺纱的生产实践 [J]. 山东纺织科技,2012,53(6):24-26.

[9] 邱万福,王伟,张小红. 赛络紧密纺蚕蛹蛋白纤维混纺纱的开发 [C]. 第十七届全国新型纺纱学术会论文集. 青岛,2014(4).

[10] 魏赛男,李倩,姚继明. 聚苯硫醚/不锈钢纤维混纺纱的开发及工艺优化 [J]. 上海纺织科技,2015,43(2):8-10.

［11］赵博. 天然彩棉纤维混纺纱产品的开发及工艺的研究［J］. 现代纺织技术，2012，20（5）：22 – 25.

［12］张建新，王新轩，赵春利，等. 棉 PTT 混纺针织纱的生产［J］. 棉纺织技术，2010，38（4）：34 – 36.

第三章　新结构环锭纺纱技术

第一节　概　　述

一、环锭纺纱技术的优势

（一）生产品种范围广

可纺 5.8~97.2tex 的纱，国内有的企业在环锭纺细纱机上已纺出 1.9tex 纱。而新型纺纱技术中的转杯纺目前以纺中粗纱为主，超过 14.6tex，不但纺纱难度大，且经济效益较差。喷气涡流纺目前生产的主导品种在 14.6~29.2tex，低于 11.7tex 纺纱也有一定困难。

（二）原料适应性强

棉、毛、丝、麻等天然纤维及各种化学纤维，只要纤维长度在 25~65mm，均可在环锭细纱机上生产。而转杯纺受纺杯直径的影响，当纤维长度超过纺杯直径过多时，纺纱有一定困难，喷气涡流纺对使用的原料要求更苛刻，要求纤维长度长、整齐度好、手感柔软，尤其是对刚性较大的麻类纤维、线密度大的化学纤维及长度差异大的毛类等纤维，如纺前不经预处理，很难纺出优良纱线。

（三）纱线质量高

用环锭纺工艺生产的纱线，其单纱强度、条干均匀度等指标优于新型纺纱线，尤其是单纱强度比转杯纺纱高 20% 左右，比喷气涡流纺纱高 10% 以上。某些高档产品和面料所用的纱线非环锭纺纱莫属。

（四）可以生产风格各异的新型纱线

环锭细纱机通过适当技术改造可以生产如紧密纺纱、竹节纱、缎彩纱、云斑纱及包芯纱等风格各异的新型纱线，能满足各种新型面料的开发。新型纺纱中的转杯纺及喷气涡流纺与环锭纺相比，生产品种较单调，中低档产品多，特色纱线少，虽经改造也可生产竹节纱、包芯纱等品种，但改造费用远高于环锭纺。

环锭纺以上几方面的优势是目前转杯纺和喷气涡流纺难以做到的，故新型纺纱只能在一定领域里作为环锭纺纱的补充，不能取代环锭纺纱。

二、新结构环锭纺纱技术的发展背景

（一）环锭纺纱线毛羽的产生

环锭纺纺纱过程中，纱线获得捻度的方式为纱线卷绕在纱管的同时带动钢丝圈回转，钢丝圈每回转一圈，纱线即获得一个捻回。在这种加捻方式中，捻回自下而上由钢丝圈经过导纱钩，最终传递到前钳口，而在前钳口处，须条经过牵伸后呈一定宽度的扁平带状，扁平带

状须条从前罗拉输出，在纺纱张力的作用下，紧贴前罗拉表面时，形成一个包围前罗拉表面的弧（包围弧）。如图 3 – 1（a）所示，当捻回传递到下罗拉表面时，由于包围弧的阻碍，捻回只能传至 d 点终止，无法传递到前罗拉钳口线，在捻回传递终止点与前罗拉钳口线间形成三角形。纤维从无捻到有捻成纱的区域 fed，称为加捻三角区，也称无捻或弱捻三角区。在加捻三角区内，由于纺纱张力和捻回传递的作用，有一定宽度的须条从前罗拉输出后逐步向中间集中，成为有捻的圆柱形纱线。但处于须条边缘的一些纤维很难全部被控制收拢，而形成一些头端自由纤维 c，如图 3 – 1（b）所示。输出须条真正宽度 B 要大于加捻三角区的宽度 b。这些头端自由的纤维或完全自由纤维，在成纱过程中或捻附在纱体表面形成毛羽，或变成飞花。

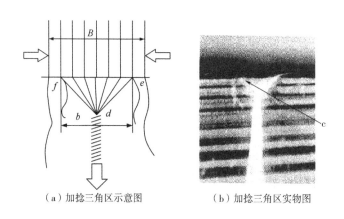

（a）加捻三角区示意图　　　　（b）加捻三角区实物图

图 3 – 1　环锭纺纱前罗拉钳口处加捻三角区

fed—加捻三角区　C—头端自由纤维　B—须条真正宽度　b—加捻三角区的宽度

在细纱工序后，纱线还需经过络筒、上浆、织造等工序才能成为织物，在这些工序中，纱线会受到反复摩擦，导致毛羽不断增多，尤其在络筒过程中，毛羽增加明显。在织造过程中，纱线毛羽的存在会导致织造时纱线间的摩擦力增大，形成织疵，严重时导致纱线断头，影响织机效率。此外，大量的纱线毛羽会使织物表面起毛起球，纹理不清晰，还会影响织物的染色效果。目前，在织造前普遍采用上浆工艺，以减少毛羽对织造的影响，但上浆会形成二次毛羽，对织造同样有不利影响。因此，纱线毛羽成为继纱线强力、条干外越来越受到重视的纱线质量指标，由于环锭纺纱独特的加捻成纱方法，致使其纱线毛羽较新型纺纱多，特别是大于 3mm 的有害毛羽更多。虽然在后续加工中可通过烧毛、上浆、上蜡等措施减少毛羽的影响，但这些措施都不是从产生毛羽的加捻三角区出发，因而不能从根本上解决纱线毛羽问题，同时还存在增加成本等问题。因此，有效减少毛羽成为环锭纺纱技术革新的主要方向。

（二）环锭纺纱线残余扭矩的产生

加捻是纱线生产中必不可少的环节。在粗细均匀的纤维须条上施加适量的捻回，使得纤维间相互抱合，在这个过程中，纤维被弯曲、扭转，产生扭矩。在纺纱及后加工过程中，一部分纱线扭矩会释放，但仍有一部分保留在纱体内，形成纱线的残余扭矩。纱线的残余扭矩使纱线产生扭结，将纱线对折可清楚观察到两根纱线扭结在一起，当纱线捻度极大，如强捻纱，单纱也会直接扭结。由于纱线存在残余扭矩，它会产生自动退捻的趋势以释放残余扭矩，这在织物表面会更明显地表现为针织物的线圈歪斜，一般称为纬斜，会出现机织物表面不平整，这会影响织物的性能和结构的稳定，影响最终产品的外观效果。

由于纱线残余扭矩对后道工序及成品的种种不利影响，有大量研究旨在减少纱线残余扭矩。对于热塑性纤维，可以采用热处理。对棉/涤混合纱的热处理明显减小了纱线扭矩。对于棉、羊毛等天然纤维纱线，减少残余扭矩的方法则比较复杂。目前工业上普遍采用蒸纱定型或定捻的方法稳定棉纱的捻度，改善针织用纱的残余扭矩，减少针织物线圈歪斜。棉纱丝光、毛纱蒸纱均有助于释放残余扭矩，稳定纱线结构。此外，初捻线常用 ZS 或 SZ 双股线反向加捻的工艺，消除单纱的残余扭矩，使股线内应力平衡、结构稳定。

三、各种新结构环锭纺纱技术的发展

环锭纱由于其在加捻成纱过程中存在加捻三角区，致使成纱毛羽多，纱线表观光洁程度难以满足现代高速织机的织造要求，也难以满足细特高密类织物外观纹理清晰的产品要求，因此，降低纱线的毛羽、改善纱线的外观光洁程度是对现代纺纱工艺的要求。环锭纱加捻使纱线内应力大、扭力不平衡，导致织物手感硬、纹路歪斜。因此，近年来对传统环锭纺纱技术的革新改造方兴未艾，出现了紧密纺、赛络纺、赛络菲尔纺、索络纺、嵌入式复合纺、扭妥纺、柔洁纺等新型纺纱方法，这些环锭纺的革新技术是在环锭纺纱的基础上，通过在喂入部位、罗拉牵伸部位或加捻成纱部位等气流或机械式纤维集聚装置、附加多根粗纱喂入装置、假捻装置、加热加湿装置等，降低纱线的毛羽，消除纱线的内应力，改善纱线的表观光洁程度，使纱线柔软光洁，全面提高纱线的内在与外观质量，满足织造和织物质量的要求。

第二节　紧密纺纱

一、概述

紧密纺纱又称集聚纺纱或环锭集聚纺纱，是 20 世纪 90 年代国外在环锭纺纱机上改进与创新的一种新型纺纱技术。采用紧密纺纱技术纺制的纱线在保持原环锭纱风格的基础上提升了纱线的质量与档次。目前，在国内外环锭纺纱领域已大量推广应用。我国自 2001 年开始在环锭细纱机上采用紧密纺技术，已超过 2000 万锭，占环锭纺总锭数的 20% 以上，用紧密纺生产的纱线已在纱线中占有一定地位。

紧密纺纱的优势如下。

1. 纱线毛羽显著减少

紧密纺纱基本上消除了传统环锭纺纱的加捻三角区，因而从根本上消除了产生毛羽的源头，使紧密纺纱线的毛羽，特别是有害毛羽（3mm 以上长度）大幅度减少。尽管各种紧密纺机构的作用方法不尽相同，但减少毛羽的效果是一致的，普遍比传统环锭纺纱的毛羽减少80% 左右。

2. 成纱质量普遍得以改善和提高

由于加捻前须条结构和纤维分布趋于理想，成纱后纤维被充分利用，因此，成纱质量得到全面改善和提高。断裂强力提高近 10%，强力变异系数小，在相同强力下，纱线的捻度可

减少20%左右；条干均匀度改善了2%左右，棉结杂质降低8%～10%；纱线抗摩擦、抗疲劳性得以改善。

3. 给后续加工工序带来极大的效益

（1）小捻度效应。纱线毛羽少、强力高，在达到相同传统环锭纱强力条件下，可减小单纱或股线的捻度，提高细纱或捻线的生产效率；有些产品可以用集聚纱直接取代传统环锭纺股线，使加工流程缩短，生产成本降低。

（2）少毛羽效应。纱线毛羽少，不需烧毛，可省略由于烧毛而增加的工序（烧毛、倒筒等），同时也节约纤维原料；浆纱工序中，可使上浆率降低20%～40%，节约原材料的同时，也使浆纱少黏附、易分绞。

（3）高强力效应。纱线强力高，整经断头减少30%左右，织造经纱断头减少40%、纬纱断头减少30%，整经、织造效率大幅提高，同时减少回丝下角等。

二、紧密纺纱原理

传统环锭纺的加捻三角区是纱线毛羽产生的根本原因，纱条在该三角区的无捻或弱捻状态还使纺纱断头增加，形成大量飞花，纱体内纤维排列混乱，纤维的强力利用系数较低，对后道工序顺利加工和最终产品质量都产生严重的负面影响。消除加捻三角区是提高纱线强度、降低纱线毛羽和飞花的有效方法。

紧密纺正是在传统环锭细纱机牵伸装置基础上，增加一个纤维集聚区，使须条牵伸后由前钳口输出时，通过气流或机械力等外力使纤维向中心集聚，如图3-2所示，收缩扁平带状须条的宽度 B，使纤维束宽度在进入加捻区时接近或等于细纱直径 b，纤维在须条内伸直平行排列，且相互排列紧密，基本消除加捻三角区和边缘纤维，结果得到毛羽少、强力高的紧密纺纱线。

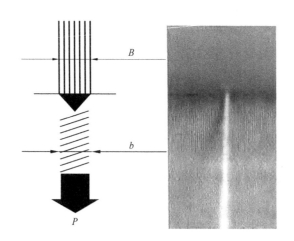

图3-2 紧密纺加捻区

B—须条的宽度 b—细纱直径

传统环锭纺与紧密纺加捻三角区的比较如图3-3所示，图（a）为传统环锭纺，图（b）为紧密纺。不管是什么形式的紧密纺，其基本原理都可以用图3-3表示。从 A—A、经 C—

C、到 B—B 为纤维集聚区。

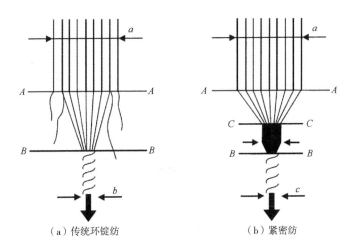

（a）传统环锭纺　　　　　　（b）紧密纺

图 3-3　传统环锭纺与紧密纺加捻三角区须条状态示意图

a—须条真正宽度　c—细纱直径

三、紧密纺纱装置

根据产生纤维集聚作用的方式不同，目前国内外紧密纺纱系统和装置分三大类：一是负压气流集聚，利用负压气流吸力使集聚区内的纤维横向集中收缩而集聚；二是利用机械方式产生机械作用力，使集聚区内的纤维横向集中而集聚；三是利用气流和机械作用力结合产生集聚。在这三大类中，根据产生负压气流的方式、类型以及带动纤维须条集聚运动装置的不同，又可细分不同形式的集聚机构。

（一）网眼罗拉集聚纺纱装置——负压式

网眼罗拉集聚纺纱装置改变了传统牵伸前罗拉的结构，把实芯前罗拉改为管状的网眼罗拉，其直径远大于原前罗拉，如图 3-4 所示。网眼罗拉的内胆为吸风槽插件，具有逐渐收缩的斜形吸风槽，紧贴在网眼罗拉的内表面。斜形吸风槽插件与负压吸风系统连接。两个胶辊骑跨在网眼罗拉上，第一胶辊为新增的输出胶辊，与网眼罗拉组成输出钳口，即加捻的握持钳口；第二胶辊，即是原前上胶辊，与网眼罗拉组成牵伸区的前钳口。两个钳口之间即是斜形吸风槽上方网眼罗拉表面纤维须条的集聚区。纤维须条从前钳口输出，即受斜形吸风槽的气流作用而逐渐收缩，直至输出钳口，须条已由扁平带状收缩集聚成近似圆柱形须条，从输出罗拉输出的圆柱形须条其位置已处于捻度传递区的上方，减少了网眼罗拉上的包围弧和无捻区，捻度可直达输出钳口，减少和消除了加捻三角区。

在集聚区上方，还增设了气流导向罩，如图 3-4 所示，保证纤维束以平行状态完成集聚，提高了集聚效果。这一装置结构精密，性能可靠，但整个集聚装置改变了原传统牵伸机构的结构状态，加工精度要求高，制造难度大，成本高。由于采用大直径的网眼罗拉，使主牵伸区内浮游纤维区长度变化，对有效控制浮游纤维有一定影响；再则，输出胶辊与前牵伸胶辊同时由网眼罗拉摩擦传动，两钳口间即集聚区内，须条在集聚过程中无张力牵伸。该形式的生产厂商以立达 Com-K4 为代表。

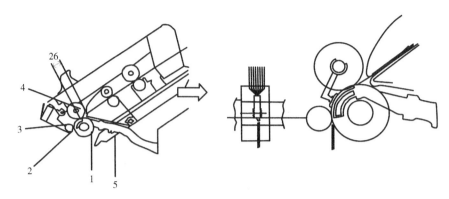

（a）网眼罗拉集聚纺纱装置侧视图

（b）网眼罗拉及吸风槽插件的结构

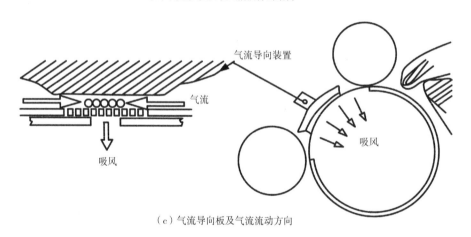

（c）气流导向板及气流流动方向

图3-4 网眼罗拉集聚纺纱装置

1—网眼罗拉 2—吸风槽 3—输出胶辊 4—牵伸机构前胶辊 5—吸风管

（二）吸风管网格圈集聚纺纱装置——负压式

该装置根据吸风管形状、吸风管位置、网格圈传动方式等因素分为多种形式。

1. 负压异形管吸风（下置式）网格圈摩擦传动集聚纺纱装置

该装置如图3-5所示。

形似梨形或香蕉形截面的负压吸风管安装在牵伸机构的前输出罗拉钳口处。异形管上面开有一定倾斜角度的曲线形吸风槽，槽口对准输出的须条，槽口宽度逐渐缩小，形成从宽到窄的吸风槽，以此达到对纤维须条的集中收缩作用。异形管外面套有柔性回转的网格圈，在

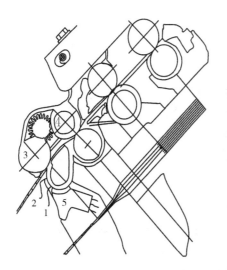

图 3-5　负压异形管吸风（下置式）网格圈摩擦传动集聚纺纱装置
1—负压异形管　2—网格圈　3—输出胶辊　4—牵伸机构前胶辊　5—吸风管

集聚过程中托持并带动纤维。网格圈由骑跨在异形管上的输出胶辊摩擦传动。输出胶辊与牵伸机构前胶辊之间配装一过桥传动齿轮，相互啮合传动回转。输出胶辊直径可略大于牵伸机构前胶辊，使须条在集聚过程中产生一定的张力牵伸。

倾斜曲线形吸风槽使气流流动方向有利于纤维绕自身轴线旋转，并向纱干靠拢集聚。网格圈是由一定规格的微孔组成的织物，网眼密度也可根据所纺纤维和成纱线密度做适当选择，一般约 3000 孔/cm²，类似滤网结构。为了保证网格圈在异形管上回转顺利，网格圈的内表面应经过特殊处理，使输出胶辊带动网格圈的传动摩擦因数比网格圈与异形管表面的摩擦因数高 10 倍以上。

微孔织物网格圈与表面开有吸风槽的异形吸风管组成吸风组件，吸风槽对应网格圈表面的纤维须条，异形管内的负压使纤维在网格圈表面形成压缩集聚状态，并在网格圈向前运动时产生对须条的牵伸运动，直至输出钳口。由于吸风槽倾斜与网格圈运动有一定倾角，在吸风气流的作用下，须条还同时沿着垂直于吸风槽口方向紧贴网格圈表面滚动，产生对纤维须条的相对运动，并向纱芯集中。这一类似捻合的运动促进了纤维的集聚，较好地消除了加捻三角区。

网格圈的制造要求高，长期运转要不变形且稳定；在多锭生产的环锭细纱机上，胶辊直径、罗拉加压等存在一定的锭间差异，会造成各锭网格圈运动速度不稳、不匀，也产生锭间差异。

2. 负压异形管吸风（下置式）网格圈罗拉传动集聚纺纱装置

该装置如图 3-6 所示。

它的结构特点是，异形管似倒三角形，顶面开有倾斜曲线吸风槽。网格圈不仅套在异形吸风管上，还套在新增设的输出罗拉上，并由钢质撑杆张紧。新增设的输出罗拉由牵伸机构的前罗拉通过过桥齿轮传动，是一个主动传动的网格圈系统。它的负压气流集聚作用和原理与前一种相同。

这种设计的最大特点是，可以使网格圈在输出罗拉与输出胶辊夹持下与其同步回转，无

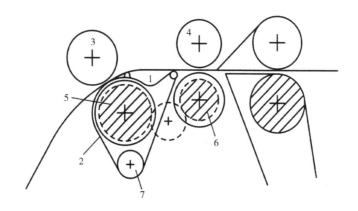

图3-6　负压异形管吸风（下置式）网格圈罗拉传动集聚纺纱装置

1—负压异形管及吸风槽　2—网格圈　3—输出胶辊

4—牵伸机构前胶辊　5—输出罗拉　6—牵伸机构前罗拉　7—张紧杆

相对打滑，使网格圈运行平稳，更稳定地输送纤维须条；但同时也由于输出罗拉传动，异形管的吸风槽与输出钳口有一微小隔距，从而使气流集聚作用未能延续到输出钳口。

3. 负压异形管吸风（上置式）网格圈集聚纺纱装置

该装置如图3-7所示。

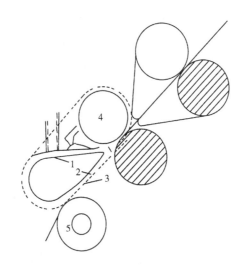

图3-7　负压异形管吸风（上置式）网格圈集聚纺纱装置

1—负压异形管　2—吸风槽　3—网格圈　4—牵伸机构前胶辊　5—输出胶辊

4. 负压圆形管吸风（上置式）网格圈集聚纺纱装置

该装置如图3-8所示。

5. 负压圆形管吸风（下置式）网格圈集聚纺纱装置

该装置如图3-9所示。

（三）多孔胶圈集聚纺纱装置——负压式

多孔胶圈集聚纺纱装置是在细纱牵伸机构前加装一套气流集聚装置。多孔胶圈内表面设

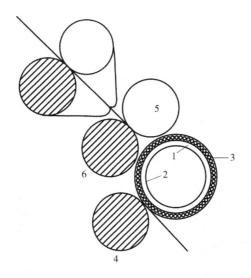

图3-8　负压圆形管吸风（上置式）网格圈集聚纺纱装置

1—负压圆形吸风管　2—吸风槽　3—网格圈　4—输出胶辊
5—牵伸机构前胶辊　6—牵伸机构前罗拉

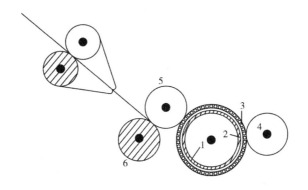

图3-9　负压圆形管吸风（下置式）网格圈集聚纺纱装置

1—负压圆形吸风管　2—吸风槽　3—网格圈　4—输出胶辊
5—牵伸机构前胶辊　6—牵伸机构前罗拉

有固定的吸风嘴，如图3-10所示。当负压吸风系统使吸嘴产生负压气流通过多孔胶圈时，多孔胶圈会自动形成一个内陷的凹槽，与负压气流一起收集从牵伸前罗拉输出的须条。多孔胶圈带着须条一边向前运动，一边收缩纤维，使须条形成紧密结构并到达输出钳口，以这种紧密状态接受加捻。

吸风嘴设置在多孔胶圈上部，属上置式吸风集聚。多孔胶圈下部设置有一个三角形的托板销，它托持多孔胶圈和纤维束，并与多孔胶圈共同夹持纤维束，在导向气流作用下更有效地集聚纤维。

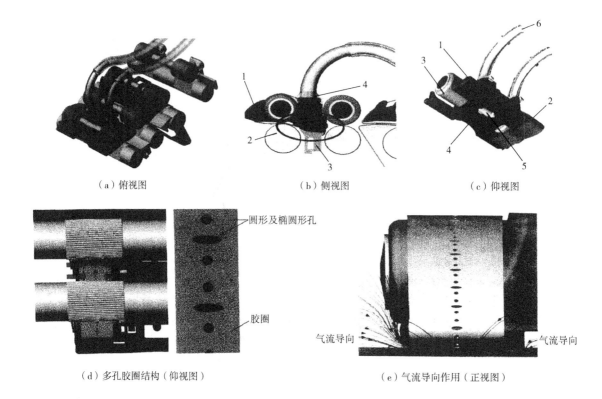

（a）俯视图　　　　　　　　（b）侧视图　　　　　　　　（c）仰视图

（d）多孔胶圈结构（仰视图）　　　　　　（e）气流导向作用（正视图）

图3-10　多孔胶圈集聚纺纱装置

1—输出胶辊及胶圈清洁器　2—输出胶辊　3—托板销　4—吸风嘴

1—吸风嘴　2—多孔胶圈　3—前输出胶辊　4—集聚托架　5—托架　6—吸风管

多孔胶圈的运动是由输出罗拉传动，并对须条设有一定的张力牵伸。在多孔胶圈输出纤维束后，自动清洁装置对多孔胶圈进行清洁，使其孔眼不易堵塞。

此装置的特点是未改变原牵伸机构的状态。由于多孔胶圈的通气孔不是连续的，多孔胶圈与输出钳口间有一微小距离，集聚作用还未完全延续到输出罗拉钳口，已集聚的须条产生了一定的回弹性扩散，这样保留了不影响短纤纱基本性质的小于2mm长度的基本毛羽。

这种结构的集聚装置还比较适合包芯纱和赛络包芯纱的纺制。

（四）窄槽式负压罗拉紧密纺装置——负压式

窄槽式负压罗拉紧密纺是由江南大学自主研发的紧密纺装置，称为全聚纺。它是在传统环锭纺纱机的基础上，将前罗拉换成直径为50mm的窄槽式空心罗拉，其内装有吸风组件，并保留中、后罗拉及上下胶圈，而且在前胶辊与阻捻胶辊中间距空心罗拉表面一定距离处装有气流导向装置。遵循"集聚区不牵伸，牵伸区不集聚"的原则，利用负压气流力将牵伸后的纤维须条横向收缩而集聚紧密，使须条边缘纤维有效地向纱干中心集聚，最大限度地减小加捻三角区，从而大幅度减少纱线毛羽，增大纤维利用系数和成纱强力，改善成纱质量，其示意图如图3-11所示。

全聚纺的窄槽式空心罗拉为刚性集聚，不易磨损，使用时间长，另外空心罗拉内部装有吸风组件，取消了网格圈异型管等易损件，增加了气流导向装置，集聚负压低，其胶辊压力架仍可适应原有摇架前爪，不仅节约了能源，而且降低了生产成本。同时采用大风机集中吸风，而滤网可防止车间二次污染，有利于工人的身体健康及环境保护。全聚纺无需整机引进，而且可适用于主流普通环锭纺细纱机的改造，大大降低了整机引进的成本。

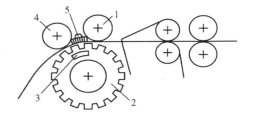

图 3-11　窄槽式负压罗拉紧密纺示意图
1—前胶辊　2—窄槽式空心罗拉　3—吸风组件
4—阻捻胶辊　5—气流导向装置

（五）聚纤纺纱装置——负压式

聚纤纺纱技术是由湖北聚纤纺科技有限公司发明的一种新型纺纱牵伸形式，它的牵伸原理与现有的环锭纺牵伸系统有较大区别。聚纤纺牵伸系统采用"负压集聚，曲线牵伸"的新型牵伸技术，其主要组成包括负压吸风系统、异形负压管、控制棒、网格圈等。聚纤纺装置在其结构设置上巧妙地避开了"双胶圈弹性钳口"牵伸系统的缺点，对牵伸区内附加摩擦力界的提供方式、附加摩擦力界纵向分布强度及浮游区位置进行了重新设计，为牵伸过程中纤维的变速点进一步"前移、集中、稳定"打下了良好的基础。

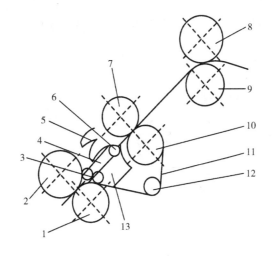

图 3-12　聚纤纺牵伸机构示意图
1—前罗拉　2—前上胶辊　3—前压力棒　4—保持架　5—加压弹簧　6—后压力棒　7—中上胶辊　8—后上胶辊
9—后罗拉　10—中罗拉　11—网格圈　12—网格圈张力架　13—负压管

如图 3-12 所示，聚纤纺牵伸机构中网格圈套在中下罗拉和负压管上，随中罗拉运动；加压弹簧固定在摇架上，其下与保持架连接，保持架在加压弹簧作用下，固定于负压管的凹槽内，保持架上的后压力棒与负压管的凹槽形成弹性钳口；保持架上的前压力棒用于对纤维增加新的附加摩擦力界，减小浮游区，加强对短纤维的控制；负压管上开有直槽，须条随网格圈运动，在负压的作用下聚集在槽内，保证纤维在整个前区牵伸中不发散地集中送向前罗拉，同时在负压作用下形成稳定的摩擦力界，保证慢速纤维不会因为快速纤维的抽动而提前变速。

该技术不同于普通环锭纺双胶圈牵伸机构，采用负压管、网格圈和压力棒共同组成牵伸机构，能形成集中稳定的摩擦力界，纤维在前牵伸区内在负压控制下边牵伸边聚集，由于前钳口输出时须条宽度小，基本消除了加捻三角区，使得成纱毛羽得到改善，纱线强力提高。该技术目前在毛纺行业还处于试验调试阶段，没有大量应用。

（六）集束器集聚纺纱装置——机械式

集束器集聚纺纱装置如图3—13所示。此装置在原牵伸机构的基础上，加大了前罗拉直径，其上面骑跨输出胶辊和牵伸机构前胶辊两个胶辊。两个胶辊之间装有专门设计的磁铁陶瓷集束器，集束器与前罗拉表面吻合组成全封闭的"几何—机械"集聚区。集束器下部中间沿纱条运行方向有一贯通的凹槽，凹槽宽度由宽逐渐变窄，形成截面逐渐收缩的纤维通道，凹槽渐缩形状和出口尺寸可根据加工的纤维和纺纱线密度做最佳设计。须条在集束器凹槽中得到紧缩集聚，实现了减少或消除加捻三角区的目的。如图3-13所示，牵伸机构前胶辊与输出胶辊分别在前罗拉上组成钳口A和钳口B。两钳口之间即是集束器的须条集聚区。须条中纤维在集聚运动过程中，贴伏于前罗拉表面与其同步向前运动，速度为v_T，但由于集束器通道（凹槽）与前罗拉表面运动方向有一定的倾角，纤维沿着垂直凹槽侧边的方向受到径向收缩集聚的作用力，即有径向运动，速度为v_r。须条运动速度$v_F = v_T + v_r$。在前进运动过程中，纤维向纱条中心移动，完成须条的集聚，须条宽度和加捻三角区的宽度减小到近似成纱直径。该装置的集聚来源于机械力的作用和几何形态的变化，故称为机械集聚型装置，特点是无负压吸风系统、无网眼罗拉或网格圈、无额外耗能、无需额外维修保养、无需另增加额外设备部件，既简单，又经济实惠。但一般认为机械集聚会对成纱结构和条干均匀产生影响，还需进一步实践与分析验证。

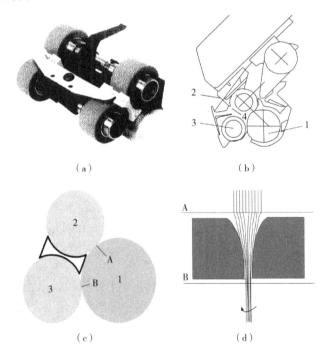

（a）　　　　　　　　　（b）

（c）　　　　　　　　　（d）

图3-13　集束器集聚纺纱装置

1—牵伸机构前罗拉　2—牵伸机构前胶辊　3—输出胶辊　4—集束器

（七）齿纹胶辊集聚纺纱装置——机械式

齿纹胶辊集聚纺纱装置如图3-14所示。在原牵伸机构上增设一套由齿纹胶辊等组成的集聚组件，这一组件利用一个M形弹簧托架把齿纹胶辊固靠在前罗拉表面出口处。齿纹胶辊上刻有人字形沟槽（两边）和集聚沟槽（中间），它由前罗拉带动同步回转。当被牵伸须条从前钳口输出，立即被人字形沟槽引导向中间集聚沟槽集中，达到收缩须条作用。此装置结构极为简单，安装方便，成本低廉，可根据纺纱需要加装或拆下。由于此装置的齿纹胶辊同时作为输出罗拉钳口（即阻捻钳口），纱条加捻传递过程中在张力的作用下，可能越过齿纹胶辊沟槽，会部分失去，减少加捻三角区的意义。它的集聚效果和成纱结构还待进一步分析研究。

（八）双齿纹胶圈集聚纺纱装置——机械式

齿纹胶圈集聚纺纱装置如图3-15所示。在原牵伸机构前罗拉输出处，加装一套设计成人字形齿纹的双胶圈，称齿纹胶圈。上下齿纹胶圈表面制成周向连续均布有凸出的人字形齿纹，人字形齿纹相交处断开形成一周向狭隘的导条槽。在上下齿纹胶圈引导下，须条不断地向中间汇集，构成一个纤维须条集聚区域。

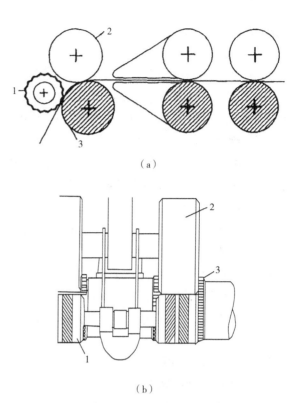

（a）

（b）

图3-14 齿纹胶辊集聚纺纱装置

1—齿纹胶辊 2—牵伸机构前胶辊 3—牵伸机构前罗拉

（九）齿纹气流槽胶辊集聚纺纱装置——机械式＋气流式

齿纹气流槽胶辊集聚纺纱装置如图3-16所示。在齿纹胶辊集聚纺纱装置基础上，在中间集聚沟槽底部打孔，内芯中空接吸风系统，在齿纹引导沟槽和中间集聚沟槽处引入集聚气流，借助负压气流力和齿纹引导沟槽机械力的共同作用对纤维须条进行集聚。纤维须条最终都集中在中间沟槽中，在紧密集聚状态下加捻。此装置设想新颖，结构不复杂，集聚效果明显优于齿纹胶辊型、齿纹胶圈型，但制造和加工精度要求很高。

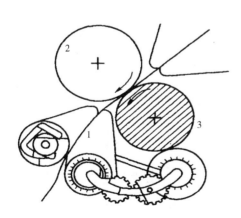

图3-15 齿纹胶圈集聚纱线装置

1—齿纹胶圈 2—牵伸机构
前胶辊 3—牵伸机构前罗拉

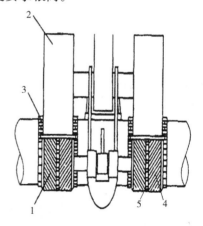

图3-16 齿纹气流槽胶辊集聚纺纱装置

1—齿纹气流槽胶辊 2—牵伸机构前胶辊
3—牵伸机构前罗拉 4—齿纹 5—气流槽

四、紧密纺工艺特点

（一）吸风管气流负压

吸风管气流负压太大会引起须条在输出钳口波动，使须条打滑严重，而且会消耗更大的动力，增加成本；负压太小，会降低须条的集聚效果、减少集聚区须条的附加捻度。不同的紧密纺机构所要求的负压不同，网格圈式紧密纺吸风管气流负压一般为 1964 ~ 3437Pa。

（二）集聚区牵伸倍数

通常遵循集聚区不牵伸、牵伸区不集聚的原则，但实践证明，集聚区有一定的张力牵伸有助于更好地集聚，一般集聚区牵伸倍数取 1.01 ~ 1.05。

（三）前钳口压力

前钳口加压对成纱毛羽有一定的影响，在保证正常纺纱的情况下，压力偏小可减少毛羽。

（四）多孔胶圈的参数

多孔胶圈的参数包括开孔的直径、形状（如圆形、椭圆形等）、孔距及排列方式等。实验表明：采用规则排列的圆形孔、1.2mm 孔径、3mm 孔距，可获得较好的纺纱质量；但当纺密度较大的纱时，也可采用圆形孔和椭圆形孔相间排列的集聚圈。

五、紧密纺纱线的结构与性能

（一）紧密纺纱线的结构

为分析研究紧密纺纱线的结构，采用视频显微镜测量了捻度在纱线径向的分布。在 FA506 型环锭细纱机和德国 Suessen 公司的 Elite 紧密纺纱机上，以相同的工艺参数分别纺制环锭纱和紧密纱。质量比约 0.8% 的黑色棉纤维作为示踪纤维，可保证一两根示踪纤维会在各个纱线横截面内出现，线密度为 11.7tex，捻系数为 115。

图 3 - 17 和 3 - 18 给出了示踪纤维在紧密纺纱线和环锭纺纱线中的轨迹。图 3 - 17 中，r_i 表示示踪纤维波峰/波谷处的径向位置，$L_i/2$ 表示示踪纤维径向位置 r_i 处的半螺距。图 3 - 18 中，X_i、Y_i 和 Z_i 表示 i 点的空间坐标位置。图 3 - 19 和 3 - 20 给出了紧密纺纱线和环锭纺纱线的捻度径向分布。两种纱线的捻度都是沿着纱线径向由内向外逐渐增大，而且纱线的轴心线都不存在捻度。然而，紧密纺纱线的捻度径向分布曲线较为平滑，其纤维的内外转移程度也低于环锭纺纱线。

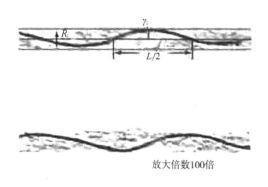

放大倍数100倍

图 3 - 17　紧密纺纱线

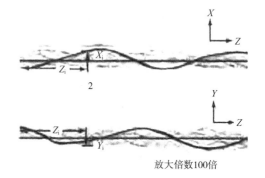

放大倍数100倍

图 3 - 18　环锭纺纱线

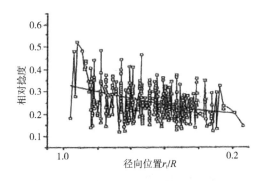

图3-19　紧密纺纱线的捻度径向分布

R—纱线半径　r_i—径向某一位置的半径

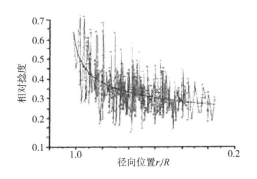

图3-20　环锭纺纱线的捻度径向分布

R—纱线半径　r_i—径向某一位置的半径

图3-21和3-22所示为示踪纤维在紧密纺纱线和环锭纺纱线中的运动轨迹,图中所示仅为一个内外转移周期,即由纱线轴心到纱线表层,然后再回到纱线轴心。可以看出,紧密纺纱中,纤维的内外转移螺旋较环锭纺规则。紧密纺中,一根纤维完成一个内外转移周期需5~6个螺旋,而环锭纺仅需3~4个螺旋。因此,紧密纺纱线纤维内外转移程度较环锭纺弱。

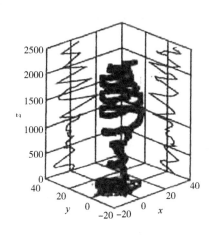

图3-21　紧密纺纱线的纤维转移轨迹

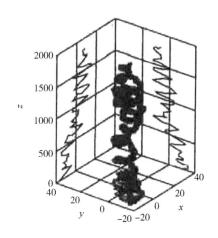

图3-22　环锭纺纱线的纤维转移轨迹

紧密纺纱线和环锭纺纱线中纤维的平均径向位置和内外转移系数(MD)见表3-1。可以看出,紧密纺纱线的纤维内外转移系数为53%,而环锭纺纱线的纤维内外转移系数为69%。

表3-1　紧密纺纱线与环锭纺纱线纤维内外转移系数

参数	纤维的平均径向 Y	标准差 D	纤维的转移系数 MD
紧密纺纱线	0.538	34.046	0.53
环锭纺纱线	0.494	86.509	0.69

图3-23和表3-2所示为紧密纺纱线和环锭纺纱线的纤维取向度。对于紧密纺纱线,纤维取向角主要分布在7°~14°,平均取向角为11.64°。环锭纺纱线的纤维取向角主要分布在10°~20°,平均取向角为15.95°。可以看出,紧密纺纱线的取向度明显高于环锭纺纱线。

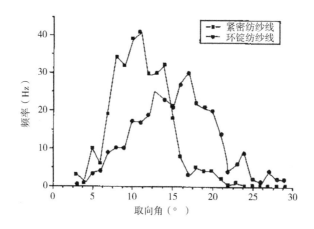

图 3 - 23　纤维取向角的分布频率

表 3 - 2　紧密纺纱线与环锭纺纱线的纤维取向度

参数	纤维平均取向度（°）	CV（%）
紧密纺纱线	11.64	29.3
环锭纺纱线	15.95	30.3

（二）紧密纺纱线的性能

表 3 - 3 给出了紧密纺纱线和环锭纺纱线的强伸性能。可以看出，紧密纺纱线的断裂强度高于环锭纺纱线，这主要归因于紧密纺纱线的高取向度和低毛羽量。紧密纺纱线与环锭纺纱线的质量指标见表 3 - 4。

表 3 - 3　紧密纺纱线与环锭纺纱线的强伸性能

参数	断裂强度（cN/tex）	断裂伸长率（%）	断裂功（cN·cm）
紧密纺纱线	25.62	6.63	513.10
环锭纺纱线	22.28	6.29	429.01

表 3 - 4　紧密纺纱线与环锭纺纱线的质量对比

纱线质量指标	对比结果	纱线质量指标	对比结果
毛羽（%）	降低 50 ~ 85	条干 CV 值（%）	降低 2.6
纱线强度（%）	提高 8	粗细节（%）	降低 13
伸长率（%）	提高 7.5		

六、紧密纺纱产品

早期，紧密纺技术主要用于生产纯棉产品。经过多年的不断开发创新，目前生产的纱线品种越来越多。紧密纺纱线具有结构紧密、强力高、毛羽少等显著特性，但使用紧密纺设备的资金投入及运营费用比环锭纺高。因此，紧密纺纱技术目前主要用于生产"精、特、新"高附加值纱线。"精"是指生产优质高档次的精梳产品，包括棉、毛等精梳产品。"特"是指生产具有特色的纱线，要充分利用各种天然纤维，如天然彩棉、染色棉、羊毛、羊绒、绢丝及改性汉麻、亚麻等与新型化学纤维如超仿棉、天丝、莫代尔等，采用纯纺或混纺工艺生产多种纤维组合的特色紧密纺纱线。"新"是指紧密纺技术要与其他新型纺纱技术如赛络纺、赛络菲尔纺、包芯纺等相结合，生产出各种新型纱线。例如，目前许多企业采用紧密纺与赛络纺结合，充分发挥两者优势，生产出性能更好的多样化纱线。

　　总之，充分依托紧密纺技术优势，开发精、特、新纱线是提高产品档次与附加值，实现效益最大化的重要举措。

第三节　赛络纺纱

一、概述

　　赛络纺纺纱技术是由澳大利亚联邦科学与工业研究院发明的一种纺纱方法，最初目的是要减少毛纱毛羽，1978 年国际羊毛局将这项科研成果推向实用化。赛络纺是在细纱机上喂入两根保持一定间距的粗纱，经牵伸后由前罗拉输出两根单纱须条，并由捻度的传递而使单纱须条上带有少量的捻度，并合后被进一步加捻成类似合股的纱线卷绕在筒管上。赛络纺纱技术在实际生产中实施起来非常简便，对环锭细纱机稍做改造即可，且改造后的纺纱机既可纺制赛络纱线，也可根据需要随时恢复成普通环锭细纱机。

二、赛络纺纱原理

　　在环锭纺纱机上生产赛络复合纱，是借鉴毛纺上赛络纺纱的原理。如图 3－24 所示，把两根不同原料或相同原料的粗纱（S_1、S_2）平行喂入细纱牵伸区，两根粗纱之间有一定的距离，且处于平行状态下牵伸，在前罗拉钳口处输出两束须条，并分别通过捻回的传递而获得一定捻度，形成一个加捻三角区后两束纤维会聚，再经加捻形成纱线，从而使复合纱具有股线的风格和优点。由于会聚点两根纤维条的回转，有些纤维端就会被抽出，并随纱条旋转，许多纤维端就有可能卷绕到相邻的另外一根纱条上，最后进入股线之中，从而使复合纱结构紧密、表面纤维排列整齐，外表光洁，表面毛羽大幅度下降，条干均匀光滑。

三、赛络纺纱装置

　　赛络纺纱设备是在传统环锭纺纱设备上经过改造形成的，具体为增加一排粗纱吊锭、将喂入导纱器和各集合器改为双口并在纵向中心相对、在前罗拉和导纱钩之间加装打断器等。

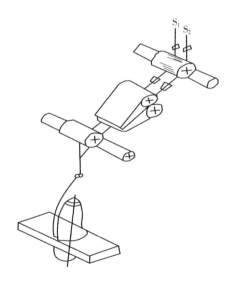

图 3－24　赛络纺纱原理示意图

（一）加装粗纱架与吊锭

加装吊锭式粗纱架，应注意粗纱的卷装容量、粗纱导纱杆的位置、喂入粗纱与细纱后罗拉集束器的距离和角度等因素，以保证粗纱增加一倍后，仍能有合理的喂入断面，不产生粗纱意外伸长、断头、堵塞等问题。

（二）改装双槽形导纱器与集束器

毛纺细纱机的后导纱器、中央导纱器和前聚导纱器等都改为双槽式导纱器，并注意三者纵向对准中心，确保粗纱在平行状态下被均匀牵伸。在棉纺细纱机的每个牵伸区加装双槽型集束器（喇叭口），同时注意两根粗纱之间的距离。因受两根粗纱平行喂入几何尺寸影响，应取消原喂入部分的横动装置。

（三）改装中胶辊

在毛纺细纱机上，通常采用滑溜牵伸，中胶辊上开有滑溜槽，为保证赛络纺两根粗纱保持14mm间距，使牵伸顺利进行，应使滑溜槽宽度为24mm。棉纺细纱机则无需改造，保证粗纱喂入间距在8mm左右即可。

（四）加装打断器

赛络纺纱时，一根粗纱断裂或缺纱时，由于纺纱工人很难发现，所以断头不能及时接上。这样生产出来的纱线就是只有一半重量的单纱而不是赛络纱，严重影响赛络纱的质量，因此，必须有一个专用于赛络纺纱的断头打断器（BOD）来解决上述问题。目前使用的打断器有机械式和电子式两种。

1. 机械式打断器

如图3-25所示，机械式打断器由钢柱、重锤和支撑轴组成。正常纺纱时，纱线从两根钢柱之间通过，而不与钢柱接触。当有一根纱断头时，另一根未断的纱向左或向右横向移动而与钢柱接触，使重锤体向一侧偏转，重锤重心也因此侧偏移，直至重锤重心移至支撑轴的接触面宽度范围之外，重锤体失去平衡而翻倒，此时未断的一根纱在两钢柱间呈弯曲状，阻碍下部捻度向上传递，使上部单纱失去捻度，强力降低而断头。机械式打断器工作的稳定性和灵敏度与重锤的重心位置、纱的横向移动距离以及支撑体的宽度有关。

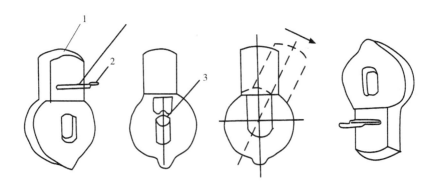

图3-25　机械式打断器示意图

1—重锤　2—钢柱　3—支承轴

机械式打断器存在可靠性和灵敏度相矛盾的缺陷，对纺纱线密度也有一定的要求，而且由于位置所限只能应用于毛纺细纱机。

2. 电子式打断器

电子打断装置通过光电作用来检测纱线是否发生位移。当出现断头时,"单线"会发生位移,并设定时间判别,当达到一定时间时,认为断头发生,从而打断另一根纱。

电子打断器采用断头检测装置,出现断头时,发出光电信号,通过光电转换将断头信号转换成电信号,并将电信号输入鉴别电路,鉴别电路屏蔽掉因纱线抖动或其他因素产生的误信号,确认纱线发生断头并发出打断信号。打断机构接收到打断信号,执行打断动作,其原理框图如图 3-26 所示。

图 3-26 电子式打断器原理示意图

四、赛络纺工艺特点

(一) 赛络纺粗纱工艺特点

因为要在细纱机上喂入两根粗纱,所以粗纱定量要偏轻掌握,以便减轻细纱的牵伸负担,减小细纱机的总牵伸倍数,有助于减少纤维在牵伸运动中的移距偏差,改善纱条均匀度,提高成纱质量。应采用偏大的粗纱捻度和轴向卷绕密度,以提高粗纱强力,采用硬塑小假捻器,避免落纱时打扭而缠绕在假捻器上,产生粗细节。由于粗纱定量轻,容易飘头,采用压撑处绕一圈,锭翼顶端绕 3/4 圈的措施,适当增加粗纱张力,加快捻回传递,减少粗纱断头,在粗纱机上安装防细节装置,合理控制温湿度,采用中硬胶辊,适当降低车速和锭速,以提高粗纱质量。

(二) 赛络纺细纱工艺特点

细纱采用"重加压,大隔距,低速度,中钳口隔距,适当捻度,大后区牵伸"的工艺原则,以解决因双股粗纱喂入,牵伸力过大,易出现牵伸不开、出硬头的问题。

1. 粗纱间距

粗纱间距是指经过牵伸的两根粗纱在离开前罗拉钳口时的距离。这个间距影响加捻三角区中两股须条到会聚点处所形成的加捻三角形的大小。纺纱张力相同时,粗纱间距增加,会聚点上侧单纱长度增加,有利于单须条上捻度的获得。但会聚点上侧单纱长度过长,单须条的强力下降,断头增多。因此,粗纱间距应根据所纺纤维的长度确定。

一般情况下,纺毛时粗纱间距在 14mm 左右;纺中长化纤时,粗纱间距在 10~12mm;纺棉时,粗纱间距以 6~8mm 为宜。

2. 捻系数

赛络纱捻系数的大小影响成纱强力,捻系数适当大些,对提高赛络纱强力有利。一般来说,捻系数应根据纱线品种和用途加以选择。同时粗纱间距的大小会对单须条的捻度带来影响,因此,捻系数选择时还应适当考虑粗纱间距,以保证纺纱顺利进行。

3. 钢丝圈质量

钢丝圈质量影响纺纱张力,当钢丝圈质量加重时,会聚点上侧单纱上的张力随纺纱张力的增加而增加,赛络纺毛羽减少。但会聚点上侧单纱上的强力低于同样线密度的单纱,因此,配用的钢丝圈应略轻于同样线密度的普通纱。

4. 纺纱速度

由于赛络纺纱机上装有断头自停装置，锭速过高会引起该装置震动，使纱线跳出此装置或增加断头。因此，一般赛络纺应采用比普通细纱机低的纺纱速度。

五、赛络纺纱线的结构与性能

（一）赛络纺纱线的结构

赛络纱由两股低捻须条捻合而成，其结构和单纱及股线比较有一定差异。

赛络纱两股纤维束以螺旋状相互捻合在一起，相互之间较为分明，互不相混。将赛络纱退捻，在捻度即将退尽时可以清楚地看到：纱体中有两股似分未分的纤维束，这种状态既不同于单纱，也不同于股线。

在粗纱中放入极少量异色纤维，用以观察纤维的排列和形状。可以看出，赛络纱两股须条上的少量捻度的方向和成纱捻向一致，表面纤维和纱条轴线的夹角最大，而股线中纤维和纱线轴间夹角最小。

从成纱横截面看，单纱近似圆形，赛络纱两股须条上的捻度很小，纤维易于重新分布，加捻时相互挤压，横截面也近似圆形。股线中的单纱捻度较大，纤维紧密，并捻后纤维难以充分移动而有两个分布中心。与股线织物相比，赛络纺的织物比较平滑、柔软。

（二）赛络纺纱线的性能

赛络纱的结构类似股线，性能上表现为纱条光洁、毛羽少，而且耐磨性好。表 3-5 中，分别给出了赛络纱 $35\text{tex} \times 2$、$60\text{tex} \times 2$ 和 $90\text{tex} \times 2$ 的性质及其须条间距之间的关系，纱线原料均为纯羊毛，公制捻系数为 120。作为比较，表中也包括了由相同粗纱纺制的传统双股纱（单纱捻系数为 90，双股捻系数为 120）。

表 3-5　须条间距对纱线性质的影响

35tex×2 纱					
须条间距	强力（mN）	平均伸长率（%）	CV（%）	毛羽数（根/m）	耐磨性（次）
0	63.7	22	14.7	15.4	660
8mm	64.7	22	14.6	8.9	1190
14mm	67.6	24	14.4	6.9	1540
20mm	67.0	22	14.3	6.9	1770
传统双股纱	64.7	16	14.4	12.1	>3000
60tex×2 纱					
0	76.4	31	13.9	25.1	340
8mm	77.4	30	13.5	16.6	540
14mm	78.4	32	12.4	12.6	700
20mm	80.4	32	12.9	10.6	750
传统双股纱	72.5	22	13.0	24.7	1010

续表

90tex×2 纱					
0	76.4	30	11.0	15.8	290
8mm	79.4	31	10.6	13.9	390
14mm	79.4	33	10.6	10.1	460
20mm	78.4	33	11.7	9.7	620
传统双股纱	72.5	22	13.0	24.7	1900

从表 3-5 可知，须条间距为 8mm 时，生成的须条捻度较少，毛羽开始减少；须条间距为 14mm 时，毛羽数显著减少；间距为 20mm 时，毛羽并没有进一步减少。

纱线的耐磨性随着须条间距的增加呈线性增加。须条间距为 14mm 时，成纱的耐磨性是间距为零时的两倍。这表明须条捻度对耐磨性有一定贡献。随着须条间距的增加，成纱强度和伸长能力也略有增加。采用 14mm 须条间距制成的赛络纱与传统双股纱进行比较，结果表明传统双股纱具有更好的耐磨性能，但毛羽较多。纱线的耐磨性和毛羽是决定织造性能的重要指标，赛络纱与双股纱的织造性能相似。

六、赛络纺纱产品

赛络纱的纱条光洁、毛羽少、耐磨性好。在赛络纱的产品开发上，主要利用和发挥这些特点，织造仿丝绸织物和以赛络纱代替股线的仿羽绒织物。以赛络纱和真丝或化纤长丝交织，作为仿丝绸产品，如涤绫绸、素纹缎、富春纺等，织物轻薄柔软、光泽柔和，具有丝绸风格、透气性、悬垂性均较理想，穿着舒适，宜作裙、衬衫等夏季衣料。以赛络纱代替股线，织造高密防雨布，充分发挥赛络纱透气性好、吸色性好、手感丰满的优点，用作夹克衫、羽绒衫、防雨织物面料等。

近几年，随着赛络纺技术的不断发展，出现了紧密纺与赛络纺相结合的紧密赛络纺，它结合了紧密纺与赛络纺的技术优势，相继完成集聚和单纱合股的过程，可直接纺制出毛羽极少、性能优良的纱线。紧密赛络纺纱原理如图 3-27 所示，两根粗纱以一定的间距经过双喇叭口平行喂入环锭细纱机的同一牵伸机构，以平行状态同时被牵伸，从前罗拉夹持点出来后进入气动集聚区。在每个纺纱部位开有双槽，且内部处于负压状态的异形吸风管表面套有集聚圈，集聚圈受输出罗拉摩擦传动。由前罗拉输出的两根须条受负压作用吸附在集聚圈表面对应双槽的位置，须条在受集聚控制的同时随集聚圈向前运动，由输出钳口输出。集聚后的两束纤维获得较为紧密的结构，分别经轻度初次加捻后，在结合点处结合，然后再被加强捻卷曲到纱管上，成为具有类似股线结构的紧密赛络纱，具有紧密纱

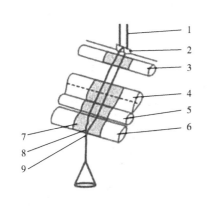

图 3-27 紧密赛络纺纱原理
1—粗纱 2—双眼喇叭 3—后罗拉
4—中罗拉 5—前罗拉 6—异形吸风管
7—集聚圈 8—控制钳口 9—会聚点

及合股纱的优点。与常规的股线生产相比，其省去了单纱络筒、并纱及捻线工序，可节省机器设备，相应减少占地面积和能量消耗。

紧密赛络纱特殊的成纱机理，使其表面光滑、表面纤维排列整齐顺直、毛羽少。紧密赛络纱中的两股纤维束与纱线为同向同步加捻，纱线结构更加清晰、紧密，退捻后能明显看出其双股结构。紧密赛络纱的强伸性能、条干均匀度以及棉结、粗细节指标都优于普通赛络纱、紧密纱和传统环锭纱。紧密赛络纱的毛羽数，尤其是 3mm 以上的有害毛羽明显减少，这是其最突出的优势。紧密赛络纱适合开发高档男式衬衫面料和床上用品面料，具有良好的发展前景。

第四节　赛络菲尔纺纱

一、概述

20 世纪 70 年代，澳大利亚联邦科学与工业研究院成功研制开发了赛络菲尔纺纱技术，该技术是在赛络纺基础上发展起来的。最早主要用于毛纺行业，用于开发细特轻薄产品，现在也广泛应用于棉纺、麻纺行业。赛络菲尔纱具有以下特点。

（1）缩短了工艺流程，传统的短纤维纱与长丝并捻产品要先经过并线，然后与长丝进行倍捻，而赛络菲尔纺省去了并线和倍捻两道工序，提高了生产效率。

（2）加入长丝，提高了原料的可纺性，细纱断头率明显降低，有利于提高细纱和络筒车速，从而降低生产成本。

（3）纱线的结构独特，赛络菲尔纺纱由一根短纤纱和一根长丝在保持一定间距的条件下，通过加捻形成复合纱，长丝与短纤纱形成相互缠绕结构，短纤纱和长丝都"暴露"在纱的表面，有利于同时发挥两种原料的性能。

（4）由于短纤维外面包覆了一根长丝，使纱线表面的毛羽减少。纱的条干、纱疵情况与单纱相比也有明显的改善。另外，由于长丝的增强作用，使纱的强力、伸长有较大幅度提高。

二、赛络菲尔纺纱原理

对传统的环锭细纱机进行改装便可在其上纺制赛络菲尔纱，通常的做法是：在传统环锭细纱机上加装一个长丝喂入装置，长丝从长丝筒子上引出后先后经过张力盘，在前罗拉的后侧喂入，并与短纤维须条保持一定的距离，经前钳口输出后在加捻三角区汇合，如图 3 - 28 所示。

三、赛络菲尔纺纱装置

传统的环锭纺是由一根短纤维须条加捻成纱，如图 3 - 29（a）所示。赛络纺采

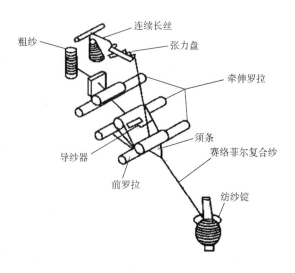

图 3 - 28　赛络菲尔纺纱原理示意图

用两根短纤维须条加捻成纱，即使纤维品种不同，两须条的质量、模量和转动惯量也基本相同，如图3-29（b）所示。赛络菲尔纺是由一根短纤维须条和一根长丝加捻成纱的，且须条和长丝的质量、模量和转动惯量完全不同，如图3-29（c）所示。在赛络菲尔加捻过程中存在着须条和长丝运动的不稳定，最终形成的赛络菲尔纱也存在结构不稳定现象。由于后道加工中的各种摩擦作用，长丝和短纤维须条容易分离，进而短纤维从纱体中分离，即"剥毛"现象（图3-30）。这将影响织造效率和织物的外观，因此，需要对须条或长丝的张力和扭矩进行补偿，以避免出现"剥毛"现象。

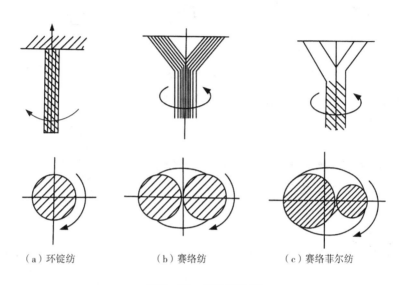

（a）环锭纺　　　　　　　（b）赛络纺　　　　　　　（c）赛络菲尔纺

图3-29　加捻区比较

（一）长丝静电发生装置

利用长丝静电发生装置制备复合纱，可改善利用赛络菲尔纺技术且由长丝和短纤维制成的复合纱的耐磨性，如图3-31所示。基于双电极系统原理，长丝充电装置由一对中空圆电极组成，即顶部电极和底部电极（黄铜制）。连续长丝首先与顶部电极接触而充电。由于它们带有同性电荷，因而组成纱线的单丝相互排斥；又由于位于电极之间的电场作用，带电长丝和底部电极之间相互吸引，增强了长丝向外拉开而成为气泡状的趋势。

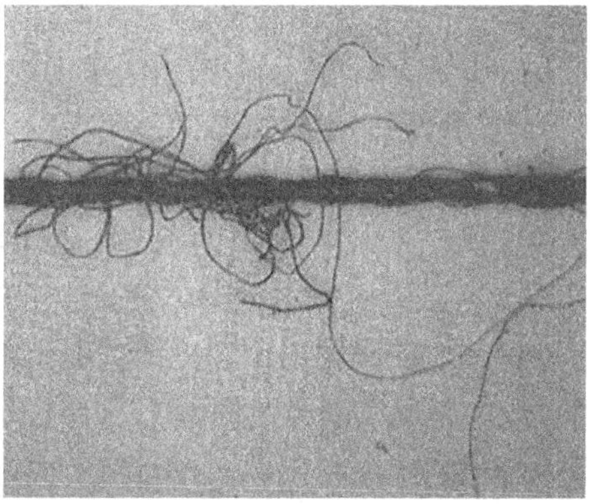

图3-30　赛络菲尔纱的"剥毛"现象

（二）长丝预加张力装置

赛络菲尔纺纱两组分长丝和短纤纱的扭转刚度不一样，复合时成形点不稳定，导致复合不均匀，纱线长度方向存在松紧不均匀，在后道加工及服用过程中，纱体结构不稳定，两组分易分离。为了提高赛络菲尔纱的耐磨性能和纱体结构的稳定性，应采用张力补偿装置。

长丝喂入前罗拉前经过张力盘用于补偿纤维须条和长丝之间力学性能差异的装置，如

图3-28所示。通过张力补偿装置使棉须条上捻度增加，同时增加纤维在纱体中的内外转移，使纱线强力增大，毛羽减少，从而提高纱线的性能。

四、赛络菲尔纺工艺特点

（一）长丝与须条在前罗拉处的间距

对于赛络菲尔纺纱，国内研究者普遍认为间距的大小是影响成纱性能的首要因素。一般认为存在一个最佳间距使成纱性能最优，但在不同纺纱条件下，最佳间距的大小不同。

（二）捻系数

在赛络菲尔纺所选定的捻系数范围内，存在着使成纱强力最大的临界捻系数，纱线的断裂伸长率则随捻系数的增大而持续增大。

（三）长丝预加张力

在一定范围内增加长丝的预加张力，有利于赛络菲尔纺纱线形成紧密均一的纱线结构，对增加纱线的断裂伸长率、增大断裂强力都有好处。

（四）原料

采用不同的粗纱须条和长丝原料纺纱，将改变复合三角区的平衡力矩，打破纱线复合时的平衡状态。例如，采用与长丝模量接近的粗纱原料，能使赛络菲尔纺成纱复合均匀、纱体结构紧密。

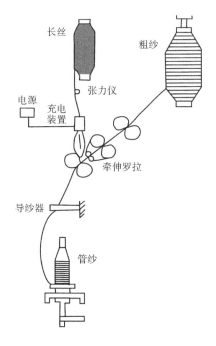

图3-31 利用长丝静电发生装置的赛络菲尔纺示意图

五、赛络菲尔纺纱线的结构与性能

（一）赛络菲尔纺纱线的结构

赛络菲尔纺纱线表面的单纱和长丝基本上是以股线的形式绕轴线呈螺旋形态纠缠，而且单纱和长丝表面均有同向的捻回，如图3-32所示。纱线表面有长丝包缠着，长毛羽少，表面光洁。从纱线的横截面切片看，其截面近似圆形，与单纱相似，不同于股线的腰圆形，而且具有明显的外紧内松结构。

（二）赛络菲尔纺纱线的性能

1. 赛络菲尔纺和传统环锭纺的成纱性能比较

在赛络菲尔纺纱中，由于引入了长丝，赛络菲尔纱的强伸性能明显提高，见表3-6。纱线的毛羽也大为下降，如图3-33所示，这表明赛络菲尔纱的长丝组分对纱线毛羽的包覆效果非常好，因而赛络菲尔纱的外观光洁。

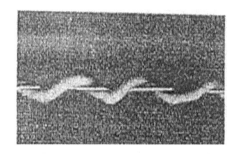

图3-32 赛络菲尔纺纱线的结构特征

表3-6　不同纺纱方法下的强伸性能

纺纱方法	环锭纺	赛络菲尔纺（锦/棉）
断裂强力（cN）	120	186
断裂伸长率（%）	5.5	8.3

2. 须条和长丝间距对赛络菲尔纱性能的影响

图3-34为长丝和须条在不同间距下赛络菲尔纱的条干均匀度曲线。随着间距的增加，赛络菲尔纱的条干 CV 值呈增加趋势；间距越小，条干 CV 值越好。这是因为间距增大，成纱三角区中两纱段之间的夹角变大，纱线所受张力加大，须条中的纤维发生滑脱的概率增大，单纱易产生意外牵伸，细节增多，导致纱线条干不匀率增大。

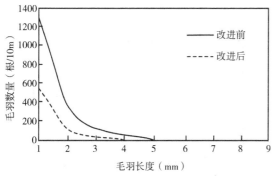

图3-33　改进前后毛羽的分布

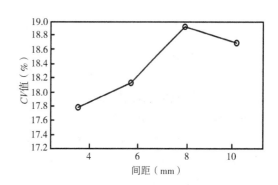

图3-34　不同间距下赛络菲尔纱的条干均匀度

赛络菲尔纱的强伸性能和间距之间的关系如图3-35所示。随着间距的增加，赛络菲尔纱的强度呈先减小后增大的趋势，断裂伸长率则在一定范围内波动。

赛络菲尔纱间距和毛羽的关系如图3-36所示。随着间距的增加，赛络菲尔纱的毛羽显著减少，这是由于间距变大，成纱三角区夹角变大，成纱螺旋角变大，长丝捕捉短纤维毛羽的机会增加。

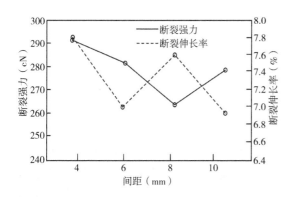

图3-35　不同间距下赛络菲尔纱的强伸性能

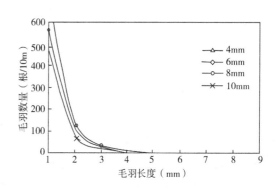

图3-36　不同间距下赛络菲尔纱的毛羽分布曲线

3. 纺纱张力对赛络菲尔纱性能的影响

通过变化钢丝圈质量，可改变纺纱张力，赛络菲尔纱中须条受力较同样粗细的环锭纱受力要大，如再增加纺纱张力，可能对粗纱中短纤维的牵伸有负面影响，导致纱线的条干均匀度恶化，见表3-7。

表3-7　不同质量钢丝圈下的条干CV值

钢丝圈质量（mg）	68	128
条干CV值（%）	18.31	18.85

图3-37显示了不同质量的钢丝圈下毛羽的数量分布。随着钢丝圈质量的增加，纱线的毛羽减少，这是由于纺纱张力的增大，长丝和须条的复合成形点相对稳定，两组分复合较均匀所致。

4. 不同长丝原料对赛络菲尔纱性能的影响

赛络菲尔纱的长丝采用锦纶比采用涤纶的条干均匀度要好。这与涤纶和锦纶的刚性有关。锦纶的刚性较涤纶接近于粗纱，因此，锦/棉赛络菲尔纱较涤/棉赛络菲尔纱复合均匀，成纱条干好。另外，由于锦纶的模量较低，伸长较大，纤维柔软，因此，成纱三角区较大，粗纱须条较长，棉纤维传递的捻度较多，纤维转移比较充分，因而锦/棉的条干均匀度比涤/棉赛络菲尔纱好。

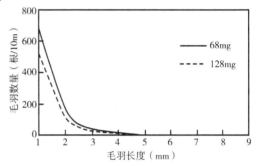

图3-37　不同质量钢丝圈下赛络菲尔纱的毛羽分布

表3-8显示了锦/棉和涤/棉赛络菲尔纱的强伸性能，其基本特性和长丝纤维的强伸特性一致。这说明赛络菲尔纱中长丝组分承担了主要的强伸性能。由于锦纶强力较小，伸长较大，所以锦/棉赛络菲尔纱也体现这样的特点。相反，涤/棉赛络菲尔纱中涤纶强力较大，伸长较小，所以涤/棉赛络菲尔纱体现了高强低伸的特点。

表3-8　不同长丝原料纺赛络菲尔纱的强伸性能

原料	锦/棉	涤/棉
断裂强力（cN）	186	219.1
断裂伸长率（%）	8.3	7.3

锦/棉赛络菲尔纱的长度为1mm和2mm的毛羽数量比涤/棉赛络菲尔纱少，而长度大于3mm的毛羽数量比涤/棉赛络菲尔纱多，即锦纶包覆短毛羽的效果比涤纶好，而涤纶包覆长毛羽的效果比锦纶好。锦/棉赛络菲尔纱中锦纶伸长大、模量小，所以成纱三角区两组分的夹角较小，纱段较长，锦纶长丝对棉粗纱的包缠比较均匀，因而短毛羽较少。另外，涤/棉赛络菲尔纱成纱三角区两组分间夹角较大，复合纱中长丝包缠的螺距较小，捕捉长丝的机会较大，所以涤/棉赛络菲尔纱的长毛羽较少。

5. 采用张力补偿装置对赛络菲尔纱性能的影响

表3-9表明，加装张力补偿装置后赛络菲尔纱的条干均匀度改善近1.7%。这说明，加装张力补偿装置后，成纱三角区区内须条的牵伸程度变大，纤维的内外转移比较充分，因此，纱线的条干比较好。表3-10给出了加装张力补偿装置后赛络菲尔纱的强伸性能，纱线的断裂强力和断裂伸长率明显提高，分别改善10.9%和6.2%。

表3-9　加装张力补偿装置前后的条干 CV 值（%）

装置形式	不加装置	加装置
条干 CV 值（%）	18.69	18.38

表3-10　加装张力补偿装置前后的强伸性能

装置形式	不加装置	加装置
断裂强力（cN）	246	276.1
断裂伸长率（%）	8.1	8.6

图3-38为改进前后的毛羽分布。加补偿装置后的赛络菲尔纱1mm、2mm和3mm短毛羽数量分别减少58%、78%和88%。4mm、5mm和6mm长毛羽分别减少91%、94.5%和96.8%。可见改进后的赛络菲尔纱能够有效地减少毛羽数量。

由此可见，赛络菲尔纱加装张力补偿装置能够很好地改进纱线的性能。

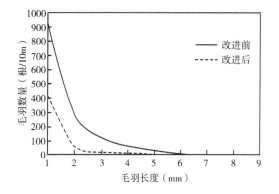

图3-38　改进前后的毛羽分布

六、赛络菲尔纺纱产品

由于所纺的纱中含有长丝和短纤维两种组分，使成纱兼具长丝与短纤维的风格特点。再者，由于赛络菲尔纺纱线中长丝的支撑作用和特殊的纱线结构，如长丝采用水溶性纤维可大幅度降低对羊毛细度的要求，可用中粗特羊毛加工细特轻薄产品，原料成本可降低50%以上。该类产品风格独特，面料的弹性、抗皱性、悬垂性、透气性、抗起球性、尺寸稳定性等性能均优于传统纯毛产品。

第五节　索罗纺纱

一、概述

索罗纺又称缆型纺，作为一种新型环锭纺纱技术，诞生于1998年，并于1999年在巴黎国际纺织机械展览会（ITMA）上展示。该纺纱技术由澳大利亚联邦工业科学与工业研究院、国际羊毛局和WORNZ公司联合研发而成。

索罗纺可纺出直接用于织造的经纱或纬纱。该技术利用安装在环锭纺细纱机上的简易附加装置改变了成纱过程与纱线结构。索罗纺极大地降低了加工成本，其纱线的耐磨性可与双股线媲美。

二、索罗纺纱原理

如图3-39所示，该技术的关键是一对附加罗拉（分割辊），该罗拉与一个简单的夹钳一起安装在细纱机的牵伸摇架上，罗拉上有特殊的沟槽表面，能对细纱前钳口输出的须条进行分割，一般是3~5股，被分割开的纤维束在纺纱张力的作用下进入沟槽罗拉的沟槽内，然后在纺纱加捻作用下，可围绕自身的轴心回转，形成一定的捻度。这些带有一定捻度的纤维束随着纱线卷绕向下输出，当纤维束脱离沟槽罗拉后，在并合点处并合，再加捻形成一根类似圆绳的单纱。

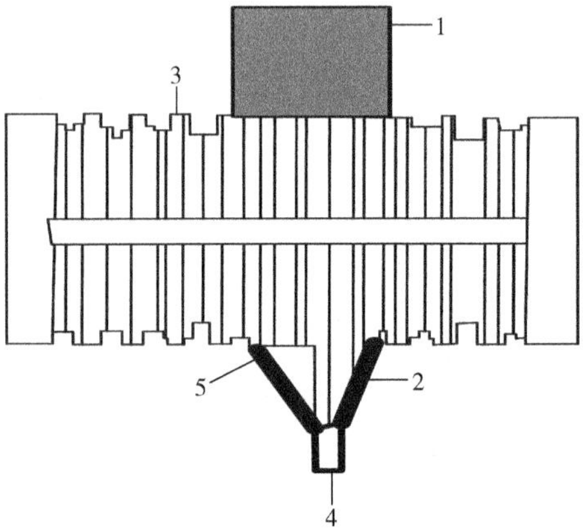

三、索罗纺纱装置

索罗纺的核心部件是分割辊，因此，分割辊的参数对纺纱效果有很大影响。

图3-39　索罗纺原理示意图
1—须条　2—过渡段　3—分割辊
4—纱线　5—分割后的纤维束

（一）分割辊直径

分割辊直径对纤维的分束和加捻效果有影响。分割辊直径大，纤维束嵌入和包围在分割槽中的长度就长，分割辊对须条的分束作用显著。但纤维束在分割辊上受到的阻捻作用增强，会合前的分束加捻效果不显著，纱线毛羽增多。此外，分割辊直径过大，还使分割辊与前罗拉的输出钳口降低，无捻须条在前罗拉和分割辊之间的包围弧长增加，这对纤维的控制不利，易造成细纱断头。钳口降低还使纱线在导纱钩上的包围角和接触压力都增大，纱线通过导纱钩时阻力增大，使得捻陷严重，不利于捻回传递，影响成纱强力，严重时甚至不能顺利成纱。因此，在分割顺利的前提下，分割辊直径以小为宜，考虑到加工和安装方便，一般为12~20mm。

（二）分梳辊槽距

分梳辊槽距是一个很重要的参数，要考虑到所纺纱线的细度和须条分束的数目。槽距太大，须条就不能被分成多束，从而失去了索罗纺纱的意义。但是槽距又不能太小，一是机械加工难度大、槽齿容易磨损；二是须条分束过多，平均每束中的纤维根数过少，纤维之间的抱合力小，不易成纱，且在加捻三角区中处于边缘的纤维容易散失。据资料介绍，纺制30.6tex棉纱时，粗纱被牵伸到达前罗拉钳口下的须条宽度范围一般为1.2~2.1mm，如要分割成3股到4股，则槽距为0.3~0.7mm。

（三）分割槽的形状与尺寸

分割槽的截面形状可以是梯形、圆弧形、三角形等。其中，三角形容易加工，集聚效果较好。槽深是影响分束效果的重要参数，槽深过浅则纤维之间的分束效果不好，纤维集聚性差，也不利于分束后的初步加捻；但槽深过深会使分割辊截面上表层纤维的线速度与底层纤维的线速度差异加大，会导致纱线质量恶化。一般槽深为 0.29~0.48mm。

（四）分割辊的材质

分割辊的材质有黄铜、锦纶、聚甲醛三种，使用锦纶和聚甲醛比黄铜容易加工。纺纱中纤维容易缠绕锦纶材质的分割辊，而聚甲醛材料较为理想，它具有摩擦因数小、耐磨性好的特点，且可以实现自润滑。

四、索罗纺工艺特点

（一）原料的选择

1. 原料细度

当原料变细，纤维根数增加时，索罗纺纱线的条干 CV 值、细节、断裂伸长率各项质量性能指标虽然都有所提高，但耐摩擦性能却明显下降。因此，选择原料时，必须同时顾及纱线条干质量和纱线的耐摩擦性能。在条干和品质指标符合要求时，尽可能选用粗的原料，这不仅可以降低原料成本，而且还可以提高索罗纺纱线的耐摩擦性能。

2. 原料长度

在原料细度一定的情况下，原料的长度越长，索罗纺纱线的各项指标越好。因此，原料中的短纤维含量要低。

（二）捻度的选择

索罗纺纱线需要分束，捻度太小，虽然有分束的现象存在，但每一股纤维束的捻度不大，纤维抱合不紧，耐摩擦性能不明显；而当捻度过大时，强大的加捻力将阻止纤维分束，纱线也就没有缆型结构，因此，索罗纺纱线不适宜纺强捻纱。

索罗纺纱线存在临界捻度。索罗纺纱线临界捻度随纺纱线密度和原料的变化而变化，纺28.6tex 纯毛纱时，其临界捻系数一般在 150 左右。当捻度接近临界点时，索罗纺纱线不但耐摩擦性能最好，而且纱线的其他物理指标的综合性能也最好。

（三）钢丝圈重量

纺纱过程中，分割辊对纤维的握持能力较弱，大多数纤维在从前罗拉钳口到合股捻合点这段距离内皆处于无控制状态。当纺纱张力过高时，有可能使无控制区的纤维须条产生意外牵伸而使纱线出现细节。纺纱张力随钢丝圈重量的增加而增加，所以适当降低钢丝圈重量，对索罗纺纱有利，但钢丝圈重量过低，纺纱张力过小，纤维不易伸直，相互间的抱合力也较小，反而对强力及断裂伸长不利。

五、索罗纺纱线的结构与性能

（一）索罗纺纱线的结构

如图 3-40 所示，通过退捻分析相同条件下纺制的传统单纱与索罗纺纱线的捻度分布可以发现，传统环锭纺单纱中纤维分布比较均匀，而索罗纺单纱中存在几股相互缠绕的纤维束，每股纤维束上存在真捻，且捻向与纱线相同，使得单纱中纤维之间抱合力和摩擦力增大，结构更为紧密。

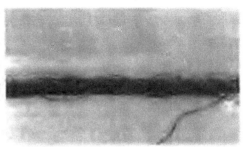

图 3-40　索罗纺纱线解捻结构与外观结构

（二）索罗纺纱线的性能

1. 条干均匀度

索罗纺单纱条干均匀度稍逊于传统纺单纱，粗节、毛粒基本接近，细节偏多。为此，纺纱采用"小张力，轻喂入，低牵伸"的工艺原则。

2. 单纱强力

索罗纺单纱的断裂强力、断裂伸长率、断裂功均高于传统单纱，单强 CV 值小于传统纺单纱。因其断裂伸长率高，所以索罗纺单纱能经受更大的机械拉伸。

3. 毛羽

索罗纺纱线的毛羽数明显少于传统纺，其中长毛羽减少量较大，短毛羽减少量较小。

4. 耐磨性

索罗纺纱线比传统纺单纱的耐磨性显著提高。相同线密度、相同捻系数的纱线，耐磨性明显提高。

六、索罗纺纱产品

国际高档面料倾向于轻薄化，面料轻薄化的实现途径有纱线细特化或经纬单纱织造。纱线细特化受到截面纤维数量、纤维可纺性能、纺纱工艺控制等诸多因素制约，实现起来难度大且受局限。毛纺面料单经单纬织造是轻薄化的重要途径。索罗纺纱线因其耐磨性能提高，在织造工艺相同的条件下，可织造纱线的线密度有较大的降低。

索罗纺面料具有布面光洁、纹理清晰、手感滑爽、有弹性的优点，面料的抗起球性达到军工 4 级，褶皱回复角及透气率均优于传统产品，具有极好的市场前景。索罗纺可采用纯羊毛或羊毛与其他纤维混纺，也可采用纯棉或棉与其他纤维混纺，可用于制服类（学生校服、公司员工服）、男士服装（套装、夹克）、女士服装（套服、夹克、外套）及针织类运动服和休闲服等。

第六节　嵌入式复合纺纱

一、概述

为了开发细特纱线以及提高纺纱强力，赛络纺、赛络菲尔纺、赛络—长丝复合纺应运而生，如图 3 - 41 所示。由于长丝强力较高，纺纱过程不易断头，能够起到有效增强的作用。在赛络菲尔纺系统中，很明显长丝只对会集点以下的纱线有增强作用，对于左侧短纤维须条没有增强。在赛络—长丝复合纺纱方法中长丝能够在一定程度上分担左右两须条上的纺纱张力，但没有起到增强和保护两侧短纤维须条的作用，仅仅增强了成纱的强度。这些成纱方法要求在每个小的三角区都必须有足够的纤维根数，否则三角区就会断裂而不能稳定纺纱，因而进一步降低纺纱线密度受到限制。此外，对所纺纤维长度和力学性能的要求等都与普通环锭纺纱类似，没有改善难纺纤维（如较短纤维）的适纺性能。

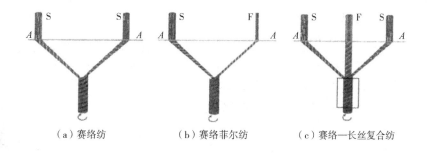

（a）赛络纺　　　　　（b）赛络菲尔纺　　　　　（c）赛络—长丝复合纺

图 3 - 41　几种新型环锭纺纱技术
A—A—前罗拉钳口线　F—长丝　S—短纤维须条

为解决上述问题，增强成纱区域短纤维须条的加捻，降低适纺纤维长度，减少纺纱断头，改善成纱品质，武汉纺织大学徐卫林等提出了嵌入式复合纺纱方法。

嵌入式复合纺纱技术是将赛络纺技术、长丝包覆纱技术和可溶性纤维伴纺技术集成并加以创新。在传统环锭纺中，由于须条承受较大的纺纱张力，纤维长度短、截面根数太少时成纱比较困难。嵌入纺在两根粗纱中加入了能够承受较大纺纱张力的两根长丝，有效地增强了短纤维须条的强力。因此，降低了断头，对成纱截面的纤维根数和长度的要求也大大降低。嵌入式复合纺纱技术对适纺纤维长度要求的大幅度下降为降低原料成本提供了较大空间。

嵌入式复合纺纱也存在不足，主要表现在生产操作难度大、生头难度大、挡车难，且三角区须条断而长丝不断时，不易觉察；嵌入式纺纱指出只要 5mm 以上长度的纤维就可以纺纱，但目前尚缺少前纺短纤维纺纱的配套工艺；采用水溶性维纶长丝伴纺时，后整理的退维温度高，容易影响色泽；另外，退维也会增加成本，一定程度上影响其推广。目前用嵌入式复合纺纱生产的细特织物面料市场需求尚小。

二、嵌入式复合纺纱原理
（一）第一代嵌入式复合纺纱

嵌入式复合纺纱采用系统定位技术实现在前钳口线上合理布置长丝与短纤维须条的相对位置，使纺纱过程中长丝不仅有效捕获短纤维须条，且能够稳定有效地增强纺纱三角区短纤维弱捻须条。如图 3 - 42 所示，在第一代嵌入式复合纺纱系统中，两短纤维须条分别位于左右外侧，两长丝分别位于左右内侧，且都呈对称结构布置。与包芯式赛络纺纱三角区的长丝和短纤维须条相比，第一代嵌入式复合纺纱方法将长丝 F 一分为二，并向两侧外移，使长丝在与两短纤维须条分别会合后至两短纤维须条 S 的会合点之间对其进行增强保护，一定程度上降低了纺纱断头。然而，第一代嵌入式复合纺纱方法仅是对纺纱三角区纤维弱捻须条进行部分增强，对最靠近前罗拉钳口的纤维须条未进行增强，而这部分须条的强力更弱，更需要增强。

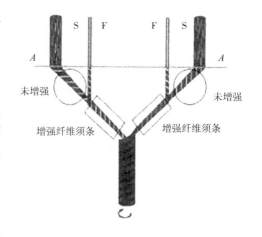

图 3－42　第一代嵌入式复合纺纱原理示意图
A—A—前罗拉钳口线　F—长丝　S—短纤维须条

（二）第二代嵌入式复合纺纱

第二代嵌入式复合纺纱方法解决了第一代中长丝仅对三角区弱捻短纤维须条进行部分增强的问题。在图 3－42 中，如短纤维须条位置固定不变，将两长丝分别对称地向外侧移动，长丝增强短纤维须条的长度不断增加；当两长丝分别与两短纤维须条重合时，长丝增强短纤维须条的长度达到最大值，实现对弱捻短纤维须条的彻底增强，如图 3－43 所示。在第二代嵌入式复合纺纱系统中，左右两侧的长丝分别位于两短纤维中央，与短纤维须条重合，两侧纱条在会合并捻之前，类似短纤维包芯长丝纺纱，短纤维更多地分布在纱条表面，因此，长丝未能实现贴附和包缠短纤维纱条表面毛羽的功能。特别是对于一些刚度较大、加捻扭转困难、纺纱性能较差的纤维，如苎麻纤维，在该系统中纺纱时，刚出前罗拉钳口的短纤维须条外侧部分

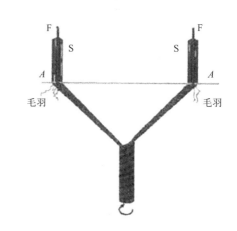

图 3－43　第二代嵌入式复合纺纱原理示意图
A—A—前罗拉钳口线　F—长丝　S—短纤维须条

短纤维依旧难以捻入纱体，且易被吸风管吸走，短纤维的利用率和成纱品质改善仍然较小。因此，在增强纤维须条的同时，对最靠近前罗拉钳口的纤维须条进行保护、防落纤，是成熟嵌入式复合纺纱方法必备的两大原理性功能。

（三）第三代嵌入式复合纺纱

当长丝分别位于两短纤维须条外侧，并分别靠近两短纤维须条时，长丝不仅增强弱捻区短纤维须条，且能保护刚出前罗拉钳口的须条不产生落纤。图 3－44 为第三代嵌入式复合纺纱原理示意图。如图 3－44 所示，沿前罗拉钳口线 A_1—A_2 方向，两根长丝 F_1 和 F_2 对称地处于最外围形成坚强的大三角平台；两对称的短纤维须条 S_1 和 S_2 从大三角的内部喂入，分别与长丝 F_1 和 F_2 相会于 C_1 和 C_2 点。纺纱过程中因捻回的传递，两长丝具有一定的捻度，两短纤维须条一旦接触到长丝，就会有捻合加捻作用，且接触部分与长丝相互扭合为一体，形成加强的纱线须条 C_1—C；同理，另一侧形成 C_2—C，C_1—C 与 C_2—C 于 C 点会合后在加捻扭缠形成纱线。由此可以看出，长丝首先对短纤维须条进行包缠增强，然后再与

另一支包缠增强的纱线须条进行包缠，所以短纤维在成纱过程中被有效地嵌入到成纱主体中。

长丝分布在最外围，有效地拦截最靠近前罗拉钳口弱捻松散短纤维须条所产生的落纤，使其重新捻入对应的长丝增强纤维纱条中；即使短纤维须条断裂，带有捻度的外部增强长丝位于短纤维运动的前方，依然能捕获和重新搭接须条继续纺纱。因此，在第三代嵌入式复合纺纱过程中，纤维复合成纱最低极限纺纱强力取决于长丝的强力，而一般长丝强力远远高于最低纺纱张力，因此，提高了短纤维须条的复合成纱性能。

此纺纱系统中，外围长丝提供了一

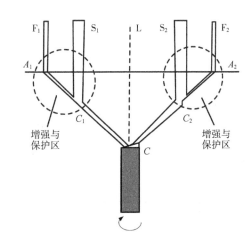

图 3-44 第三代嵌入式复合纺纱系统成纱原理图

A_1—A_2—前罗拉钳口线　F_1、F_2—长丝　S_1、S_2—短纤维须条

C_1—C、C_2—C—加捻过的纱线须条　C—会合点

个强大的三角区平台，短纤维须条在该大三角区内可实现良好的嵌入和有效的纺纱，因此，该技术被称为嵌入式复合纺纱系统，通过采用长丝和短纤维粗纱系统定位技术优化和配置长丝与短纤维的位置，实现短纤维的有效嵌入与长丝对短纤维的捕集。

三、嵌入式复合纺纱装置

为了推广应用嵌入式系统定位复合纺纱方法，不同生产厂家技术人员在设备改造和工艺优化方面做了大量工作。最初在赛络菲尔环锭纺细纱机上，将两个锭子导纱部件通过在纺纱钳口导丝钩喂入两个长丝，试验验证可以实现成纱，但是纺纱效率非常低，同时纱线存在很多质量问题（表 3-11），根据这些问题制订应该采取的措施。

表 3-11　纱线质量问题及原因分析

纱线质量问题	造成的原因	采取的措施
纱线表面不匀滑	两根粗纱和两根长丝喂入不平行，张力不一致	（1）增加粗纱喂入系统 （2）增加长丝喂入系统，实现长丝主动喂入控制
纱支偏粗	双粗纱、双丝喂入，牵伸受到局限	改造细纱机牵伸装置，设计牵伸齿轮的传递比，大幅度提高牵伸倍数
纱线结构不匀称	双粗纱、双丝喂入位置变动，且张力变化大，有时出现打绞现象	（1）研究双粗纱、双丝准确定位系统 （2）研究双粗纱、双丝张力控制系统 （3）研究导纱导条控制系统
出现缺丝、缺毛现象	双粗纱、双丝出现断头不停车	研究打断检测系统，实现断头指示

通过对传统环锭纺细纱机结构的研究，应该增加四项控制系统并进行两项装置改造，从

而实现嵌入式复合纺纱系统的定位技术，设备改造总体方案见表3－12。按照这样的原理和技术目标进行装备改造的结果如图3－45所示。

表3－12　设备改造总体方案

创新项目	目的与作用	任务指标
增加原料喂入系统	合理利用空间，实现粗纱和长丝合理排布	排布合理，长丝实现主动喂入
增加导丝导条系统	清理粗纱、长丝运行路线，防止运行中打绞断头	运行线路清晰，不产生交叉打绞，根据要求可调节相对位置
增加准确定位系统	准确将粗纱须条和长丝按照技术要求位置喂入	实现技术定位要求，根据要求可以适当调整长丝与粗纱须条相对位置
增加张力控制系统	对喂入长丝进行稳定张力控制	可以实现张力稳定，并能根据需要进行调节控制
牵伸装置改造	扩大牵伸倍数，实现超细特牵伸技术要求	使原有的牵伸倍数提高，以适应超细特纱的生产
导纱钩装置改造	降低导纱钩到三角区的焦点处形成的小气圈直径，有利于纱线捻度上传	使小气圈直径小于5mm

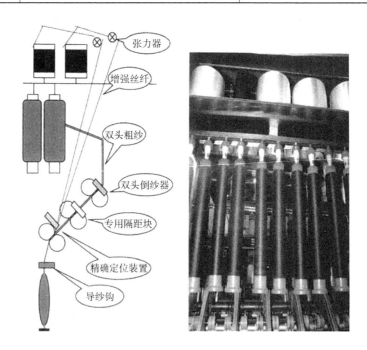

图3－45　改造方法示意图

（一）原料喂入系统

环锭纺细纱机原料喂入系统改造前每个锭子属于单根纤维须条喂入，结构比较简单，但改造后要变成四根纤维须条喂入，需要对原喂入系统进行重新布置或增加装置。

环锭细纱机粗纱位置比较集中，空间相对狭小，在原位置进行改造显然不科学，难免会产生粗纱与增强纱空间排布问题，运行线路纠缠不清，张力难以控制，不利于退绕。因此，设计一个紧凑、合理、退绕均匀的粗纱定位装置是改造的难点。如图3-46所示，在原吊锭上部增加插纱装置及其配套设施，经过仔细测量与精密计算，采用合理分层排列的方法，将增强长丝筒子固定放置在粗纱吊锭横梁的上面。根据细纱机锭距的大小，合理分配增强长丝筒子的固定位置，同时配备可调节张力装置使退绕均匀。

增强长丝如果被动喂入，在退绕过程中会产生张力变化，有时张力过大会出现"崩纱"现象，造成长丝乱纱或粗纱和长丝缠绕，不利于正常纺纱。增加双辊主传动牵引长丝主动退绕喂入，有利于纺纱过程增强长丝张力的控制与调节。

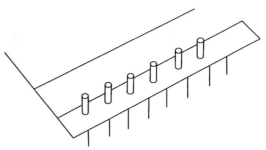

图3-46　原料喂入系统示意图

（二）导丝导条系统

粗纱吊挂位置和增强丝筒子的固定位置设计安装好后，需要对粗纱和增强丝的运行通道（即导丝导条系统）进行设计，由于增强丝筒子固定在粗纱架的上面，退绕后增强丝距最后的并合位置距离较远，增强丝工艺路线较长，再加上在同一平面的纤维根数较多，运行过程中容易互相绞缠，造成断丝。根据筒子纱线的退绕特点，增强丝从卷装筒子的退绕引出点最好是卷装筒子的中心点，因此，必须设计安装增强丝的导丝装置（导丝杆或者导丝钩），退绕时限制增强丝在卷装筒子中心的退绕，以保证退绕阻力最小，增强丝退绕运行顺畅。

粗纱的喂入要保证与牵伸区内受到的牵引力方向一致，由于在后牵伸罗拉钳口处同时喂入两根粗纱，一般间隔距离为8mm，为避免双粗纱在牵伸区内混合，在后牵伸罗拉处增加双口导条器，能有效实现粗纱平行喂入牵伸区，形成独立的双须条。

（三）准确定位系统

理论分析表明，嵌入式纺纱是建立在喂入四种原料相对位置准确稳定的基础上，否则外侧的长丝就不能有很好的强力保障，不能保证三个加捻三角区的形成和稳定，所设计的多组分复合结构纱线就不能达到预期效果。因此，设计合理的短纤维粗纱和长丝导丝定位装置是该项技术的关键。

粗纱和增强丝经过喂入系统后，进入牵伸系统，为了确保纱线的运行线路准确稳定，需要对后罗拉的喂入集合器进行改造，重新设计一种专用的双头后区集合器（图3-47），根据需要准确调整集合器导丝孔的中心距，确保两根粗纱进入后罗拉时粗纱须条的中心距离，以及两粗纱在牵伸区域中的平行；同时在中罗拉喂入前设计增加一个专用精确隔距块，保证进入牵伸区域的粗纱须条中心距的稳定性。粗纱经过牵伸后，进入前罗拉，然后进入加捻区，在前罗拉钳口前喂入增强长丝，根据需要调整增强丝和纤维须条的间距，进入加捻区后和粗纱须条并合后加捻形

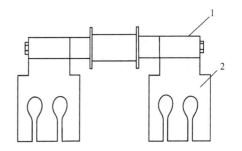

图3-47　专用集合器外形

1—后罗拉　2—双头后区集合器

成多组合的纱线。为了精确控制加捻三角区的大小，专门设计了纱线准确定位导丝装置，该装置可以根据需要随意调整加入增强丝的喂入位置，进而调整加捻三角区的大小、形状，以适应不同工艺的需求。须条与长丝的准确定位系统效果对比见表3-13。

表3-13 羊毛+16.66tex 真丝嵌入式复合纱线效果对比

纱线	未使用准确定位系统	使用准确定位系统
小三角区	3mm 内波动	0.5mm 内波动
成纱条干 CV（%）	16.1	14.7
成纱毛粒（个/km）	28.7	6.5
成纱包缠效果	有"跑单丝"现象	包缠均匀
成纱外观	明暗变化	色光一致

从表3-13可以看出，精确定位系统使纱线质量得到明显改善。

（四）张力控制系统

张力控制系统用来调节增强丝的喂入张力。生产实践发现，由于增强丝的退绕处于自由状态，退绕路径太长且质量轻，容易随风飘动，造成增强丝、粗纱间的相互纠缠、断头、纱线缺丝等问题。因此，增强丝的喂入张力是嵌入式纺纱工艺的重要参数，改变增强丝张力大小，可获得质量、结构、外观不同的纱线。增强丝的张力适中时，粗纱须条和增强丝形成比较均匀的缠绕，增强丝张力变大后，在粗纱须条和增强丝缠绕时，增强丝受张力影响向纱线内部转移，短纤维大部分聚集到纱线外部，纱线外观毛羽较大，纱线条干和光洁度较差；相反，张力变小，增强丝向外部转移，包缠效果较好，纱线条干和光洁度较好，但蓬松度和柔软度差。

改造的嵌入式复合纺纱机，在增强丝的运行通道中安装可调式张力控制系统，可以随意调节增强丝张力的大小，保证了增强丝运行中的张力恒定，增强丝在运行过程中不再漂移，杜绝了增强丝、粗纱间的相互纠缠，增强丝运行线路统一，方便操作。同时，可通过调节增强丝运行张力，使长丝与短纤维产生不同的包缠效果，从而生产加工不同风格的产品。

（五）牵伸装置改造

嵌入式复合纺纱的一个最大特点就是可以纺轻薄面料需要的超细特纱，由于细特纺纱的牵伸倍数大，因此，需要对细纱机的牵伸传动装置进行一系列的改造；根据所需纺制的成纱线密度，计算设计牵伸齿轮的传动比，制造加工特殊的传动齿轮，例如，使原有的牵伸倍数由最高47倍提高到87倍左右，实现了极限细特纺纱的牵伸需要。

（六）导纱钩装置改造

从图3-48可以看出，当环锭细纱机加Z捻时，钢丝圈及气圈沿顺时针方向回转。当导纱钩直径太大时，纺纱气圈在导纱钩内圈的纱条将被反向搓捻，导纱钩直径越大，纱条反向搓捻捻数将越多，减少了捻回向上传递的数量；而且导纱钩内径太大时，导纱钩至前罗拉胶辊输出加捻三角区之间的小气圈的横向振幅 b_1 显著大于纵向振幅 b_2，造成加捻点张力的周期波动幅度过大。适当减小导纱钩内径，不仅有利于捻回的传递，而且减小了张力波动幅度，这对稳定加捻三角区是有利的，导丝钩孔径对纱线断头的影响见表3-14。

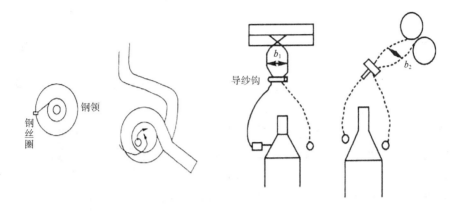

图 3 - 48　捻度传递示意图

表 3 - 14　导丝钩孔径对纱线断头的影响

导丝钩孔径 （mm）	小气圈直径 （mm）	细纱断头率 [次/（千锭·h）]	导丝钩孔径 （mm）	小气圈直径 （mm）	细纱断头率 [次/（千锭·h）]
10	12	120	3	5	35
5	6	60	2	3.5	35

以上试验数据表明，小孔径导丝钩可以有效降低纺纱气圈的直径，有利于降低细纱断头率，当孔径达到 3mm 时，细纱断头率已经非常低，因此，选择优质瓷性材料研制加工成孔径 3mm 的导丝钩替代传统环锭纺导丝钩，以提高纺纱质量，降低断头率。

四、嵌入式复合纺工艺特点

（一）输入间距

嵌入式复合纺纱强调的是两根长丝在外，两根粗纱在长丝中间，其实质是两个赛络菲尔纺后再进行赛络纺。长丝间距是指两根长丝在前罗拉输出钳口之间的距离，粗纱与长丝间距是指粗纱与长丝在前罗拉输出钳口的距离，复合纺纺纱中心偏移是指两根长丝的中点与导纱钩到前罗拉垂足点之间的左右距离，它们是影响成纱结构性能的重要工艺参数。大量的实验结果显示，长丝与长丝之间、长丝与粗纱之间、纺纱中心偏移这三个距离对纺纱是否顺利与纱线质量影响重大，需要合理优化。由于纺纱所用原料性质不同、设备零部件加工有差异等因素，可能导致上述三个距离的最佳值不一样，可以通过嵌入式复合纺纱的纺纱实验与纱线性能测试，确定长丝与长丝间距、粗纱与长丝间距以及纺纱中心偏移的最佳值。

（二）长丝预加张力

随着涤纶长丝预加张力的增大，复合纱的断裂强力和断裂伸长率先减小后增大，超过某个临界值后再减小。长丝张力较大，短纤维对长丝的包覆效果较好，成纱强度有所增加。这是由于短纤维走出前罗拉钳口后所受张力变小，而核心长丝保持一定的张力，会使短纤维处于纱线外层，长丝张力较大，就容易处于纱线的轴心，成纱比较紧密，成纱强力增大；但长丝的张力也不宜过大，过大反而对成纱强力不利。这是由于随着长丝预加张力的增大，成纱中长丝预应力增大，纱线松弛后收缩较大，使得纱线的断裂伸长呈减小趋势；预加张力继续过大，复合纱的断裂强力反而下降，说明长丝上已经承受较大的张力，超过弹性变形状态，达到塑性变形状态。

长丝预加张力对于成纱时加捻三角区纤维的内外转移有着较大影响，长丝预加张力越大，加捻时越容易处于纱线的轴心，而不易向外层转移，同时短纤维须条越容易以长丝为中心进行缠绕。此时，长丝在复合纱的界面层上所受的压力较大，因而在长丝与短纤维之间的滑动就最小，拉伸时的伸长就可能增大。纱线的伸长由纤维间的滑移、纤维本身的伸长、纱线直径变细等三部分伸长导致。如果预加张力较小，在纺纱过程中长丝就会重复地由内层转移向外层，还会使复合纱结构松弛，纤维间的滑移增多，成纱断裂强力与断裂伸长减小。

（三）长丝含量

嵌入式复合纺纱技术中，长丝不仅对于短纤维须条起到有效增强的作用，而且可对纤维须条实现有效的捕捉，特别是对纤维须条侧面的纤维有优良的捕捉和缠绕作用，提高了纤维利用率，减少了落纤、飞散等带来的纤维损失，这是其他复合纺纱系统所不能实现和完成的。因此，长丝含量不仅在纺纱过程中能够影响嵌入式复合纱的纺纱过程，也能够影响嵌入式复合纱的成纱质量。

除了输入间距、长丝预加张力、长丝含量外，其他工艺参数如成纱捻系数、后区牵伸倍数等也会影响嵌入式复合纱的性能。生产中要根据嵌入式复合纱的断裂强力、断裂伸长、毛羽指数、条干 CV 值等质量指标，优化嵌入式复合纺的工艺参数。

五、嵌入式复合纺纱线的结构与性能

（一）嵌入式复合纺纱线的结构

嵌入式复合纺纱线的结构，总体上与赛络纺相似，但在复合纱截面中有长丝与短纤维两种或两种以上的组分，这一点又类似于赛络菲尔纱的复合结构。因此，从结构上看，嵌入式复合纺纱线实际上是一种赛络纺和赛络菲尔纺混合的纱线，这一点也符合其成纱原理。

（二）嵌入式复合纺纱线的性能

对相同原料、不同纺纱方法得到的纱线性能进行比较，各种不同纺纱方式的纺纱工艺参数见表 3 - 15，粗纱原料选用黑色毛纱，线密度为 2g/10m；长丝选用白色涤纶，线密度为 5.55tex。

表 3 - 15　各种纺纱方式的纺纱工艺参数

纺纱工艺	环锭纺	赛络纺	赛络菲尔纺	嵌入式复合纺
设计细纱线密度（tex）	29	29	29	29
单根粗纱定量（g/10m）	4	2	4	2
长丝线密度（tex）	5.55	5.55	5.55	5.55
锭子速度（r/min）	7900	7900	7900	7900
捻系数	360	360	360	360

续表

纺纱工艺	环锭纺	赛络纺	赛络菲尔纺	嵌入式复合纺
总牵伸倍数（倍）	13.80	13.80	17.06	22.22
粗纱与粗纱间距（mm）	—	4	4	4
长丝与粗纱间距（mm）	—	—	4	4
长丝间距（mm）	—	—	—	12
长丝张力（cN）	—	—	1.47	1.47

1. 纱线纵向结构分析

图 3-49 为不同成纱方式所纺纱线的纵向形态，图 3-49（a）~图 3-49（d）纱纵向皆呈螺旋形外观，这一点符合传统环锭纺纱线的结构，但是外观差异明显。环锭纱的毛羽显然多于赛络纱的毛羽，赛络菲尔纱和嵌入式复合纱的毛羽显然少于环锭纱和赛络纱的毛羽。另外，从图 3-49（c）和图 3-49（d）还可以看出，嵌入式复合纱径向结构比赛络菲尔纱要紧密，赛络纱径向结构比环锭要紧密。由于不同的纺纱原理，外在成纱结构的不同与特点必将影响纱线的内在性能。

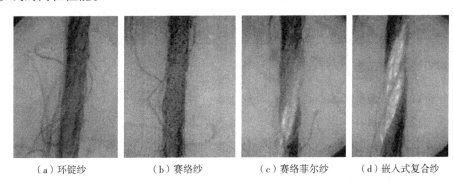

|（a）环锭纱|（b）赛络纱|（c）赛络菲尔纱|（d）嵌入式复合纱|

图 3-49　不同成纱方式所纺纱的纵向形态

2. 纱线强伸性分析

各种纺纱方式的成纱强伸性能见表 3-16，从表 3-16 可以看出在同样细度和捻度的条件下，由不同纺纱方式获得的成纱，其强伸性能有很大的差别。经计算赛络纺、赛络菲尔纺和嵌入式复合纺的成纱强力比环锭纺分别提高 13.8%、168.5% 和 300.8%，断裂功分别提高 22.2%、166.7% 和 231.5%，嵌入式复合纺成纱的断裂强力和断裂功是最高的。这是由于一根长丝首先对短纤维须条进行包缠增强，然后再与另一根包缠增强的纱线须条进行包缠，所以短纤维在成纱过程中被有效地嵌入到成纱主体中，因此，结构紧密的嵌入式复合纺方式有效地提高了成纱的强伸性能。

表 3-16　各种纺纱方式的成纱强伸性能

纺纱方式	断裂强力（cN）	断裂伸长（mm）	断裂伸长率（%）	断裂时间（s）	断裂功（N·m）	断裂强度（cN/dtex）
环锭纺	123.2	54.0	10.8	10.4	0.05	4.25

纺纱方式	断裂强力 （cN）	断裂伸长 （mm）	断裂伸长率 （%）	断裂时间 （s）	断裂功 （N·m）	断裂强度 （cN/dtex）
赛络纺	140.2	60.6	12.1	11.7	0.07	4.83
赛络菲尔纺	330.8	74.2	14.8	14.2	0.14	11.40
嵌入式复合纺	493.8	64.6	12.9	12.4	0.18	17.02

嵌入式复合纺纱线极好的强伸性能，在纺织生产中具有重大的实际意义。主要体现在减少纺纱断头，提高纱线的可织性，提高纺纱织造生产效率，降低原料成本。

3. 纱线毛羽分析

各种纺纱方式的成纱毛羽指数见表3-17，从中可以看出：赛络纺、赛络菲尔纺和嵌入式复合纺的成纱毛羽较环锭纺纱有所降低，经计算分别降低了3.03%、7.7%和21.5%，嵌入式复合纺的成纱毛羽是最低的。这是由于嵌入式复合纺纺纱过程中长丝对短纤维的紧密包缠、捕集等作用，降低了短纤维的强度不匀，减少了短纤维头端外露，因而纱线表面光洁，成纱毛羽减少。

表3-17 各种纺纱方式的成纱毛羽指数

纺纱方式	毛羽指数								
	1mm	2mm	3mm	4mm	5mm	6mm	7mm	8mm	9mm
环锭纺	128.6	28.4	9.8	3.0	1.0	0.6	0.2	0.1	0.1
赛络纺	124.7	29.2	9.9	3.9	2.3	1.1	0.3	0.4	0.2
赛络菲尔纺	118.7	33.4	9.7	4.6	1.9	0.8	0.8	0.7	0.3
嵌入式复合纺	101.0	25.3	10.6	4.9	3.1	1.2	0.6	0.2	0.2

4. 纱线条干均匀度分析

各种纺纱方式的成纱乌斯特条干指标见表3-18，从中可以看出：赛络纺、赛络菲尔纺和嵌入式复合纺的成纱条干值较环锭纺纱有所降低，经计算分别降低7.2%、20.6%和34.3%，显示出嵌入式复合纺纱的成纱条干最好。这是由于嵌入式复合纺纺纱时长丝对短纤维须条进行有效的捕捉，特别是对纤维须条侧面的纤维有优良的捕捉和缠绕作用，使得短纤维须条很好地嵌入成纱主体中，提高了纤维的利用率，同时长丝与短纤维能够有效地相互嵌入，形成稳定、牢固的整体，从而有效地消除短纤维须条意外牵伸，成纱条干好。

表3-18 各种纺纱方式的成纱乌斯特条干指标

纺纱方式	乌斯特条干				
	条干 CV（%）	U值 （%）	细节（-50%） （个/50km）	粗节（+50%） （个/50km）	棉结（+200%） （个/50km）
环锭纺	15.49	12.05	2	3	3

纺纱方式	乌斯特条干				
	条干 CV（%）	U 值 （%）	细节（-50%） （个/50km）	粗节（+50%） （个/50km）	棉结（+200%） （个/50km）
赛络纺	14.37	11.47	1	0	0
赛络菲尔纺	12.29	9.64	0	1	1
嵌入式复合纺	10.18	8.14	0	0	0

总之，由于环锭纺、赛络纺、赛络菲尔纺和嵌入式复合纺等不同纺纱方式的成纱过程与原理不同，使纱线具备了不同的结构特征与性能特点，对开发后续产品提供了不同的选择。

六、嵌入式复合纺纱产品

嵌入式复合纺纱技术最先在毛纺行业开发应用，目前也在棉纺、麻纺、绢纺等纺纱系统上应用。实践证明，嵌入式复合纺纱技术不但可以实现细特纺纱，还可以嵌入细特长丝纺制细特纱，或嵌入可溶性长丝生产出超细特轻薄织物，还可以采用不同长丝或不同原料的粗纱纺制各类花色纱线，特别是利用其复合的特点实现一些功能性、高性能纤维的纺纱，以满足不同用途织物的需求。

（一）提高了纱线质量和纤维利用率

嵌入式复合纺纱在全面提升纱线质量的同时，其特殊的成纱过程对短纤维有优良的捕捉和缠绕作用，避免短纤维纱条落纤、飞散纤维等带来纤维损失，大幅度提高了短纤维利用率，这是其他复合纺纱系统所不能实现的。

（二）实现了难纺纤维的可纺

在环锭细纱机上，不可纺纤维主要是指纤维长度过低的纤维，一般低于 12mm 或 16mm 的纤维被称为短绒，应在前纺中尽量去除。在嵌入式纺纱系统中，可以通过系统定位调节，使纤维可纺所需长度大大降低。

如图 3-50 所示，假定长丝和纤维须条之间的宽度 F_1S_1 为 l，长丝 F_1C_1 段与前钳口线 F_1F_2 之间的夹角为 θ，依据实际纺纱参数可设定 F_1F_2 为 20mm，l 为 5mm，而角度 θ 与纺纱的牵引和卷绕速度有关，设定为 45°，则理论上短纤维的长度只要 5mm 以上就可以在这个系统中纺纱。

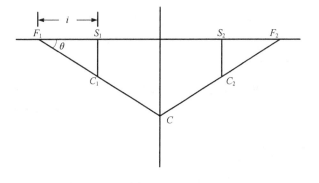

图 3-50 嵌入式复合纺纱系统成纱区几何示意图

在嵌入式纺纱系统中，短纤维长度只要碰到长丝就会与其一同加捻而被带走；而普通环锭纺要求纤维具有一定长度（如大于 25mm）是满足纤维内外转移以达到形成纱线的需要，因此，纤维长度在嵌入式纺纱系统和普通环锭纺纱系统中所起的纺纱作用有本质的不同。

嵌入式复合纺纱系统为突破可纺纤维长度极限提供了新途径，实现了不可纺纤维的可纺，这对与羊绒、驼绒、兔绒以及落毛、落麻、羽绒等贵重短纤维的利用和纱线产品的开发具有极大的实际意义。当然这些难纺纤维的纺纱还需要前纺关键工序的技术突破，特别是在梳理成网工序如何将这些短纤维有效制成棉条（毛条）方面还需要在设备和技术上进一步攻关。

（三）实现了载体纺超细特纱

进行超细特轻薄毛织物开发时，一般采用水溶性维纶长丝与毛纤维须条进行载体纺（伴纺）成纱，当所纺纱线织成织物后再将维纶长丝溶去。在传统环锭纺纱过程中，如果短纤维须条所包含的纤维量很少，就会出现纺纱断头现象；为保证正常纺纱，传统纺纱三角区纤维须条截面内必须含有不少于 30 根的理论纤维数量，如图 3 - 51（a）所示；而在嵌入式复合纺纱系统中，由于外围长丝的保护和增强作用，并通过长丝张力的调节及短纤维和长丝的合理配合，使得长丝承担了更多的纺纱张力，短纤维承受的张力大大降低。这种情况下，在嵌入式复合纺纱系统中，短纤维须条中含有极少量的纤维时也能进行正常纺纱，而不会出现纺纱断头，如图 3 - 51（b）所示。因此，嵌入式纺纱为细特轻薄织物的开发提供了有效途径。

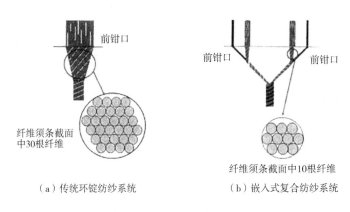

（a）传统环锭纺纱系统　　　　　（b）嵌入式复合纺纱系统

图 3 - 51　嵌入式复合纺纱系统生产超细特纱的原理

（四）实现了低品级纺纱原料纺细特纱

根据嵌入式复合纺纱系统能够大大降低纺纱所需纤维长度以及纤维根数的特点，使得在传统纺纱系统中只能用于纺制低品质较粗纱线的纤维原料可以纺制线密度更低、品质更佳的纱线，有助于增加纱线的附加值，实现产品的质量优化和升级。而且嵌入式复合纺纱采用水溶性维纶进行伴纺时能够稳定可靠地纺制细特短纤维的纱线，其织物在退维后实现了超轻薄化。

（五）实现了多花色品种纱线纺纱

在嵌入式纺纱系统中，有四组纺纱组分，可以通过变化各组分的花色、原料品种、喂入量、喂入张力以及组分的位置等因素，实现多品种、多组分、多花色的纱线纺制，可使细纱机突破传统概念进行产品开发和纺制。图 3 - 52 所示为嵌入式复合纺纱系统成纱三角区内各组分在纺纱运动中的排列情况，图 3 - 53 所示为采用嵌入式复合纺纱系统生产的具有多花色效应的纱线。

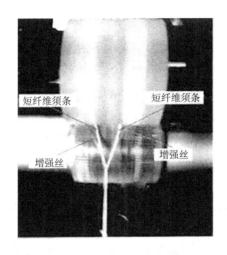

图 3－52　嵌入式复合纺纱系统成纱三角区内各组分在纺纱运动中的排列情况

图 3－53　嵌入式复合纺纱系统生产的具有多花色效应纱线

第七节　扭妥纺纱

一、概述

自环锭细纱机问世以来，单纱低捻度导致低强力是一直未解决的难题，降低捻度可提高细纱机产量，降低单纱残余扭矩，但导致低强力，不能同时实现环锭单纱的低扭矩、低捻度、高强力。在传统环锭纱加捻过程中由于纤维被拉伸、弯曲和扭转，纱中储存的能量一部分在纺纱过程中被释放，但仍然有相当一部分能量保留下来，成为纱的残余扭矩。残余扭矩使单纱有退捻、释放内部扭应力的趋势，被认为是造成针织物线圈歪斜、机织物纬斜、螺旋线纹，以及影响机织物表面光洁平整等问题最基本的原因。

香港理工大学陶肖明教授领导的团队首次提出了"以调节单纱内部纤维排列和应力分布"为核心的低扭矩环锭纺纱理论，发明了"一步法"生产低扭矩环锭单纱的纺纱技术，在细纱机上用较低成本生产出低扭矩、低捻度、高强力环锭单纱，又称扭妥纺纱，解决了传统环锭纱"低捻必然低强"这一多年来未能解决的难题。在保证纱线质量和纺纱效率的前提下，低扭矩环锭单纱的纺纱捻度可以比普通环锭纺低24%～40%，这就相应提高了细纱机产量，降低了能耗。

低扭矩环锭纺纱是指在普通环锭细纱机上加装假捻装置，使加捻中的纱条获得一定假捻而成纱的一种纺纱技术，其核心技术是利用假捻改变纱线内部纤维排列的假捻装置，该装置能使纱线在较低的捻度和扭矩条件下获得较好的强力和柔软性。应用低扭矩纺纱技术可显著降低纱线的残余扭矩，提高织物手感柔软度与织物表面平整光洁度。该技术还可有效降低生产过程中的能耗，并通过纱线捻系数的降低提高产量和生产效率。

二、扭妥纺纱原理

从低扭矩环锭纺纱原理示意图（图3－54）来看，该技术采用双粗纱喂入，细节部分如图3－55所示，在前罗拉前还装有一个类似索罗纺的分割轮，牵伸后的纤维须条经分割后再会合，在会合点至导纱钩间再加装一个假捻器（包括驱动系统），构成整个扭妥纺纱系统。其创新之处在于，在传统环锭细纱机的前罗拉和导纱钩之间安装了机械式假捻装置（图3－54），从而改变了纤维在成纱中的排列，使纱的残余扭矩通过其内部平衡而显著降低，在较低的捻度下，得到了扭矩低、毛羽少、强力较高以及手感柔软的单纱。

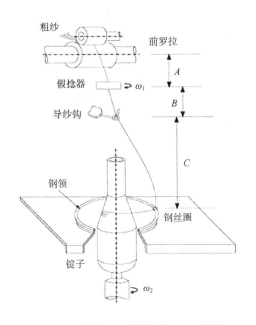

图3－54　低扭矩环锭纺纱原理示意图

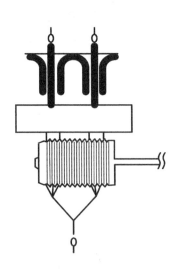

图3－55　低扭矩纺纱的细节

为了更好地讨论扭妥纺的成纱机理，将扭妥纺原理图简化成图3－56所示。整个过程可以分为假捻器前与假捻器后两大部分。在假捻器前又可以简单分为索罗纺部分和赛络纺部分。细纱机采用双粗纱喂入，两根粗纱在牵伸区域始终保持一定的距离且平行向下运动。经过牵伸的须条出细纱机前钳口后，每根须条会被分割轮分割成两股以上的纤维束。纤维束先在加捻力的作用下绕着自身的回转中心旋转，接着会交在节点1并合后再绕着这些纤维束的中心加捻成索罗纺单纱，接着两股索罗纺单纱会聚于节点2合并加捻成右捻单纱。在此区域，由于假捻器的作用，使得纱线的捻度远高于正常纱，如图3－57（a）所示。在假捻器后，纱线会被加上数量相等的反向捻回，使纱的捻度显著降低［图3-57（b）］，并产生左向解捻，促使纤维在该区域产生重新排列，释放残余扭矩与应力，而形成低扭纱线。

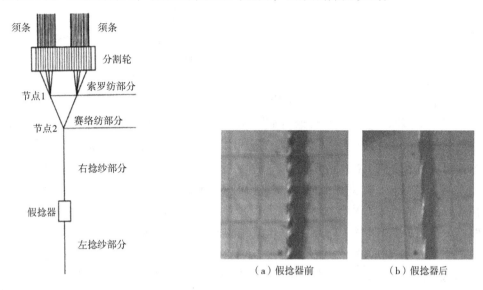

图3-56 低扭矩环锭纺纱原理简图　　　　图3-57 低扭矩纺纱系统中的捻度分布

三、扭妥纺纱装置

扭妥纺纱的关键是假捻器，形式有转子假捻器、摩擦盘假捻器、胶圈式假捻器、搓环假捻器、龙带假捻器与空气假捻器等，如图3-58所示。假捻装置通常安装在前罗拉前的导纱

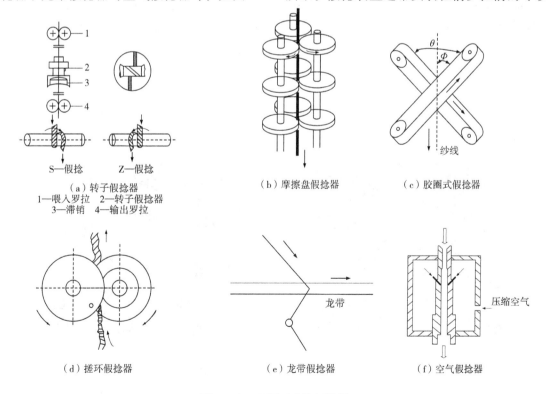

图3-58 不同形式的假捻器

器与钢丝圈后的导纱器之间。其中江西山星纺机实业有限公司利用罗拉回转使纱线与罗拉表面产生摩擦，纱线因摩擦驱动力向切向滚动，从而获得假捻；德昌精密纺织机械有限公司利用单龙带传动使纱条回转获得假捻；渡茂纺织技术有限公司采用上下两条皮带的假捻装置对纱线进行假捻。但针对色纺、本色纺、传统环锭纺、紧密纺等不同纺纱，以及不同纤维原料种类，选择既稳定又经济适用的假捻装置与工艺仍是有效开发低扭矩环锭纺纱线的重要研究内容。

（一）基于罗拉式假捻的扭妥纺装置

基于罗拉式假捻的低扭矩纺纱装置如图3－59所示，该装置是通过轮盘转动带动罗拉回转而使纱线与罗拉表面产生摩擦，纱线因摩擦驱动力向切向滚动而获得假捻。罗拉假捻装置位于前罗拉与原导纱钩之间，可安装在目前各类细纱机上，单锭独立驱动、结构简单、占用空间小、制造成本低，并将叶子板上下翻转功能应用到加捻装置的开关上，在接头、落纱等方面操作较快捷；同时采用V形槽导向瓷代替导纱钩，利用V形槽的两侧挡板防止纱线产生圆周跳动，从而保持绕纱张力稳定。假捻装置的回转缩小了加捻三角区，减少了纱线毛羽数量，也增强了纺纱过程纱线张力的稳定性，减少了细纱断头，相应地纱线扭应力在一定程度上得到降低，但纱线强力也随扭应力的下降有所下降，因而在色纺中的应用受到一定限制。此外，这种假捻装置采用单锭驱动，涉及相应的零配件较多，增加了后续设备维护强度，且对各锭间差异也有影响。

（二）基于单龙带式假捻的扭妥纺装置

基于单龙带式假捻的扭妥纺装置如图3－60所示。该装置在前罗拉与导纱钩之间引入单龙带假捻器，控制龙带朝某一方向运动可给须条施以假捻，增加了须条的抱合力，使高速时纱线断头大大减少。假捻器龙带具有较大的抗拉强度，具有伸长极小、耐磨性好、静电低、曲挠性良好、传动功率大等特点。要适应高速纺纱，龙带接头要光洁、接头强度要高，否则会损坏机件和龙带。单龙带假捻的低扭矩纺纱可与紧密纺、紧密赛络纺等纺纱技术结合，进一步提高纱线品质。在正常织造强力下，采用精梳棉纺纱，与常规针织纱捻系数相比，该设备可使纱线捻系数下降22%～35%，捻系数下降幅度随纱线线密度增加而增加，如58.3tex纱线最低捻系数可降至180，由此而来的低捻高速生产将增加纱线产量，且吨纱单位产量功耗降低；但随着线密度减小，纺纱断头会增加。

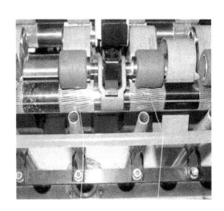

图3－59　基于罗拉式假捻的低扭矩纺纱装置　　图3－60　基于单龙带式假捻的低扭矩纺纱装置

（三）基于双龙带式假捻的扭妥纺纱装置

基于双龙带式假捻的低扭矩纺纱是在传统环锭细纱机前罗拉和导纱器之间安装一个采用上下两条皮带的假捻装置对纱线进行假捻，如图 3－61 所示，纱线从前罗拉出来穿过导纱器，经过上皮带的外表面和下皮带的内表面，分别与其相互作用产生摩擦力，上下两条皮带以相同的速率反向运行，形成两个假捻点，由此对纱线产生假捻。皮带与纱线输送之间的速比、纱线与皮带间的接触角（即纱线与上下皮带表面之间的摩擦力）是影响假捻效率的主要因素，通过控制这两个因素可调节纱线的残余扭矩，从而获得不同性能的低扭矩纱。该装置具有两个假捻点，生产效率高，能够提高纺纱三角区纤维束的强度，降低普通原料的纺纱断头率，保证在较低捻系数下正常纺纱。据渡茂纺织技术有限公司的相关报道，该技术可实现比环锭纱正常捻度低 25% ～40% 捻度的 5.8 ～83.3tex 单纱规模化生产，相应提高 25% ～40% 的产量，且纱线具有低捻、高强、毛羽少、织物蓬松、歪斜少、手感好等优点。但因采用上下两条皮带，为纱线接头和落纱带来不便，且装置功耗较大，投资成本较高。

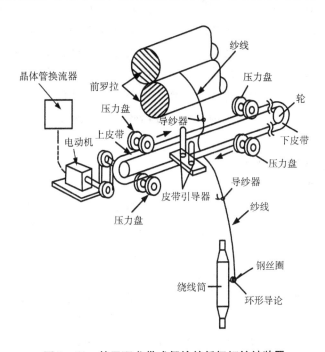

图 3 –61　基于双龙带式假捻的低扭矩纺纱装置

四、扭妥纺工艺特点

在低扭矩纺纱系统中，实施假捻的罗拉、龙带等装置的速度与纺纱速度之比，可以表示为假捻捻度，该比值不同，将得到不同的捻度和纺纱张力，也会影响纺纱三角区的状态，最终影响成纱质量。图 3－62 是利用高速摄影机在传统环锭纺纱和低扭矩纺纱过程中观察到的纺纱三角区。

从图 3－62 可以看出，低扭矩纺纱过程中的成纱三角区在长度方向大大减小，这主要是由于在低扭矩纺纱系统中，假捻器前纱条的捻度显著增加，使三角区内纤维的张力显著增大，极大地增强了纤维在三角区中的转移，从而形成了其特殊的单纱结构，这从一方面解释了低

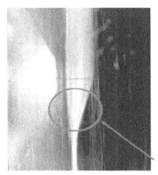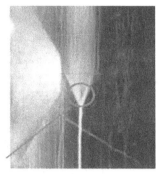

（a）传统环锭纺　　　　　　　　　　　　　（b）低扭矩环锭纺

图3-62　高速摄影机下纺纱三角区的形态

扭矩纱具有低捻高强的特点；另一方面，在低扭矩纺纱过程中观察到的成纱三角区有比较明显的纤维分束现象，有助于纤维在纱内部的位置变化及相互之间抱合力的增强，这一结构特点也提高了低扭矩纱的强力。低扭矩纺纱过程中，假捻捻度的变化也会使纱线张力分布发生变化，在假捻器前纱条捻度大，但所承受的张力相对较低，极大地减少了在纺纱过程中断头的机会，而在纱条经过假捻器后，解捻使纱条捻度降低，但假捻器与纱条之间的摩擦作用增加了纱线张力，这有助于纱条中纤维反向转移、重新排列而释放残余扭矩和内应力，形成低扭纱线与转移。因此，对于扭妥纺来说，其假捻器的工艺设计非常关键。

五、扭妥纺纱线的结构与性能

（一）扭妥纺纱线的结构

扭妥纺纱线中大多数纤维轨迹与传统环锭纱的近似同轴圆柱形螺旋线不同，其轨迹大致呈非同轴异形螺旋线，且其轴线以及螺旋半径在空间上不断变化。此外，低扭矩纱中很多纤维片段存在无规律的局部反转现象，即与纱线轴向的空间取向角为负值；在同样的纤维径向位置处，低扭矩纱中纤维的平均取向角常常小于传统环锭纱中纤维的平均取向角，这样的结构可以有效平衡纱线扭矩。低扭矩环锭纱中，大多数纤维倾向于分布在距离纱芯较近的位置，且其径向位置从纱线中心到纱线表面有较大的转移幅值，且频繁变化。同等条件下，低扭矩纱的纤维结构比传统环锭纱要紧密得多，纤维分布集中，因此，受到拉伸时，多数纤维能够同时受力，从而提高纱线强力。

图3-63（a）为传统环锭纱单纱表面显微镜照片，图3-63（b）为低扭矩纱单纱表面显微镜照片；图3-64（a）为传统环锭纱截面显微镜照片，图3-64（b）为低扭矩纱截面显微镜照片。

由图3-64可知，低扭矩纱横截面上的纤维分布和排列较为紧密均匀，传统环锭纱的排列分布较为松散。还可以看出，传统环锭纱线外部纤维分布较松散，而向纱线内部有变紧密的趋势，低扭矩纱这种趋势并不明显，纱的外部和内部排列都较为紧密。这也能解释低扭矩纱比传统环锭纱结构更为紧密、强度更高、毛羽更少的特性。

（二）扭妥纺纱线的性能

在原料和设备相同的条件下，比较11.7tex纯棉低扭矩纱与15tex纯棉传统环锭纱。捻系

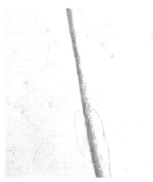

（a）传统环锭纱单纱表面　　　　　　　　（b）低扭矩纱单纱表层

图3－63　传统环锭纱和低扭矩纱单纱表面显微图

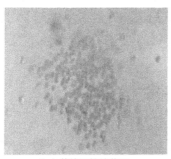
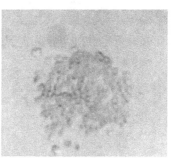

（a）传统环锭纱截面　　　　　　　　（b）低扭矩纱截面

图3－64　传统环锭纱和低扭矩纱截面显微图

数的对比见表3－19；断裂强度的对比见表3－20。100m纱线毛羽根数的对比见表3－21。

表3－19　低扭矩纱与传统环锭纱的捻系数

类别	传统环锭纱	低扭矩纱
捻系数	83.9	54.7
CV值（%）	11.6	8.7

表3－20　低扭矩纱与传统环锭纱的断裂强度

类别	传统环锭纱	低扭矩纱
断裂强度（cN/tex）	18.1	18.5
CV值（%）	9.8	7.1

表3－21　100m低扭矩纱与传统环锭纱的毛羽根数

类别	传统环锭纱	低扭矩纱
毛羽根数（根/100cm）	2393	790
CV值（%）	16.3	5.6

以上结果表明，11.7tex低扭矩纱线捻系数为54.7，相对于15tex传统环锭纱的捻系数83.9低34.8%；11.7tex低扭矩纱的断裂强度为18.5cN/tex，而15tex传统环锭纱的断裂强度

为 18.1cN/tex，在捻系数比传统环锭纱低约 34.8% 的情况下，强力不仅没有损失，还提高 2% 左右。低毛羽也是低扭矩纱的优势之一，低扭矩纱每 100m 的毛羽总数为 790，比传统环锭纱 2393 相对减少约 67.9%，对后道工序明显不利的 3mm 以上的毛羽，低扭矩纱相对传统环锭纱减少 71.6%。

这些性能优势也验证了前面对于成纱过程与机理的分析。

六、扭妥纺纱产品

扭妥纺纱技术目前已经成功应用在棉纺和精梳毛纺细纱机上，也可与其他新结构环锭纺纱结合，如紧密纺、赛络纺、索罗纺和赛络菲尔纺等，开发低扭矩环锭单纱、竹节纱、弹性包芯纱等品种。此外，已研发出多种纤维低扭矩环锭单纱生产技术，并进行系列产品开发，包括各种纤维的纯纺、混纺，如棉、羊毛、山羊绒、绢丝、涤纶、氨纶、莫代尔纤维、天丝纤维、黏胶纤维、木棉等。与其他纱线相比，低扭矩环锭纱单纱扭矩小、低捻高强，织物变形小、手感柔软。此外，低捻纺纱可提高产量，提高效率，降低消耗。

第八节　柔洁纺纱

一、概述

纱线毛羽与纺纱原料的长度、细度及整齐度有关，也与设备状态、纺纱工艺和车间温湿度有关。研究表明，在纤维的诸多物理性能中，扭转刚度和挠曲刚度是与纱线毛羽最密切相关的机械特性。纤维的扭转刚度和挠曲刚度大，使纤维扭转和弯曲的难度就大，纺纱过程中就不易捻合集聚，纤维端伸出纱体的可能性就大，成纱毛羽就多。

柔洁纺纱技术是在普通环锭纺纱三角区施加一个纤维柔顺处理面，在成纱三角区内形成很多纤维握持点，这些纤维握持点对外露纤维头具有良好的握持作用，并与加捻转动力、须条牵引力协同作用，将外露纤维有效地捻合转移进到纱体内，降低纱线表面毛羽，改善光洁度。柔洁纺纱技术通过热湿作用，改善纤维在成纱过程中的机械性能，提高纤维瞬时成纱性能，进而最终提高纱线品质，为新型环锭纺纱技术提供了新的发展思路，广泛适用于棉、麻、化纤等纺纱系统。

二、柔洁纺纱原理

（一）柔洁纺纱基本原理

在环锭纺纱线加捻成型过程中，须条由前钳口输出至导纱钩，其长约 30mm，包含了一定长度的成纱三角区和具有一定捻度的纺纱段。所谓柔洁纺纱就是在此处加装加热装置，如图 3-65 所示，该装置有一个将纤维柔顺处理的平面，可以对正在成纱的纤维进行在线加热柔化处理，改善纤维的力学性能，降低纤维刚度，使其更易于弯曲捻合，以降低成纱后纱体内部应力，减少残余扭矩，同时柔顺光洁处理平面对纱体表面的摩擦作用也可促使纱线表面外露纤维重新被捻入纱体内部，减少成纱毛羽。

图 3-65 中，设纱条在进入柔顺处理平面前的捻度为 n_i，经过柔顺处理平面后的捻度为

n_o，根据捻度自下而上传递的原理可知 n_o 会大于 n_i，$n_o - n_i$ 为纱条在经过柔顺处理平面时的捻度变化，设此处捻度变化率为 $\overline{V_n}$，则有：

$$\overline{V_n} \propto (n_o - n_i) \qquad (3-1)$$

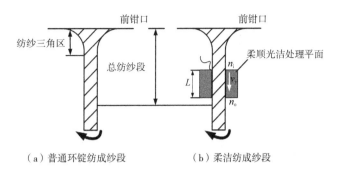

图 3 − 65　柔洁纺纱原理示意图

假设纱线与柔顺光洁处理面的接触长度为 L，当接触面 L 足够长时，才能确保将纱体在与柔顺光洁处理面旋转接触时，表面外露的纤维能被重新捻入纱体内，设 H_r 为毛羽降低比例，R_c 为纱线在与柔顺光洁处理面接触期间产生的捻回数，可推断：

$$H_r \propto R_c \qquad (3-2)$$

令 V_y 为纱线经过柔顺光洁处理平面时的成纱速度，纱线经过柔顺光洁处理平面时的时间为 t，则有以下等式：

$$t = \frac{L}{V_y} \qquad (3-3)$$

那么，纱线在与柔顺光洁处理面接触期间获得的捻回数 R_c 可以表示为：

$$R_c = \overline{V_n} \times t = \frac{\overline{V_n}}{V_y} L \qquad (3-4)$$

由式（3-2）式（3-4）可得：

$$H_r \propto \frac{\overline{V_n}}{V_y} L \qquad (3-5)$$

由式（3-5）可以得出，柔顺光洁处理平面对纱线毛羽改善的效果与处理平面长度、纺纱速度及纱线在与柔顺光洁平面接触期间获得的捻回数有关，处理平面越长，纱条中纤维受到加热处理越充分，纤维更易被控制捻入纱体；同理，纺纱速度越快，纱条跟处理面接触的时间相对缩短，加热处理效果会变差，纤维弯曲扭转改变不充分，毛羽减少效果受到影响；若纱线在进入柔顺光洁处理平面时捻度较低，纱条结构较松散，有利于纤维充分受到加热作用，若纱条在离开柔顺光洁处理平面时获得捻度较多，外层纤维在受到加捻抱合作用捻入纱体的同时，纱线结构变得紧实，使得捻入纱体的纤维不容易重新外露，有利于保持纱线外层光洁，减少毛羽，因此，柔顺光洁处理平面越靠近纺纱三角区，此处的捻度变化较大，对于毛羽改善的效果越好。可见，柔顺光洁成纱技术对纱线毛羽改善效果与柔顺光洁处理平面的长度、位置以及纺纱速度有直接关系，依据纺纱纤维的不同性能，应选取适当的柔顺光洁处理面的长度和安装位置，以及适当的纺纱速度，才能获得最优效果。

（二）改进柔洁纺机理

1. 沟槽集聚式柔洁成纱原理

由上述分析可知，柔顺光洁接触平面越长，毛羽减少效果越好，但按触平面越长对成纱捻度阻碍作用越强，严重影响成纱条干均匀度和强力。因此，较短的接触平面可减少对捻度的阻碍作用，为弥补缩短柔顺光洁接触平面对纱体外层纤维控制力的下降，可在接触平面设计沟槽，以增大与纱条接触面积，增强对纤维的控制，称为沟槽式改进柔洁纺装置。如图 3 − 66 所示，

图3-66（a）和图3-66（b）为正常环锭成纱过程，图3-66（c）和图3-66（d）为添加接触式沟槽的成纱过程。

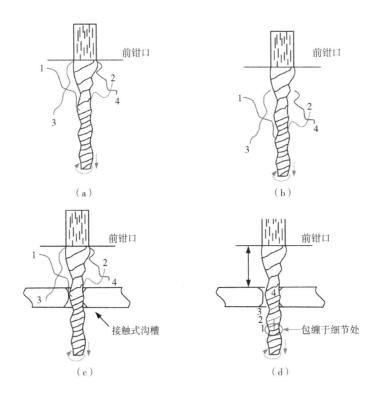

图3-66　沟槽集聚式柔洁成纱示意图

1、2、3、4—外层纤维

此改进充分结合了柔顺光洁接触平面和沟槽两者的优势，在优化纤维自身力学性能的同时加强对成纱段纤维的控制，进一步改善柔顺光洁成纱技术的效果。沟槽的长度短于柔顺光洁接触平面，由上节对成纱捻度传递的分析可知，位于沟槽下端的纱线捻度大于上端。虽然沟槽长度很短，纱线在经过沟槽期间获得的捻回数有限，但沟槽从多个方向摩擦挤压纱线，对纤维提供更多摩擦点，同样能在有限的捻度传递中将纱条外层的纤维重新捻入纱体。不仅如此，根据纱线捻度分布规律，纱线细节处拥有更多捻回，因此，针对不同线密度纱线的直径不同，若使用的沟槽宽度与纱线直径相适应，沟槽从多个方向对纱线进行摩擦，此时纱线细节处的捻回更多，外层纤维更容易在临近纱体的细节处被重新捻入纱体，实现优化外层纤维分布，有利于改善成纱条干。此外，较细的沟槽宽度可以利用纺纱张力充分挤压纱线，纱线受到多个方向的挤压力，不但使重新捻回纤体的外层纤维排列更紧密，不易再次露出，而且纱线整体结构也变得更紧实，纤维间摩擦力增强，有利于改善纱线力学性能。

2. 约束式柔洁成纱原理

目前，上置式柔顺光洁纺纱装置仅仅采用单一熨烫工作面对纱条进行处理。由于在纺纱过程中，纺纱段纱条不仅产生气圈晃动，而且纱条随导纱钩升降而不断改变高度和角度，使得纱条在整个熨烫式柔洁纺纱过程中，与熨烫工作装置的熨烫工作面接触不紧密、不均匀，致使所纺纱线光洁度差异明显，产品品质一致性差。且对毛羽的缠绕紧度不够，容易在后续

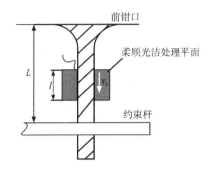

图 3 – 67　约束式柔洁成纱原理示意图

络筒工序中大量反弹，不能真正地满足高光洁纱线生产的需求。针对以上问题，可在纱线经过柔顺光洁处理面后增设一个纱线约束装置，如图 3 – 67 所示，限制纱条晃动、稳定纱条位置，使其与柔顺光洁面接触稳定，保证产品品质一致。

现对约束式柔顺光洁成纱原理进行分析，由于约束杆对纱线起到定位约束作用，在与纱线接触过程中会类似导纱钩对纱线捻度传递产生一定影响。设纱条进入柔顺光洁处理面前的捻度为 n_2，离开柔顺光洁处理面时捻度为 n_1，离开约束杆时的捻度为 n_0，根据捻度传递原理，显然有：

$$n_2 < n_1 < n_0 \tag{3-6}$$

$n_1 - n_2$ 为纱条在经过柔顺处理平面时的捻度变化，设增加约束杆后此处捻度变化率为 $\overline{V}_{n1}$，原来不添加约束杆时的捻度变化率为 $\overline{V}_n$，则有：

$$\overline{V}_{n1} \propto (n_1 - n_2) \tag{3-7}$$

由于约束杆的捻阻作用，n_2 和 n_1 都将小于原来不添加约束杆时同样位置的捻度，即纱条在经过柔顺处理平面时成纱程度不及原来不添加约束杆时的成纱程度，可以理解为约束杆的存在将纱线的成纱三角区进一步扩大，纤维须条在更长的一段区域内加捻抱合，则有：

$$\overline{V}_{n1} > \overline{V}_n \tag{3-8}$$

根据式（3 – 5），毛羽降低比例与纱线在与柔顺光洁面接触过程中的捻度变化率 $\overline{V}_n$ 成正比，因此，由式（3 – 8）可得，在约束杆的作用下，柔顺光洁工作面对纱线毛羽的改善幅度会增大。

三、柔洁纺纱装置

柔洁纺纱装置主要由柔洁处理部件、主体支撑板、装置引线等组成，如图 3 – 68 所示。柔洁处理部件上设置有柔洁陶瓷面、左右调节固定螺钉和扭转调节固定螺钉。柔洁陶瓷面为柔洁纺纱工作面，对紧贴其表面的纱条进行柔化处理并施加额外纺纱握持力，大幅度减少成纱外露纤维头端。由于纺纱过程中，导纱钩随钢领板而升降，使纺纱段纱条也做周期性上下摆动，因此，柔洁陶瓷面采用侧式板状设计，还可进行左右与扭转调节，以适合因导纱钩升降而引起的导纱角的变化，确保纱线与陶瓷表面接触。

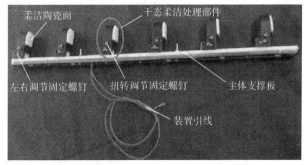

图 3 – 68　柔洁纺纱装置

四、柔洁纺纱工艺特点

柔洁纺纱技术在实际生产中应注意偏大控制车间相对湿度，加强机台清洁。细纱工序采取"中车速，小后区牵伸，大捻系数，较大粗纱回潮"的工艺原则，成纱捻度偏大掌握，以保证须条间的紧密度，增加纤维间的抱合力，提高成纱强力。柔顺光洁纺纱线毛羽降低效果与处理面的长度、成纱速度以及安装位置密切相关，柔顺光洁处理面的长度越长，柔洁纺纱线毛羽改善效果越好；同理，成纱速度越慢，毛羽改善效果也越好，而柔顺光洁处理面安装得越靠近纺纱三角区，在纱线柔顺光洁处理面获得的捻回越多，纱线毛羽改善越明显。

五、柔洁纺纱线的结构与性能

（一）柔洁纺纱线的结构

图 3-69 和图 3-70 分别为柔洁纱和环锭纱放大 100 倍的电镜扫描图片，可以看出，柔洁纱的主体结构较环锭纱紧密，直径比环锭纱小。

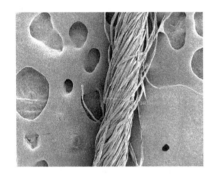

图 3-69　柔洁纱的电镜扫描图片

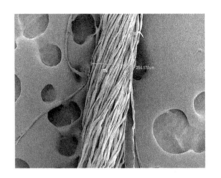

图 3-70　环锭纱的电镜扫描图片

（二）柔洁纺纱线的性能

1. C/T 50/50 14.5tex 针织纱对比

普通环锭纺加装 JFT1511 型柔洁纺纱装置，纺相同品种时，捻度、牵伸倍数和锭速相同，细纱采样 10 个。工艺参数：粗纱干重 6.07g/10m，细纱捻度 98.5 捻/10cm，机械牵伸 45.73 倍，细纱锭速 14550r/min，前罗拉速度 190r/min，钢领型号 PG1/2 3584，钢丝圈型号 6903 12/0#，隔距块规格 2.5mm。

采用 YG 型毛羽测试仪测试，试验速度为 30m/min，试验片段长度为 10m，每管测试 10 次。试验环境：20℃，相对湿度 60%。柔洁纺与普通环锭纺管纱与筒纱的毛羽测试数据见表 3-22 和表 3-23，强力和条干测试结果见表 3-24。

表 3-22　柔洁纺与普通环锭纺管纱毛羽对比

品种	毛羽数（根/10m）								
	1mm	2mm	3mm	4mm	5mm	6mm	7mm	8mm	9mm
普通环锭纱	907.89	146.00	37.00	18.78	9.33	4.28	2.39	1.11	0.61
柔洁纱	615.00	86.89	17.05	7.94	4.14	2.42	1.17	0.59	0.28

表 3 – 23　柔洁纺与普通环锭纺筒纱毛羽对比

品种	毛羽数（根/10m）								
	1mm	2mm	3mm	4mm	5mm	6mm	7mm	8mm	9mm
普通环锭纱	1393.72	351.33	108.66	9.33	16.83	7.11	5.11	3.11	0.66
柔洁纱	1126.80	278.60	78.99	30.64	11.22	5.68	3.89	0.99	0.52

表 3 – 24　柔洁纺与普通环锭纺强力和条干对比

品种	管纱断裂强力（cN）	管纱断裂强度（cN/tex）	筒纱断裂强力（cN）	筒纱断裂强度（cN/tex）	筒纱条干 CV（%）
普通环锭纱	334.3	23.06	322.8	22.26	15.07
柔洁纱	338.1	23.32	329.1	22.70	14.84

由表 3 – 22 ~ 表 3 – 24 可以看出，与普通环锭纱相比，柔洁纱毛羽改善明显。越是较长的毛羽，改善的幅度越大，管纱 3mm 毛羽数减少 53.9%；筒纱 3mm 毛羽数减少 27.3%。与此同时，管纱和筒纱的强力也有所改善，条干也有所优化，筒纱条干 CV 值降低 0.23 个百分点。

2. 莫代尔 7.3tex 机织纱对比

试验环境：温度 28 ~ 30℃，相对湿度 60% ~ 65%；工艺参数：粗纱干重 3.26g/10m，细纱捻度 153.5 捻/10cm，机械牵伸 43.45 倍，细纱锭速 16510r/min，前罗拉速度 145r/min，钢领型号 PG1/2 3584，钢丝圈型号 UDR 14/0#，隔距块规格 3.25mm。采用 YG172 型毛羽测试仪测试，试验速度 30m/min，试验片段长度 10m，测试数据见表 3 – 25。

表 3 – 25　柔洁纺和普通环锭纺莫代尔 7.3tex 机织纱质量指标对比

品种	平均强力（cN）	断裂伸长率（%）	平均条干 CV（%）	毛羽数（根/10m）					
				1mm	2mm	3mm	4mm	5mm	7mm
环锭纺管纱	137.0	7.2	12.81	1024.75	181.25	41.33	12.91	4.58	2.58
柔洁纺管纱	150.4	7.6	13.27	499.33	90.16	18.66	5.78	2.02	1.03
环锭纺筒纱	129.6	7.1	13.29	1722.25	478.75	149.00	59.75	25.75	9.83
柔洁纺筒纱	141.3	7.0	13.75	925.16	251.75	85.33	31.00	11.91	1.66

结果表明，柔洁纺莫代尔 7.3tex 机织纱成纱毛羽值明显改善，尤其是经过络筒后再生毛羽改善较大，且线密度越细改善越明显，管纱和筒纱强力、条干也得到进一步提高。

经过对莫代尔 7.3tex 柔洁纱与普通环锭纱织造对比，原环锭纱喷气织造困难，效率低，而柔洁纱织机效率达到 84.2% 左右，织造性能大幅提升。与紧密纺相比，柔洁纱线布面表面光洁，手感不发硬，且后整理不用烧毛，退浆、染色用料均比紧密纱少。

六、柔洁纺纱产品

（一）柔洁纺纱技术应用于棉纺

由前面的纱线性能对比可知，柔洁纺适合针织棉纱的柔顺光洁要求，可降低针织棉纱毛羽，提高纱线强伸性能。

（二）柔洁纺纱技术应用于化纤纺

化学纤维一般具有明显的玻璃化转变温度，热敏度高。因此，柔洁纺纱技术特别适用于纺制化学短纤纱的生产。实践表明，柔洁纺纱技术能够降低涤纶短纤纱毛羽高达91.5%，降低黏胶短纤纱毛羽高达93.2%。

（三）柔洁纺纱技术应用于麻纺

柔洁纺纱技术特别适用于因刚度大致使纺纱中加捻扭转抱合困难的麻类纤维纺纱，柔洁纺纱线毛羽与对应的普通环锭纺相比，3mm毛羽汉麻纱降低81.7%；苎麻纱降低70.4%。柔洁纺纱技术实现了刚性较大纤维的高品质光洁成纱，提升了该类纤维纱线的附加值。

参考文献

［1］王善元，于修业．新型纺织纱线［M］．上海：东华大学出版社，2007．

［2］谢春萍，徐伯俊．新型纺纱［M］．北京：中国纺织出版社，2008．

［3］肖丰．新型纺纱与花式纱线［M］．北京：中国纺织出版社，2008．

［4］徐卫林，陈军．嵌入式复合纺纱技术［M］．北京：中国纺织出版社，2012．

［5］陶肖明，郭滢，冯杰，等．低扭矩环锭纺纱原理及其单纱的结构和性能［J］．纺织学报，2013（6）：120-125+141．

［6］何春泉．解读扭妥环纺［J］．上海毛麻科技，2010（2）：12-14．

［7］马建辉，李双．低扭矩纱性能和结构［J］．山东纺织科技，2014（2）：9-11．

［8］柯琦．柔洁纺工艺参数对成纱质量的影响［D］．武汉：武汉纺织大学，2013．

［9］章友鹤，赵连英．环锭细纱机的技术进步与创新［J］．纺织导，2015（1）：52-57．

［10］尹义政．紧密纺纱技术［J］．纺织科技进展，2015（2）：14-18．

［11］章友鹤，周建迪，赵连英，等．紧密纺纱技术的发展［J］．纺织导报，2016（6）：54-60+62．

［12］张文文，徐红，苏旭中，等．全聚纺改造与四罗拉网格圈式紧密纺纱线性能比较［J］．上海纺织科技，2015，43（6）：27-28+32．

［13］王元峰．柔顺光洁纺纱方法的研究及实践［D］．武汉：武汉纺织大学，2017．

［14］阎磊，宋如勤，郝爱萍．新型纺纱方法与环锭纺纱新技术［J］．棉纺织技术，2014，42（1）：20-26．

［15］竺韵德，俞建勇，薛文良．集聚纺纱原理［M］．北京：中国纺织出版社，2010．

［16］杜梅．预加张力对涤/棉/丝Sirofil复合纱性能的影响研究［J］．上海纺织科技，2007，35（1）：38-39．

［17］钱军，余燕平，俞建勇，等．须条与长丝间距对Sirofil成纱结构性能的影响［J］．东华大学学报（自然科学版），2004，30（1）：10-14．

［18］Cheng K P S, Yu C. A Study of Compact Spun Yarns［J］. Textile Research Journal, 2003, 73（4）：345-349．

［19］Saikrishnan S. Estimation of Spinning Tension from the Characteristic Smallest Value of Yarn Strength［J］. Journal of the Textile Institute, 1997, 88（2）：162-164．

［20］Plate D E A，Emmanuel A. An Alternative Approach to Two – Fold Weaving Yarn Part Ⅴ：the Properties of Two – Strand Yarns. Journal of the Textile Institute，1983，74（6）：320 – 328.

［21］邹专勇，虞美雅，陈建勇，等. 低扭矩环锭柔软纱加工现状与假捻技术的应用［J］. 现代纺织技术，2018，26（3）：89 – 92 + 96.

［22］朱凡凡. 高支紧密赛络纺纯涤纶纱性能研究［D］. 无锡：江南大学，2017.

［23］申香英，唐文峰. 短流程嵌入式高支苎麻复合纺纱技术探索［J］. 中国麻业科学，2016，38（3）：121 – 124.

［24］徐卫林，夏治刚，陈军，等. 普适性柔顺光洁纺纱技术分析与应用［J］. 纺织导报，2016（6）：63 – 66.

［25］陈克炎，李洪盛，王慎. 柔洁纺纱技术的应用效果研究［J］. 棉纺织技术，2016，44（5）：60 – 63.

［26］谭钧鸿，王涛. 嵌入式复合纺纱的理解与探讨［J］. 中国纤检，2015（9）：86 – 88.

［27］肖丰，李营建. 集聚赛络纱及其织物性能分析［J］. 棉纺织技术，2015，43（02）：57 – 60.

［28］韩永强. 嵌入式复合纺纱技术在花式纱领域的应用［J］. 棉纺织技术，2014，42（11）：28 – 32 + 64.

［29］闫海江. 包芯纱和赛络菲尔纱性能对比分析［J］. 棉纺织技术，2014，42（5）：19 – 23.

［30］田艳红，王键，李玲玲，等. 新型纱线的成纱机理、纱线结构与产品应用的分析与比较［J］. 天津纺织科技，2014（1）：1 – 5.

［31］夏治刚，徐卫林，叶汶祥. 短纤维纺纱技术的发展概述及关键特征解析［J］. 纺织学报，2013，34（6）：147 – 154.

［32］郭滢，陶肖明，徐宾刚，等. 低扭矩环锭纱的结构分析［J］. 东华大学学报（自然科学版），2012，38（2）：164 – 169.

［33］郭滢. 低扭矩环锭单纱的结构及性能［D］. 上海：东华大学，2011.

［34］方磊，何春泉. "嵌入式"纺纱技术［C］. 第十六届全国新型纺纱学术会论文集. 上海市毛麻纺织科学技术研究所，2012：83 – 88.

［35］程登木. 创新型"JXF – 120 聚纤纺细纱机牵伸装置"的研制［C］. "三友杯"全国合理选用新型优质纺纱器材提高纱线质量整体水平技术研讨会论文集. 武汉：湖北聚纤纺科技有限公司，2012：60 – 64.

［36］程登木. 聚纤纺牵伸系统的研究与实践［C］. 武汉：第三届全国棉纺织行业中青年科技工作者论坛暨清、梳、精、并专题技术研讨会论文集. 武汉：湖北聚纤纺科技有限公司，2013：58 – 70.

［37］程登木，罗锰. 新型集聚纺技术探讨［J］. 棉纺织技术，2009（9）：15 – 18.

第四章　新型纺纱技术

第一节　概　　述

翼锭纺纱、走锭纺纱和环锭纺纱称为传统纺纱，近 50 年来发明的纺纱方法称为新型纺纱，如转杯纺纱、喷气纺纱纱、喷气涡流纺纱、摩擦纺纱等。

一、新型纺纱的分类

1. 按成纱原理分

（1）自由端纺纱。自由端纺纱的喂入一定要形成自由端。自由端的形成，通常采用"断裂"纤维集合体的方法，使喂入端与加捻器之间的纤维集合体"断裂"（断开）而不产生同方向捻回，并在加捻器和卷绕部件区间获得真捻。经断裂后的纤维又必须重新聚集成连续的须条，使纺纱得以继续进行，最后将加捻后的纱条卷绕成筒子。如图 4-1 所示，AB 为自由端须条，自由端 A 能随加捻器同向、同速自由转动，因而当加捻器回转时，AB 纱段不产生捻度，即 $T_1 = 0$。单位时间加在 BC 纱段上的捻回数为 $T_{1v} + n = n$，单位时间内由 BC 输出的捻回数 T_2 应为：

$$T_2 v = T_1 v + n = n$$
$$T_2 = n/v \tag{4-1}$$

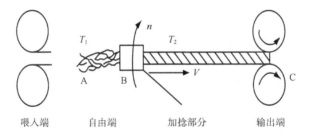

图 4-1　自由端加捻示意图

由式（4-1）可见，在成纱捻度一定的情况下，要提高产量即增大输出速度 v，则要求提高加捻器的转速 n。

（2）非自由端纺纱。非自由端纺纱与自由端纺纱的基本区别在于喂入端的纤维集合体受到控制而不自由。如图 4-2 所示，喂入端受到一对罗拉握持，另一端绕在卷装 C 上。如 A、C 两端握持不动，当加捻器 B 绕纱条轴向回转时，AB 段与 BC 段须条上均获得捻回，且捻回数量相等，方向相反。当 A 端输入而 C 端输出（卷绕）时，单位时间内由 B 加给 AB 段的捻回数为 n。同一时间，由 AB 段输出的捻回数为 T_1v，则 $T_1v = n$，$T_1 = n/v$。单位时间内，由加捻器 B 加给 BC 段的捻回为 $-n$，这是因捻回方向与 AB 段相反，AB 段输入 BC 的捻回为 T_1v；同一时间由 BC 输出的捻回为 T_2v，则：

$$T_2v = T_1v - n = 0$$
$$T_2 = 0 \tag{4-2}$$

由式（4-2）可见，中间加捻器的假捻现象，即当喂入端 AB 段有捻回存在，而 BC 输出端并未获得捻回。环锭纺纱虽然也是非自由端纺纱，但其将加捻和卷绕同时进行，采用纱管旋转的形式形成真捻，即在纱条的一端由前罗拉握持，而另一端加捻并同时卷绕，所以成纱为真捻。因此，非自由端纺纱的真捻发生在喂入端与加捻器之间，与自由端纺纱真捻产生在加捻器与卷绕端刚好相反。

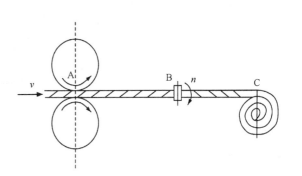

图 4-2　非自由端加捻示意图

各种新型纺纱方法的分类见表 4-1。

表 4-1　新型纺纱的分类

名　称	加捻原理	成纱方法	成纱捻度	名　称	加捻原理	成纱捻度	成纱捻度
转杯纺纱	自由端	加捻	真捻	喷气纺纱	非自由端	缠捻	包缠
涡流纺纱	自由端	加捻	真捻	喷气涡流纺纱	半自由端	缠捻	包缠
静电纺纱	自由端	加捻	真捻	自捻纺纱	非自由端	假捻	自捻
摩擦纺纱（无芯纱）	自由端	加捻	真捻	平行纺纱	非自由端	包缠	包缠
无捻纺纱	自由端	黏合	无捻	摩擦纺纱（有芯纱）	非自由端	包缠	包缠

2. 按成纱方法分

（1）加捻纺纱。靠给纤维须条施加一定的捻度而成纱，如转杯纺纱、涡流纺纱、静电纺纱、摩擦纺纱（无芯纱）等。

（2）包缠成纱。靠纤维互相包缠而成纱。例如，喷气纺纱和喷气涡流纺纱的结构就是纤维互相包缠而形成的，它是以短纤维包短纤维的形式成纱；平行纺纱是用长丝包在短纤维须条上而形成纱的，它是以长丝包短纤维的形式成纱；摩擦纺纱是以长丝为纱芯，外包短纤维而成纱的纱，它是以短纤维包长丝或纱的形式成纱。

（3）自捻成纱。靠两根单根的假捻捻度而自捻成纱。自捻纺纱是自捻成纱的典型代表。

（4）黏合纺纱。靠一定的黏合剂使纤维黏合而成纱，如无捻纺纱。

二、新型纺纱的特点

1. 高速高产

环锭纺纱锭子转速一般在 15000～25000r/min，纺粗中特纱时引纱速度一般在 30m/min

左右。转杯纺纱的纺杯速度高达 80000 ~ 1500000r/min，引纱速度最高可达 250m/min。摩擦纺纱纺粗中特纱的引纱速度可达 200 ~ 300m/min，纺中细特纱时可达 300 ~ 400m/min。喷气纺纱的引纱速度可达 350m/min。最新式喷气涡流纺纱机引纱速度达 500m/min，其他新型纺纱的纺纱速度也比环锭纺高得多（表 4 - 2）。

表 4 - 2 几种纺纱方法的纺纱速度

纺纱方法	引纱速度（m/min）	纺纱方法	引纱速度（m/min）
环锭纺纱	15 ~ 30	自捻纺纱	150 ~ 280
转杯纺纱	150 ~ 250	平行纺纱	100 ~ 150
摩擦纺纱	200 ~ 400	静电纺纱	30 ~ 40
喷气纺纱	250 ~ 350	无捻纺纱（黏合纺纱）	400 ~ 500
喷气涡流纺纱	350 ~ 500		

2. 大卷装

环锭纺纱受钢领直径的影响，卷装都比较小，每个纱管只能卷装 50 ~ 100g 纱线。新型纺纱将加捻与卷绕分开进行，在卷装容量上有了根本性突破。一般直接绕成纱筒，其容量根据需要决定，可绕成任意大小，一般为 1.5 ~ 7kg，卷绕容量的增大，不仅减少落纱次数，提高机器生产效率，而且省去络筒工序，纱线质量明显提高，接头数大为降低。

3. 短流程

大多数新型纺纱采用棉条喂入，纺成的纱直接绕成筒子纱，可以省去粗纱和络筒两道工序，简化了工艺流程，降低了生产成本。喷气并捻联合机的并纱和捻线也连为一体，使工艺流程更为缩短。

4. 高自动化

新型纺纱的输出速度高，卷装容量大，客观上要求提高自动化程度。因此，在许多新型纺纱机上配备了自动接头装置及自动落筒装置，如转杯纺纱机、喷气纺纱机、喷气涡流纺纱机等。

5. 新颖的成纱结构

新型纺纱由于其独特的成纱原理形成了纱线形式多样、风格各异的成纱结构，如包芯纱、包缠纱、花式纱等。

第二节　转杯纺纱

一、转杯纺纱的工艺过程与成纱原理

（一）转杯纺纱的工艺过程

转杯纺纱机主要由喂给分梳、凝聚加捻和卷绕等机构组成。图 4 - 3 是转杯纺纱机的剖面示意图。条子自条筒中引出，送入纺纱器，在纺纱器内完成喂给、分梳、凝聚和加捻作用，由引纱罗拉将纱条引出，经卷绕罗拉（槽筒）卷绕成筒子。

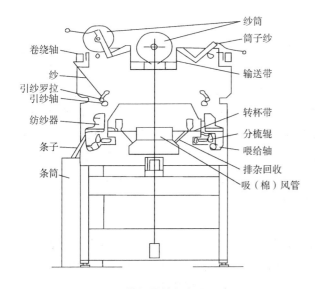

图4-3 转杯纺纱机剖面示意图

图4-4所示为转杯纺工艺过程示意图，其核心部件包括转杯、喂给罗拉、分梳机构、假捻器和引纱机构等。它们组装在一个箱体内，称为纺纱器。棉条从条筒内经喇叭口喂至喂给板和喂给罗拉之间，并在其压力下握持，然后通过分梳辊进行梳理。喇叭口的进、出口截面均为渐缩形，棉条受到必要的预整理和预压缩后密度一致、压力分布均匀，最后以扁平截面进入握持区。喇叭口的尺寸应根据喂入条子的定量而设计。喂给板表面光滑，喂给罗拉的表面有细浅槽并加有压力，从而对纤维保持一定的握持力。分梳辊通过喂给板将棉条分梳成单纤维状态。喂给板的分梳长度以及分梳辊与喂给板的隔距，直接影响分梳效果和分梳质量，所以要根据所纺纤维的长度来设定。分梳辊表面包有锯齿或植针，它们的规格也应随所加工的纤维而变化。分梳辊一般以5000~9000r/min的速度对纤维条进行充分梳理；在喂给板的下方，分梳辊在纤维输送通道处设有排杂装置，以有效地排除纤维流中的杂质和微尘。被分梳成单纤维状态的纤维依靠分梳辊的离心力和转杯内的负压气流吸力而全部脱离分梳辊表面，并进入纤维输送管道。

渐缩形纤维输送管道使纤维在管道中随气流流动而加速运动、受到牵伸并提高纤维伸直度，纤维输送管道内的牵伸倍数可达400倍左右。通过输送管道的出口，纤维被送到纺纱转杯内壁的斜面上。转杯由两个中空的截头圆锥组成，两锥体交界处为杯内最大直径，形成一个凝聚纤维的凹槽，即"凝聚槽"。纤维在转杯高速回转的离心力作用下，从杯壁斜面（称滑移面）滑向内壁最大直径处的凝聚槽内，并在此叠合成环形的凝聚须条，

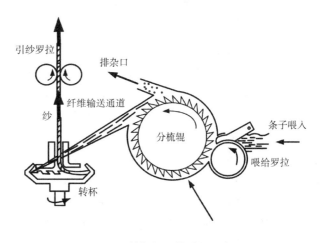

图4-4 转杯纺工艺过程示意图

称为"纱尾纤维环"。由于纤维在凝聚槽内沿其周向循环排列，从而产生单纤维之间的巨大并合效应。

转杯有自排风式和抽气式两种形式。自排风式转杯在高速回转中，杯内的气流通过转杯底部的小孔排向杯外，从而在杯内形成一定负压。由于杯盖与转杯密封，补入杯内的气流只能通过输送管道和引纱孔进入，因此，输送管道中产生一定吸力，以加速纤维输送并吸入杯内；由引纱孔补入的气流使接头纱能顺利进入杯内而完成接头。抽气式转杯的杯底无孔，杯

内负压依靠风机抽吸而形成，气流从杯口与杯盖之间的通道抽走。

开车生头时，将种子纱（引纱）送入引纱管，由引纱管补入的气流吸入纺纱杯，由于纺纱杯内气流高速回转产生的离心力，使种子纱的头端贴附于凝聚须条上。种子纱一端被引纱罗拉握持，另一端和凝聚须条一起随纺纱杯高速回转，使纱条获得捻度，并借捻度使种子纱与凝聚须条捻合在一起。此时，将纱管放下，引纱罗拉将握持纱条连续输出，凝聚须条便被引纱剥离下来，在纺纱杯的高速回转下加捻成纱。此后，纤维不断地喂入，纱线不断地引出，形成连续纺纱过程。引出的纱线被卷绕在纱管上，直接形成筒子纱。纱条在回转加捻的过程中，受到假捻盘的摩擦阻力，产生假捻，使假捻盘至剥离点间一段纱条的捻度增多，可以增加回转纱条与凝聚须条间的联系力，以减少断头。

（二）转杯纺纱的成纱原理

转杯纺纱属自由端纺纱，纱条的一端被握持（引纱罗拉），另一端随加捻器绕握持点回转而加捻。从图4－5可以看出，转杯带动纱段 AB 高速回转，使 AB 纱段获得捻度。AB 纱段捻度的扭转力矩向凝聚须条 BC 段传递，使凝聚槽内的一段须条也获得捻度。这一传递长度称"捻度传递长度"，它使纱条在 B 点（称剥离点）具有一定强度。正常纺纱时，凝聚须条从 B 点逐渐剥离、加捻、引出，因此，剥离点沿凝聚槽圆周回转，其转速一般超过转杯转速，两转速的差值即为出纱卷绕速度。在凝聚槽内剥离点处，纤维叠合的数量等于成纱截面中的纤维数量。从剥离点 B 到纱尾 D，纤维数量逐渐减少，因此，纤维须条逐渐变细。

加捻纱条经过 A 点时受到假捻盘的摩擦作用而绕自身滚动，产生假捻，使纱段 AB 上的捻回高于正常捻回，这有利于提高剥离点处的纱条强度和加大捻度传递长度，从而保证顺利纺纱并减少断头。

在须条从 B 点刚被剥离的位置，纤维数量应为零（空白区）。但实际上，转杯在不断回转，纤维

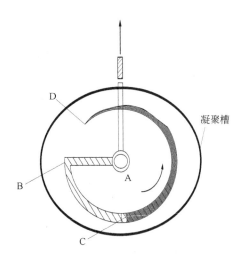

图4－5 转杯内纤维的凝聚和加捻

不断向下输送和向下滑移，因此，这一空白区会被新下滑的纤维覆盖。在纱尾 D 和"捻度传递长度"BC 段堆积的纤维，称为"搭桥纤维"。须条剥离、加捻、引出时，搭桥纤维就成为缠绕在纱体外表的缠绕纤维，这一点可通过转杯纱的结构得到验证。

二、转杯纺纱线的结构与性能

（一）转杯纺纱线的结构

纱线结构主要反映须条经加捻后，纤维在纱线中的排列形态以及纱线的紧密度。通过转杯纱和环锭纱的显微镜照片发现，转杯纱与环锭纱的结构有显著差异。转杯纱的最大特征是纱体表面具有由搭桥纤维形成的不同包缠程度的缠绕纤维（包缠纤维），转杯纱由纱芯和外包（缠绕）纤维两部分组成，其内层的纱芯结构与环锭纱相似，比较紧密，但外包纤维结构松散。实测纱体内纤维形态的大致分布见表4－3，转杯纱中圆锥形、圆柱形螺旋线纤维比环

锭纱少，而弯钩、折叠、打圈、缠绕纤维却比环锭纱多得多。说明环锭纱中纤维形态较好，折叠、缠绕纤维基本没有，弯钩、打圈纤维较少；而转杯纱中弯钩纤维较多，尤其是折叠、打圈、缠绕纤维多，影响纱线结构。

不同的加捻成纱过程，具有不同的纱线结构，转杯纱结构比环锭纱结构差，主要是由于转杯纱在加捻过程中，纤维在纱线中的几何形态和力学条件与环锭纱不同的缘故。

1. 分梳和输送过程中纤维的伸直度被破坏

经分梳辊分梳后的单纤维、弯钩纤维较多，虽经输送管利用气流的加速度能伸直部分弯钩纤维，但这种非接触式的伸直作用较罗拉牵伸钳口的强制作用小，因此，不如环锭纺纱利用罗拉牵伸消除弯钩的作用大。而且，单根纤维在由纤维输送管道经纺纱杯滑移壁进入凝聚槽的过程中，其速度在渐缩形的纤维输送管道内是越来越大，以最大速度进入纺杯，并延滑移面向下进入凝聚槽，在这一过程中纤维的运动方向发生了巨大改变，使其速度有一个"瞬时骤停"，致使纤维产生折叠、弯曲、打圈等现象，严重地影响了转杯纺纱线中纤维的伸直状态。此外，回转纱条经过纤维喂入点时，会产生骑跨纤维，小部分纤维受气流影响也会直冲到纱条上。这些纤维可能形成折叠、弯曲，直至全部包缠在周转纱条上而成为缠绕纤维。当骑跨纤维自凝聚须条尾端抽出时，也会扰乱凝聚须条中纤维的排列，形成打圈、弯曲纤维。

2. 转杯纺纱的加捻凝聚方式不利于纤维的内外转移

转杯纺纱是利用凝聚槽来凝聚纤维，须条在加捻前受到凝聚槽的约束，密度较大。加捻过程中，回转纱条上所受的张力较小，在剥离点处，纱条的张力更小。因此，剥离点处须条中纤维的向心挤压力大大减小，再加上凝聚槽中须条的密度较大，结果外层纤维不易向内层转移，内层纤维也不易被压向外层。因此，纤维的圆锥形螺旋线形态显著减少，影响了转杯纱的结构。

由转杯纺成纱原理可知，由于纤维须条的分离和输送未经过如罗拉牵伸等使纤维伸直平行的工艺，在进入凝聚槽的过程中，纤维形态各异，纤维的伸直度测定值见表4-4。

表4-3　纤维形态在纱体内的分布（%）

纤维形态	转杯纺	环锭纺	纤维形态	转杯纺	环锭纺
圆锥螺旋线	4~23	46	包缠纤维	5	0
圆柱螺旋线	4~15	31	其他	2	2
弯钩、折叠、打圈等	85~55	20			

表4-4　纤维伸直度的测定值

测定项目	纤维平均长度（mm）	纱中纤维平均投影长度（mm）	纤维伸直度（%）
棉条	22.80	18.93	84.3
转杯纱	21.70	14.44	66.5
环锭纱	21.35	18.64	87.3

（二）转杯纺纱线的性能

1. 强伸性能

不同的纱线结构，直接影响成纱质量，转杯纱与环锭纱的力学性能见表4-5。

表 4 – 5　转杯纱与环锭纺的力学性能对比

力学性能	转杯纱与环锭纱比较	力学性能	转杯纱与环锭纱比较
断裂强度	比环锭纱低	耐磨性	比环锭纱好
断裂伸长率	比环锭纱大	密度	比环锭纱低（蓬松）
断裂功	比环锭纱大	毛羽	比环锭纱少
弹性	比环锭纱稍好		

（1）转杯纱强度比环锭纱低。主要是由于纱中纤维形态紊乱，弯钩纤维多；纱中纤维伸直度低；纤维在纱中的径向迁移程度小；径向捻度差异大，捻度分层；分梳辊造成部分纤维断裂；纺纱张力低，纱线紧密度小。

（2）转杯纱的单纱断裂伸长率比环锭纱大。主要是由于转杯纺是低张力纺纱，纱线紧密度小，纱体蓬松、直径大、纤维卷曲多、拉伸时滑移伸长大。但是，随着纺杯转速的提高，纺纱张力逐渐增大，转杯纱紧密度增大，其断裂伸长逐渐降低，与环锭纱的差值越来越小。

（3）转杯纱的弹性比环锭纱略好。纺纱张力和捻度是影响纱线弹性的主要因素，一般纺纱张力大，纱线弹性差。因为纺纱张力大，纤维易超过弹性变形范围，而且成纱后纱线中的纤维滑动困难。转杯纺张力小于环锭纺，但捻度却比环锭纺要多，因此，转杯纱的弹性比环锭纱好。纱线弹性对织造过程影响较大，尤其是作经纱使用时，在织造过程中要经过开口、闭口等多次反复拉伸，如果纱线弹性差，强力低，则断头增加。

（4）一般转杯纱的耐磨度比环锭纱高 10% ~ 15%。纱线的耐磨度除与纱线本身的强度有关以外，还与纱线结构有密切关系。因为环锭纱纤维呈有规则的螺旋线，当反复摩擦时，螺旋线纤维逐步变成轴向纤维，整根纱解体而很快磨断；而转杯纱外层包有不规则的缠绕纤维，故转杯纱不易解体，因而耐磨性好。由于转杯纱捻线表面毛糙，纱与纱之间的抱合良好，因此，转杯纱捻线比环锭纱捻线有更好的耐磨性，能有效改善织物的服用性能。

2. 条干均匀度

同线密度转杯纱与环锭纱的条干均匀度对比见表 4 – 6。转杯纱的条干均匀度比环锭纱好，但两者都会随纺纱线密度降低而恶化，且差异值缩小。转杯纺纱不用罗拉牵伸，因而不产生环锭纱条干具有的机械波和牵伸波，而且转杯纺纱在纤维凝聚过程中有并合均匀作用。但如果凝聚槽中嵌有硬杂，也会产生等于纺纱杯周长的周期性不匀。此外，如果分梳辊绕花、纤维分离度不好或纤维的不规则运动，也会造成粗细节。

表 4 – 6　转杯纱与环锭纱的条干均匀度对比

线密度（tex）	环锭纱 CV（%）	转杯纱 CV（%）	转杯纱与环锭纱比较（%）
97.2	15	12.5	– 16.67
83.8	15.5	13	– 16.13
58	16.2	14	– 13.58
39	17	15	– 11.76
29	17.5	16	– 8.57
19.4	18.5	17	– 8.11

3. 蓬松度

用显微投影测量法测定转杯纱和环锭纱的比容值，见表4-7。

表4-7 转杯纱与环锭纱的比容值

线密度（tex）	类别	比容（cm³/g）
58.3	转杯纱	2.80
	环锭纱	2.48
36.4	转杯纱	2.39
	环锭纱	2.00
29.2	转杯纱	2.47
	环锭纱	2.05

一般而言，转杯纱比环锭纱粗10%~15%，意味着转杯纱蓬松、丰满、厚实，上浆率及吸色性能都比环锭纱好。

4. 毛羽

实验证明，转杯纱毛羽比环锭纱少50%以上，但离散性较大。

5. 杂、疵含量

原棉经过前纺机械时，有强烈的开清除杂作用，排杂较多，特别是通过有除杂装置的分梳辊，还由于在纺纱杯中纤维与杂质有分离作用而在纺纱杯中留下一小部分尘杂和棉结，故转杯纱比较清洁，纱疵小而少。转杯纱的纱疵数只有环锭纱的1/4~1/3。

三、转杯纺纱适纺性能及产品开发

（一）适纺原料和线密度

1. 适纺原料

转杯纺纱的适纺原料及其产品十分广阔，但仍以棉纯纺及棉与化纤混纺为主。目前，转杯纺纯棉纱及棉与化纤混纺纱用于纺织品的占比为：针织用纱42%、牛仔布17%、外衣类23%、床上用品5%、工业用4%、其他9%。

随着转杯纺的发展，越来越多地使用化学纤维进行纺纱，如黏胶纤维、涤纶、腈纶，但绝大多数仍然与棉或其他天然纤维混纺。在其他非棉类天然纤维（如短麻、短毛、细丝等）及其混纺加工中，也开发出众多新产品，大大丰富了转杯纺产品。目前，转杯纱所用原料比例为：棉55%、涤/棉28%、腈/棉5%、腈纶6%、其他6%。

转杯纺纱对原料的适应性较强，可加工纤维短、整齐度差、含杂高的原料，如回花、下脚、废纺原料等，只要经处理制成条子，即可纺纱。转杯纺已发展成可适应不同纤维原料且能纺制较低线密度的一种新型纺纱技术。

转杯纺对纤维性质的要求侧重点与环锭纺有差别，见表4-8。纺高线密度棉纱时，可以选用1.5dtex、成熟度系数1.7以上、纤维长度26mm以下的较低级原棉。大多数情况仍选用棉型化纤与天然纤维混纺，纤维（38~40）mm×1.67dtex，转杯直径在45mm左右，要求化纤具有一定的卷曲数、抗起毛起球和抗静电性能，与棉混纺的比例最好在35%以上。

表 4 - 8　纤维性质对纺纱性能的权重等级

权重等级	转杯纺	环锭纺	权重等级	转杯纺	环锭纺
1	纤维强度	纤维长度	4	纤维长度	成熟度
2	纤维密度	纤维强度	5	摩擦性能	摩擦性能
3	成熟度	纤维细度			

2. 适纺线密度

（1）适纺线密度。转杯纺的适纺线密度广义上可为 13.0 ~ 388.7tex。但由于机器类型、转杯直径和转杯速度的变化，可纺线密度有一定的范围限制。转杯纺在不同条件下的适纺纱线线密度和最佳经济纺纱线密度见表 4 - 9，目前转杯纺棉纱各种线密度的比例见表 4 - 10。

表 4 - 9　转杯纺速度与纺纱线密度的关系

转杯转速（r/min）	4×10^4	6×10^4	8×10^4	10×10^4
可纺纱线 线密度（tex）	19.5 ~ 145.8	14.6 ~ 145.8	11.7 ~ 145.8	9.7 ~ 145.8
适纺纱线 线密度（tex）	27.8 ~ 97.2	19.5 ~ 97.2	14.6 ~ 97.2	12.5 ~ 97.2
最佳经济纺纱 线密度（tex）	36.4 以上	24.3 以上	19.5 以上	16.2 以上

表 4 - 10　转杯纺棉纱各种线密度的比例

纱线线密度（tex）	58.3 ~ 194.4	29.2 ~ 53.0	19.5 ~ 27.8	14.6 ~ 18.8	其他
比例	13	36	46	2	3

从以上两表的统计数据可以看出，转杯纺纱的发展已改变了它只适应纺高线密度纱的状况。世界范围内，27.8tex 以下的转杯纱已超过 50%，用于针织纱的占 40% 以上。而在中国，转杯纱的线密度大多在 36.4tex 以上，已覆盖高线密度纱的 80% 以上，用于机织物及牛仔布纱线的生产也已趋于饱和。

（2）低捻低线密度纱。一方面针织产品要求转杯纱低捻、低线密度，另一方面转杯纱在条干、耐磨、低内应力等方面的优势使其更加适合针织用纱。但实现低捻、低线密度纺纱，对转杯纺纱技术提出了更高要求。转杯纺纺制低线密度纱涉及成纱质量和经济效益两方面。从经济效益考虑，要提高转杯速度和纺纱速度，以提高产量，这必将增加设备投资、动力及其他多方面的消耗。纺制低线密度纱，纱线截面内纤维根数少，高速后张力大、易断头，纺纱技术要求高，困难大。实践经验表明，转杯纺成纱截面中最理想的纤维极限根数为：棉 100 根、化纤 80 根。这个极限根数也随纺纱技术的发展而不断减小。据报道，Autocoro 转杯纺纱机已成功试纺 9.7tex 以下的转杯纱。为适应这一背景，原料选择、分梳辊工艺（速度、针齿规格）、转杯直径和速度等，都须进行合理配置。

（二）新型转杯纱及产品

目前，转杯纺已能适应各种不同新型纤维原料，可纺制 28 ~ 96tex 的纱线，由此开发出许多新产品。

（1）棉及棉与其他纤维混纺的产品：牛仔布、起绒织物、纱卡其、线毯、床上用品、装饰布、针织布、工业用布等。

（2）羊毛、兔毛、山羊绒、牦牛绒及其与其他纤维混纺的产品：衣料、T恤、夹克、西服、针织面料、大衣料、内衣料、海员绒等。

（3）苎麻、亚麻、汉麻、黄麻、罗布麻、绢丝、柞蚕丝及其与其他纤维混纺的产品，可用于机织和针织，制成各种面料和服装。

（三）转杯复合纱

1. 概况

转杯复合纱的生产比环锭复合纱要晚，它是由化纤长丝被直接从长丝导丝管吸入转杯内，在杯内与短纤维纱条合并加捻成复合纱，然后由引纱管和引纱罗拉输出，卷绕成筒纱。

2002年，Rieter - Bastex（即立达—捷克）公司开发了可纺制弹性包芯转杯复合纱的转杯纺纱机 BT904，如图4 - 6所示。

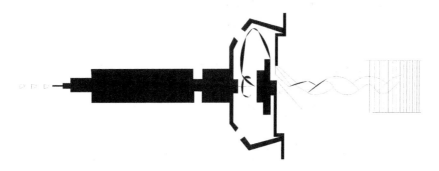

图4 - 6　BT 904 转杯纺纱机纺包芯复合纱的原理示意图

化纤长丝由导丝管从转杯底部轴中心的空心孔进入杯内，与原杯内的短纤维纱条结合加捻，形成短纤维纱条包缠于长丝周围的包芯纱，如图4 - 7所示。这种纱线具有条干均匀、毛羽少、强度高的优点。

图4 - 7　弹性包芯纱的结构

BT904 转杯纺纱机生产的 ROTONA 弹性包芯纱，可以用于袜类织物、游泳衣、运动衣、内衣、系带类及装饰织物。这种转杯复合纱的生产同样具有转杯纺纱的优点，即工序短，速度、产量高，卷装大，适纺原料广，可实现棉、涤纶、黏胶纤维等纯纺和混纺，而且纱线的结构稳定。

2. 转杯复合纺纱工艺及结构

（1）转杯复合纺纱的工艺过程。转杯复合包芯纱的加工方法如图4-8所示。变形长丝通过导丝管被吸入杯内，并与杯内短纤纱条合并加捻，杯内短纤纱条为纱芯，变形长丝则包缠在纱芯上。

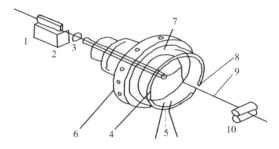

图4-8 转杯复合包芯纱加工示意图

1—长丝 2—张力器 3—导丝器
4—导丝管 5—短纤纱输送通道
6—转杯 7—转杯沟槽 8—引纱管
9—复合纱 10—卷曲罗拉

转杯复合纺纱装置还可通过改变化纤长丝的超喂率来生产多种类型的花式复合纱，如图4-9所示，长丝筒子在一定张力控制下，经过导纱杆、喂入罗拉、导丝管，从转杯轴心的空心孔中进入杯内，在杯内形成两个成纱点：一个是原杯内凝聚槽短纤纱条的成纱点，另一个是短纤纱条与化纤长丝条结合的成纱点。

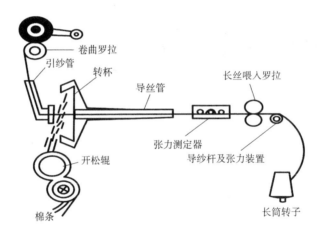

图4-9 花式复合纱生产过程示意图

（2）转杯复合纱的结构。这种复合包芯纱可以通过设置不同的导丝管位置来改变其包缠状态，得到不同的包缠结构，如图4-10所示。实践证明，影响转杯包芯纱可纺能力（转杯速度29500r/min）的关键参数是导丝管引导长丝进入杯内的位置和长丝的喂入张力。在杯内两个成纱点各自成纱加捻的状态由化纤长丝的超喂率决定。改变长丝的超喂率就会改变长丝在花式复合纱中的几何位置，这会直接影响复合纱的结构、强度和条干均匀度。用改变超喂率的方法，可以获得三种基本的花式复合纱结构：①短纤纱条成为纱芯，长丝包缠在其表面上；②短纤纱条与长丝交替包缠；③长丝成为纱芯，短纤纱条包缠在纱芯上。它们的结构状态如图4-11所示。

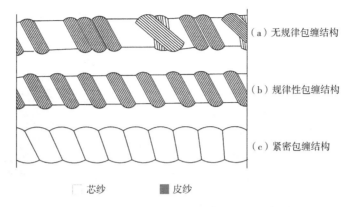

图4-10　变形长丝包缠短纤纱条的包芯纱结构

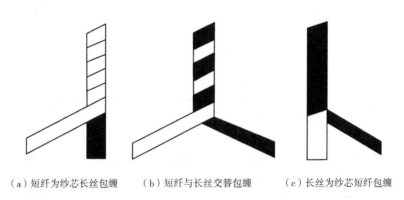

（a）短纤为纱芯长丝包缠　　　（b）短纤与长丝交替包缠　　　（c）长丝为纱芯短纤包缠

图4-11　花式复合纱三种基本结构形态

（四）废纺转杯纱

梳棉、精梳、开清棉、并条、粗纱、细纱等工序的下脚以及经废棉处理设备处理后的再用棉，均可用于转杯纺，纺纱线密度为58.3tex、83.3tex和97.2tex等。可制成打包布、帆布、领衬布、牛仔布等。为提高纱线强力，要混用一定比例的原棉（表4-11）。生产实践证明，采用所述配棉比例，成纱质量可保持一定水平。

表4-11　再用棉转杯纱配棉参考表

唛头327~527	再用棉		
	精梳落棉	统破籽棉	抄斩花
20%~25%	50%~55%	10%~20%	10%~20%
>75%	<25%		

第三节　喷气纺纱

一、喷气纺纱的工艺过程与成纱原理

（一）喷气纺纱的工艺过程

喷气纺纱机由喂入牵伸、假捻包缠和卷绕三部分组成。它是利用压缩空气在喷嘴内产生螺旋气流对牵伸后的纱条进行假捻并包缠成纱的。喷气纺纱的工艺流程如图4-12所示。

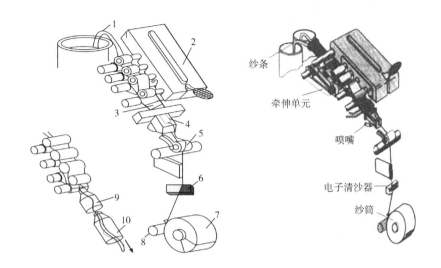

图4-12 喷气纺纱的工艺流程

1—纱条 2—牵伸单元 3—喷嘴 4—喷嘴盒 5—引纱罗拉 6—电子清纱器
7—纱筒 8—卷绕辊筒 9—第一喷嘴 10—第二喷嘴

单根或两根纱条从纱条筒中引出后，进入牵伸装置进行牵伸。由于喷气纺纱由纱条直接牵伸成细纱，而且所纺纱线密度较小，所以牵伸倍数较大，一般在150倍左右。喂入熟条经牵伸后，输出的纤维须条依靠喷嘴加捻器入口处的负压，被吸入喷嘴加捻器中，在喷嘴内切向喷射气流的作用下加捻。加捻器由第一喷嘴和第二喷嘴串接而成，两喷嘴的喷射气流旋转方向相反，第二喷嘴气压大于第一喷嘴。由于一级喷嘴反向气流的解捻作用，须条边缘的纤维自须条中分离出来成为头端自由纤维，这些纤维在喷嘴内旋转气流作用下，紧紧包缠在芯纤维的外层而成纱，形成包芯纱。成纱后由引纱罗拉引出，经电子清纱器后卷绕到纱筒上，直接绕成筒子纱。

由于喷气纺纱采用超大牵伸装置，与环锭纺相比，可适当缩短流程，省略粗纱和络筒工序，前纺工艺流程与环锭纺工艺相当。混纺时工厂一般采用三道混并后喂入喷气纺。如果采用粗纱喂入，则必须经过粗纱工序。若在牵伸罗拉处喂入染色纱或染色粗纱，则可简单地生产花色纱线。若将两种不同的短纤维条喂入牵伸装置的后罗拉，则可生产出完全为短纤维的双重结构纱，即包芯纱或双股纱。

（二）喷气纺纱的成纱原理

1. 加捻原理

喷气纺纱属于非自由端纺纱，其成纱过程的机理为"假捻→退捻→包缠"。在此过程中需要满足的必要条件为：喷嘴加捻器入口距前罗拉钳口距离远小于所纺纤维的主体长度，形成非自由端；前罗拉输出的须条要有一定宽度（扁平带状），并形成边纤维（头端自由纤维）；两喷嘴的喷射气流方向相反且第二喷嘴气流强度（气压）大于第一喷嘴，有助于形成头端自由纤维。

喷气纺纱的假捻包缠过程如图4-13所示。

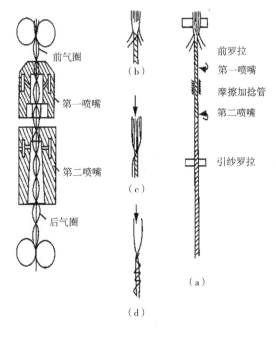

由于第二喷嘴气流强度（气压及旋转速度）远大于第一喷嘴，因此，从第二喷嘴到前罗拉钳口间整段纱条的捻回由第二喷嘴的气流方向决定；又因前罗拉钳口处须条纤维的主体长度远大于喷嘴入口与钳口间的距离，纤维处于被握持状态（喷嘴属非积极握持状态），形成由前罗拉钳口和引纱罗拉两端握持、中间加捻的非自由端假捻纺纱，第二喷嘴与前罗拉之间，整段纱条呈 S 捻，如图 4 - 13 的（b）所示。第二喷嘴出口之后纱条应逐步退捻至无捻。而位于第二喷嘴与前罗拉间的第一喷嘴，由于气流强度弱且喷嘴加捻属非积极握持状态，第二喷嘴所加的捻回可通过第一喷嘴传递到前罗拉钳口。第一喷嘴只能使纱条产生与第二喷嘴的气流旋转方向相反的小气圈，减弱了第一喷嘴至前罗拉纱段上的捻回，形成弱捻区，如图 4 - 14（a）所示，并可借助其气流旋转使边纤维初步以 Z 向包缠在 S 捻向纱芯上，如图 4 - 13 中（c）、（d）所示。整段纱条的捻度分布如图 4 - 14（b）所示。

图 4 - 13　喷气纺纱的假捻包缠过程

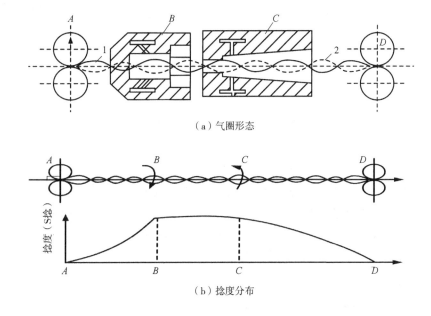

图 4 - 14　纱段气圈形态及捻度分布
B—第一喷嘴　C—第二喷嘴　1—前气圈　2—后气圈

第一气圈的高速回转有利于前罗拉钳口前须条外边缘纤维的扩散和分离，形成头端自由的边纤维，如图 4 - 13 中的（b）所示，它们未能及时被捻入纱芯中。这些头端自由的边纤维，一旦被吸入加捻器，即在第一喷嘴旋转气流的作用下，按气流旋转方向 Z 捻方向绕在主体纱芯上，这一初始包缠方向与纱条假捻方向相反。它们和纱体结合为一体，如图 4 – 13（c）所示。当纱条越过第二喷嘴后，主体 S 捻向开始反向（Z 向）退捻。在强烈的退捻作用下，纱条纱芯捻度将退尽，而外面的边纤维和初始缠绕纤维随退捻力矩 Z 方向越缠越紧，成为外层紧密包缠的纤维，如图 4 – 13（d）所示，这就是喷气包缠纱。这种纱的结构不能用常规的退捻—加捻法测量其捻度。

2. 包缠纤维形态

包缠纤维形态分有规律的螺旋包缠、无规律的螺旋包缠和无规律的捆扎包缠。运用假捻—退捻—包缠，使纱芯外的纤维形成三种包缠。

（1）简单的包缠。假设纱芯外表附有自由纤维 f，在假捻纱芯作 Z 向退捻时，纤维 f 以退捻方向包缠在纱芯须条上，如图 4 – 15 所示，包缠的情况与纤维性质（长度、刚度）和纱芯接触状况有关，尤其在纺纱气圈高速转动时，自由纤维短或接触不良，形成包缠的难度大。

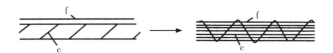

图 4 – 15　自由纤维的包缠

f—自由纤维→包缠纤维　c—假捻→平行纤维（纱芯）

（2）头端纤维自由包缠。如图 4 – 16 所示，自由纤维 f 的尾端被捻入纱芯，成为头端自由纤维 f_1，纱芯退捻时以退捻方向包缠在纱芯上，单喷嘴加捻器会成为这种包缠成纱。

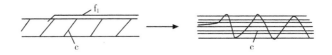

图 4 – 16　头端纤维自由的包缠

f_1—头端自由纤维→包缠纤维　c—假捻→平行纤维（纱芯）

（3）头端自由纤维先初始缠绕再紧密反向包缠。头端自由纤维 f_1 在第一喷嘴气流旋转的作用下，在纱芯上形成 Z 向缠绕的初始包缠，当纱芯退捻时，头端自由纤维也会随之退捻，但因初始包缠时与主体纱芯的 Z 向捻回有一定的捻回差，由于受空气阻力、摩擦阻力等影响，其包缠捻回小于主体纱芯上的捻回，因此，会先于主体纱芯将 Z 向缠绕退净，之后将随着主体纱芯继续退捻而反向紧密缠绕在主体纱芯上，形成紧密包缠，如图 4 – 17 所示。

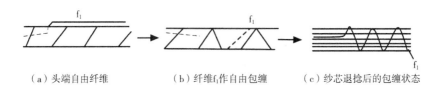

（a）头端自由纤维　　　　　（b）纤维f_1作自由包缠　　　　（c）纱芯退捻后的包缠状态

图 4 – 17　具有初始包缠的头端自由纤维的包缠

综上所示，双喷嘴加捻器喷气纺纱成纱的关键是：前罗拉输出须条要有一定宽度，要有一定数量的头端自由的边纤维可从须条中分离扩散出来，这是形成包缠纤维的基础；第一喷嘴的作用是在前钳口外的纱段上形成弱捻区，小气圈转动促使边纤维很好地分离扩散，头端自由边纤维进入纱道后形成初始包缠；第二喷嘴的作用是对纱条积极加捻，使整段纱条上呈现同向捻回（假捻），在纱条退捻时获得紧密包缠。

二、喷气纺纱线的结构与性能

（一）喷气纺纱线的结构

1. 结构特点

通过对喷气纺纱假捻包缠成纱原理的分析，可以得出其纱线结构的特点为：纱芯主体纤维基本呈平行状态，占截面总体纤维数量的80%～90%；在纱芯外层的纤维，仍属纱芯纤维而非外包纤维，呈现出与二级喷嘴气流方向相同的捻回，但占纱芯纱线比例较少；最外面为包缠纤维，呈多种包缠状态，占截面总体纤维数量的10%～20%。这种包缠结构的纱线受拉时，包缠纤维受到张力，对芯纤维产生向心压力，增加芯纤维间的摩擦力和抱合力，形成纱的强度，使喷气纱具有一定的强力和其他力学性能。

2. 包缠纤维的形态

如上所述，可把喷气纱外层包缠纤维大致分为三类。

（1）螺旋包缠。外层包缠纤维呈螺旋捻回状包缠在纱体上，有明显的倾角和螺距，包缠程度有松有紧，包缠倾角和螺距，有些似有规律，有些似无规律，纤维倾斜角度、螺距大小对纱线性能有较大影响。由表4－12可知，这种包缠占比较大。

（2）无规则包缠。纱体有些地方，外包缠纤维比较紊乱地包缠在纱体上，没有明显的倾角和螺距，有的紧固捆扎在芯纤维上。

（3）其他。外层包缠纤维与芯体没有明显界限，也有部分无规则地附着在纱体上。

采用示踪纤维法对包缠纤维的形态进行分析，它们的形态及所占比例见表4－12。

表4－12　包缠纤维形态

包缠纤维形态	所占比例（%）	包缠纤维形态	所占比例（%）
螺旋包缠（不同倾角、不同螺距和不同松紧度）	62.43	其他	12.64
无规则（紊乱、捆扎）包缠	24.93		

由于喷气纱为包缠捆扎成纱，因此，密度小，结构较蓬松，同线密度的喷气纱直径较粗，手感较粗糙，同线密度纱的直径比环锭纱粗4%～5%。

3. 毛羽形态

由于喷气纱是表面纤维头端包缠结构，其毛羽具有方向性，顺纱线前进方向。因此，筒子纱可直接用于纬纱，不易多倒筒。同时也导致其摩擦性能具有方向性，纱线从筒子退出的行进方向（顺毛羽方向）的耐磨性远大于反向，在5:1～10:1之间。喷气纱3mm以上的毛羽比环锭纱少80%左右，但短毛羽多，见表4－13。

表 4 – 13　喷气纱与环锭纱毛羽数量对比

纱　别		毛羽长度（mm）				
		0.5	1.0	1.5	2.0	3.0
T/JC 65/35 13tex	喷气纱根/10m	2518	754	254	100	21
	环锭纱根/10m	3118	1732	958	563	221

（二）喷气纺纱线的性能

喷气纱的特殊成纱机理，使其成纱结构及性能与环锭纱有明显差异。国内某厂家的两种同线密度涤/棉（65/35）混纺纱在同等情况下的纺纱质量对比见表 4 – 14。

表 4 – 14　同线密度喷气纱与环锭纱质量和性能的比较

比较项目	喷气纱	环锭纱	比较项目	喷气纱	环锭纱
实纺线密度（tex）	13	13	条干不匀率（%）	12.0	13.9
重量不匀率（%）	2.2	4.6	细节（个/125m）	4.3	9.1
单纱强力（cN）	211.7	221.5	粗节（个/125m）	7.2	12.6
单强不匀率（%）	11.3	14.3	棉结（个/125m）	16.3	18.6
断裂强度（cN/tex）	16.3	17.7	纱间摩擦因数不匀率（%）	0.92（12.4%）	0.7（18.7%）
断裂伸长率（%）	10%	8.5%	硬挺度（mm）	42.0	38.6
伸长不匀率（%）	10.4%	13.2%	耐磨性（顺毛羽方向/反向，次）	50～80，5～15	6～12，6～12
3mm 长毛羽（根/10cm）	16.7	123	紧密度（g/cm³）	0.822	0.85～0.95

喷气纱和环锭纱相比，强力低，手感粗硬，但条干好，粗节、细节少，纱疵、棉结杂质少，耐磨性能好，染色性能好；虽然喷气纱的强力低，但强力不匀率低于环锭纱；纱的毛羽少，3mm 以上的毛羽比环锭纱少80%～90%；同等线密度纱，喷气纱的实际直径比环锭纱粗4%～5%，这也是其手感粗糙的主要原因。

三、喷气纺纱适纺性能及产品开发

（一）适纺性

1. 适纺原料

由于喷气纱的包缠结构，使其对纤维的要求主要为：有一定长度，刚性不易过大，能起到足够的包缠作用；纤维包缠后，纱的强度主要来源于纤维间的摩擦力和抱合力，因此，纤维表面要有一定的耐摩擦性能。

生产实践表明，喷气纺纱的适纺纤维以涤纶为最佳，长度为51mm 以下的棉型化纤及中长型化纤，以纯纺居多，混纺可为 T/C（涤/棉）、T/R（涤/黏）、T/A（涤/腈），涤/棉混纺的比例极限为40/60。

2. 适纺线密度

喷气纺有别于其他新型纺纱的特点是特别适合纺中、低线密度纱。常用的有 18.2tex、12.9tex、9.7tex、7.3tex、5.8tex（中长）等。

（二）喷气纱的优势产品

1. 细线密度纱合股

由纱的结构决定了股线质量比环锭纱合股好，股线均匀，强度高，合股后强度增值比环锭合股的强度增值大。

2. 包芯纱

由于是假捻——退捻——包缠成纱，因此，纺包芯纱时包缠牢，不易剥离，质量比环锭包芯纱好。

3. 磨绒织物

由于喷气纱的短毛羽多，磨绒后不会损伤纱的基体，短毛羽磨起，布面强度损失少，绒面平整、坚牢。

4. 色织物

纱的直径粗，蓬松，上色效果好，色泽鲜艳。

（三）喷气纱织物的特性

喷气纱具有诸多特性，制成的织物也具有许多特点，13texT/C 65/35 喷气纱织物与环锭纱织物的对比见表 4-15 和表 4-16。在表 4-15 中，方案一：经纬纱均为喷气纱；方案二：经为喷气纱，纬为环锭纱；方案三：经为环锭纱，纬为喷气纱；方案四：经纬均为环锭纱。

表4-15　涤/棉细布几种方案的各项物理指标比较

物理性能		方案			
		一	二	三	四
拉伸强力（N）	经	668.36	658.76	668.16	669.54
	纬	422.77	438.45	428.26	413.76
断裂伸长率（%）	经	22.0	20.2	21.8	20.7
	纬	15.4	16.8	14.0	15.3
断裂功（N·cm）	经	1246.85	1164.93	1363.77	1265.18
	纬	590.25	670.12	552.82	591.82
密度（根/10cm）	经	437	443	434	437
	纬	307	308	306	298
缩水率（%）	经	1.24	1.6	1.24	0.89
	纬	1.29	1.04	0.95	0.94
撕破强力（N）	经	53.00	54.39	56.94	59.48
	纬	31.26	33.71	32.14	32.92
硬挺度（cm）	经	6.23	5.89	56.94	59.48
	纬	5.26	3.71	32.14	32.92
厚度（mm）		0.346	0.343	0.217	0.282
面密度（g/m²）		110.33	107.33	111.67	110.87
透气量［L/（m²·s）］		714.5	610.0	568.5	538.0
耐磨性（次）		148	144	120	114

表 4 - 16 喷气纱织物和环锭纱织物的各项物理指标比较

原料		T/JC 65/35 13tex		T/JC 65/35　13tex × 2/17. 3tex × 2	
织物名称		府绸（平纹）		工作服涤卡（斜纹$\frac{2}{1}$）	
纱线类别		喷气纱	环锭纱	喷气纱	环锭纱
实际线密度（tex）		13. 14	12. 42	14 × 2/17. 9 × 2	13 × 2/17. 75 × 2
设计经纬密（根/10cm）		120/70	120/70	126/54	126/54
整理后的经纬密（根/10cm）		121/71	120/69	132/52	130/52
整理后的厚度（mm）		0. 193	0. 172	0. 394	0. 344
整理后的面密度（g/m²）		105. 3	97. 9	230. 6	214. 2
断裂强力（N）	经	576. 24	551. 74	921. 20	866. 32
	纬	336. 14	313. 60	395. 92	442. 96
撕破强力（N）	经	17. 25	20. 38	34. 30	39. 49
	纬	11. 86	14. 01	23. 23	34. 30
耐磨性（次）		33	25	324	179
透气量 [L/（cm² · s）]		82. 0	70. 0	18. 0	11. 8
顶破强力（N）		95. 06	98. 00	—	—
硬挺度	经	21. 0	8. 5	128. 0	166. 0
（mg · cm）	纬	13. 7	5. 3	49. 0	83. 0
抗皱性（%）（经/纬）		56/65	64/63	68/69	70/66
起球（级）		5	5	5	5
缩水率（%）（经/纬）		1. 8/0. 5	1. 4/0. 4	0. 3/0. 3	1. 4/0. 3

　　以上实验数据表明，用喷气纱，制成的织物强力与环锭纱织物强力相差无几。经纬纱均为喷气纱，织物的拉伸强力并不低于经纬纱均为环锭纱的织物，且织物纬向强力略大于环锭纱织物，因为织物强力不仅取决于单纱强力，还取决于纱线间摩擦性能，喷气纱摩擦因数大、条干均匀，使织物拉伸强力高。

（四）喷气纱的产品开发

1. 新产品

　　根据喷气纱的特点，可扬长避短，开发具有独特风格的新产品。近几年来国内外开发了众多产品，见表 4 - 17、表 4 - 18。

表 4 - 17 国内开发的喷气纺纺织品

纱		适合的织物产品和特点
混纺纱	T/C 65/35 13. 0tex	仿麻织物，丰满挺括，手感硬爽
	T/C 50/50 20. 8tex（普梳）	床单，布面均匀，厚实丰满，吸湿性好，有点粗糙感
	T/C 65/35 18. 2tex（普梳）	色织仿毛花呢、女裙，染色鲜艳，毛型感强
	T/C 65/35 13. 9tex	股线平纹布，雨衣，外衣料

续表

纱		适合的织物产品和特点
混纺纱	T/C 65/35 14.6tex	色织，格子、条子夏季衣服
	T/C 65/35 16.2tex	运动衣
	T/C 40/60 17.2tex	针织纱
	T/C 65/35 13.0tex	针织童装
	T/C 65/35 14.6tex	绉地麻织物
	T/C 60/40 9.7tex	烂花麻织物，透气、滑爽、悬垂
	T/C 65/35 9.7tex	磨绒织物
	Coolmax/ST 89/11 19.4tex，14.6tex	针织用凉爽型纱
	T/Coolmax 65/35 9.7tex	凉爽针织纱
	Coolmax/C 40/60 9.7tex	凉爽针织纱
	T/△T/R 50/18/32 36.4tex	锻彩纱，机织布
中长纱	T/R 65/35 29.2TEX	中长股线，仿毛织物
	T/A/R 45/35/25 20.8tex	中长三合一针织纱
包芯纱	M_R/N_Y Modal 包芯纱 19.4tex	针织纱（莫代尔包锦纶6长丝）
	T/R/T 中长包芯纱	用涤/黏包涤纶长丝
	C/N_Y 包芯纱 19.4tex	用棉包锦纶6针织用纱
纯纺类	Modal 19.4tex	针织纱
	PP（丙纶）18.2tex	针织纱
	M 36.4tex	针织纱
	T100% 7.3tex	高密织物，雨衣布、羽绒布等

表 4-18 美国用喷气纺开发的六类纺织品

产品	线密度
床单、床罩、被套（纬纱为喷气纱，经纱为环锭纱）	T/C（50/50，40/60）15.3tex
印花布、色织物	T/C（50/50）16.7tex
装饰布：窗帘、台布	T100% 4.8~19.4tex
针织面料：儿童装	T/C（50/50）18.2~20.8tex
运动服面料	T100% 29.2tex
医用（一次性）	T100% 29.2tex

2. 新产品特点

（1）床单类产品：利用喷气纱条干好、硬挺的特点，涤/棉床单产品可以获得布面匀整、手感厚实、挺括的效果。因短毛羽多，棉型感强，外观丰满夺目，具有吸湿性强的特点。采用 19.4tex 以下涤/棉混纺纱，可不经精梳，混纺比可以有 65/35、50/50。一般希望与环锭纱交织。

（2）外衣与风雨衣织物：利用喷气纱织物的良好透气性，可制作外衣或经防水处理制作风雨衣，其厚实、挺括、透气，手感和外观等均优于环锭纱织物。

（3）仿麻类织物：利用喷气纱硬挺、粗糙等特点，加工成仿麻类织物尤为适合。制作夏令童装、衬衫等服装，既挺括，又耐磨，若经提花织造、染色印花处理，具有色泽鲜艳、耐磨、立体感强等优点。

（4）股线织物：其耐磨和服用性能是环锭纱织物无法比拟的。

（5）磨绒类产品：利用短毛羽多的特点，制成磨绒产品，具有绒毛均匀、丰满致密、手感好、抗皱的优等，制作衬衫、套裙别具风格。

（6）薄型织物：喷气纺可纺低线密度涤/棉纱，纱的摩擦因数大，吸湿性能好，可加工仿丝绸类产品，如绉织物，制作夏季衣料和装饰织物。

（7）仿毛花呢：利用短毛羽多、吸湿性好的特点，涤/棉纱与长丝交并，制成仿毛花呢，色泽鲜艳，毛型感强。用涤/黏喷气纱可制成仿毛花呢。

（8）针织类产品：由于喷气纱包缠捻度稳定，条干好，制作针织品，不歪斜，条影少。

（9）烂花布：用短涤喷气包芯纱织制烂花布比环锭长丝包芯纱烂花布立体感强，透气，滑爽，悬垂性好。

（10）缝纫线：用1.22dtex或1.33dtex涤纶纺7.3tex纱，再加工成股线，可制作强度高、万米无接头的高速缝纫线。

第四节　喷气涡流纺纱

一、喷气涡流纺纱的工艺过程与成纱原理

（一）喷气涡流纺的工艺流程

喷气涡流纺的前纺准备与喷气纺基本一致。喷气涡流纺也是将制成的棉条直接喂入，如图4-18所示。棉条同样经过高速超大前牵伸，从前罗拉输出，须条进入涡流加捻器进行加捻。其总体工艺流程除加捻器与喷气纺纱机加捻器完全不同以外，其他基本相同。

（二）喷气涡流纺纱的成纱原理

1. 喷嘴加捻器的结构

喷气涡流纺纱加捻器的结构如图4-19所示。加捻器的主要组成如下。

（1）带吸嘴的半圆锥体固定栓与固定壁组成的纤维输送通道。由锥体形成的纤维输送通道入口大、出口小，使气流输送中纤维加速运动。

（2）纤维引导针棒。一端固定在锥体固定栓中心，另一端对准空

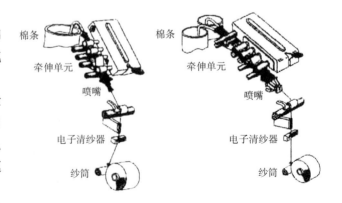

图4-18　喷气涡流纺纱的工艺流程

心锭 5 的顶端入口，纤维在输送管道中旋转运动，绕在引导针棒上（图 4 - 20），由于纤维与针棒的摩擦和阻碍，使捻度无法向前传递，在针棒处形成自由端。

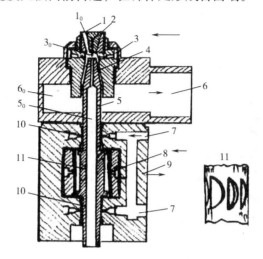

图 4 - 19　喷气涡流加捻器结构图

1—带吸嘴的半圆锥体固定栓　1_0—固定栓与固定壁组成的纤维输送通道　2—纤维引导针棒　3—喷嘴（4 孔，进气）
3_0—涡流旋转室　4—圆锥形通道　5—空心锭　5_0—纱线通道　6—排气孔　6_0—环形室
7—空气轴承进气孔　8—进气孔　9—排气孔　10—空气轴承 11—风叶

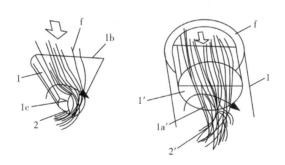

图 4 - 20　纤维旋转喂入管道绕引导针棒

f—纤维　1—带吸嘴的半圆锥体定栓　$1'$—气流　$1a'$—自由端纤维　1b—纤维输送通道入口
1c—纤维输送通道出口　2—纤维引导针棒　$2'$—引导针锋上的纤维

（3）带有喷嘴（4 孔）的涡流旋转室。喷孔与涡流室成相切配置，使喷射气流在涡流室旋转。旋转气流沿空心锭顶端表面（锥形）与固定壁（锥形）的间隙夹道 4 中旋转下滑，从下方排气孔 6 排出。涡流室内旋转气流从喷气孔 6 由环型室 6_0 排出。

（4）空心锭。空心锭 5 的顶端成锥形，与固定壁有一间隙，即为旋转气流的排气通道。空心锭内孔是纱线通道 5_0，空心锭下部表面可加工成为风叶状 11，如图 4 - 21 所示。由下面进气孔 8 进入压力气体，推动风叶和空心锭回转，其回转方向与涡流室气流旋转方向一致，主要作用是配合对纱条的加捻。气流旋转后从下面排气孔 9 排出。

2. 喷气涡流纺纱原理

喷气涡流纺是利用高速旋转气流对加捻腔中倒伏在空心锭子入口的自由尾端纤维加捻包缠纱芯而成纱的一种纺纱方法。如图 4 - 22 所示，4 个喷射孔的喷射气流与圆锥形内壁（涡

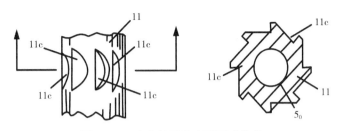

图 4-21　空心锭下方表面风叶结构

11—风叶　11c—叶片　5₀—纱线道通

流室）相切，形成旋转气流（涡流），在圆锥形涡流室内旋转，气流旋转过程中沿着空心锭顶端锥形表面与固定壁间隙的锥形通道下滑，从排气口排出。该技术采用压缩空气产生高速旋转气流，加捻效率高，且实现了加捻与卷绕过程相分离，克服了固体件旋转加捻的缺陷，故可高速纺纱。同时，成纱过程中，须条未完全断裂，纤维头端离开前罗拉钳口后在加捻腔入口负压的作用下，顺着引导针的引导滑入空心锭子入口处的纱尾芯部，然后当纤维尾端脱离前罗拉钳口后，形成尾端自由端纤维，进入加捻腔后受压缩空气的膨胀作用，在高速旋转气流作用下倒伏在空心锭子入口外围并随之旋转，这使纤维的尾端弯钩得到很好消除，故喷气涡流纺技术可称为"半自由端"纺纱技术，如图 4-22（a）所示。因此，对喷气涡流纺加捻腔中的须条而言，纤维在前罗拉、纱尾与高速旋转气流的控制与作用下得到有序输送，这有别于转杯纺等自由端纺纱，减少了纤维完全靠气流输送与凝聚引起的弯钩或打折现象，从而提高了纱中纤维强力利用系数。但这一过程对输入须条的前弯钩并无很好的消除效果，且过多的头端弯钩会影响纤维头端顺利进入纱尾，从而造成落棉增加。进入喷气涡流纱纱尾的纤维头端，在高速旋转气流作用下，存在抽拔现象，导致产生大量纱线细节并增加落棉。此外，加捻过程中捻度趋于向上传递，但引导针与螺旋纤维通道入口阻碍了捻回继续向上传递，从而确保尾端纤维能够在高速旋转气流的作用下产生更多的自由尾端纤维。自由尾端纤维越多，对纱芯的包缠越好，这是喷气涡流纱较喷气纱强力大幅提高的关键。空心锭又可靠下部切向气流推动风叶转动，其回转方向与空心锭回转方向一致，协助对纱条加捻。

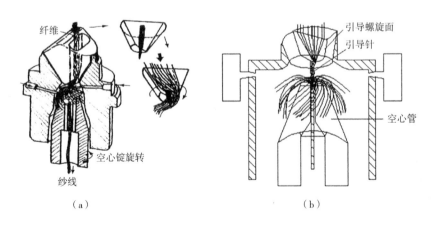

（a）　　　　　　　　　　　（b）

图 4-22　喷气涡流纺的加捻原理

3. 影响加捻的主要因素

（1）螺旋形纤维输送管道与引导针配合，必须阻止捻回上传，使之形成自由端，否则旋转涡流在旋转时难以吹散纤维。不能形成伞状旋转纱尾。

（2）涡流在吹散纤维须条的一端（尾端）时，必须彻底、全部，不能让几根纤维或数根纤维纠结在一起，否则会影响加捻效果、成纱结构和纱线的强度和条干等质量指标。

（3）喂入的纤维须条被吹散并形成旋转伞状纱尾，紧贴空心锭的锥形顶端表面，一边旋转加捻，一边引纱输出。如图4-22（b）所示，使纤维须丛与锭端产生较大的摩擦力，阻碍纤维顺利抽入空心锭内孔中，被加捻成纱。因此，对空心锭顶端及锥体外表面材料的耐磨性能、对与纤维间的摩擦性能要求相当严格，要求二者之间的摩擦因数要小，特别是纺摩擦因数大的化学纤维时。否则纺纱过程中产生过大张力和张力不稳定，易造成断头，进而影响纺纱。

二、喷气涡流纺纱线的结构与性能

（一）喷气涡流纺纱线的结构

喷气涡流纺是半自由端纺纱，纱的结构和性能与喷气纺纱有明显差异，但又不同于环锭纱。喷气涡流纱的纱芯纤维状态基本平行，约占纱截面纤维总数的40%左右，这与引导针棒引导须条中的部分纤维先进入空心锭内孔有关；而纱的主体是外部纤维，约占60%，与环锭纱相似，且螺旋线排列在纱体中。可以认为喷气涡流纱是由纱芯纤维基本平行无捻度（占40%）和纱主体纤维呈螺旋线捻回这两部分组成。图4-23为喷气纱、喷气涡流纱、环锭纱的结构示意图。

（a）喷气纱　　　　　　　（b）喷气涡流纱　　　　　　　（c）环锭纱

图4-23　喷气纱、喷气涡流纱、环锭纱的结构示意图

（二）喷气涡流纺纱线的性能

喷气涡流纱与环锭纱的质量对比见表4-19。

表4-19　18.2tex 喷气涡流纱与环锭纱的质量对比

品种规格	条干不匀率（%）	细节（个/km）	粗节（个/km）	棉结（个/km）	单强（cN/tex）	单强不匀率（%）	大于3mm毛羽（根/10cm）
喷气涡流纱	12.45	15.8	32.1	15.3	7.5	5.2	9.5
环锭纱	11.77	13.5	31.5	16.6	7.8	5.7	187.9

喷气涡流纱除强度比环锭纱低约10%、条干稍差以外，其他质量指标与环锭纱相当，毛羽则比环锭纱明显减少，有时可减少95%。纱的性能好，外观光洁，耐磨性好，纱较蓬松，制成的织物吸湿性好，易洗快干，织物抗起毛起球性好。

根据日本公司测试分析，喷气涡流纱及其织物的各项性能与环锭纱及其织物的比较如图4-24所示，喷气涡流纱与环锭纱的毛羽情况如图4-25所示，喷气涡流纱织物的抗起球性如图4-26所示，喷气涡流纱织物的吸湿速干性与环锭纱织物的对比如图4-27、图4-28所示。

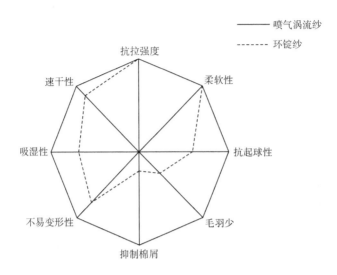

图4-24　喷气涡流纱及其织物的功能性

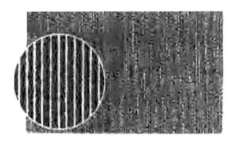

（a）15.3tex普梳棉喷气涡流纱

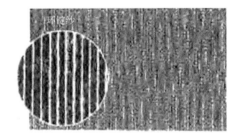

（b）15.3tex精梳棉环锭纱

图4-25　喷气涡流纱与环锭纱毛羽的对比

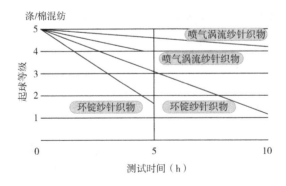

图4-26　喷气涡流纺织物的抗起球性

（a）14.6tex涤/棉50/50喷气涡流纱　　　　（b）14.6tex涤/棉50/50环锭纱

图4-27　喷气涡流纺织物的吸水扩散性

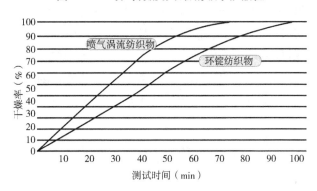

图4-28　喷气涡流纺织物的速干性

重量减少速干测试（1999年，JIS1096A法，日本）

三、喷气涡流纺纱适纺性能及产品开发

喷气涡流纺改变了喷气纺不能纺纯棉纱的局限，它可适纺的纯棉纱线密度为9.7~39tex。涤/棉混纺时，根据目前空心锭顶端锥面的摩擦性能，涤纶的比例控制在50%以下为宜，有T/C 50/50、T/C 40/60等。纺纯化纤时，会带来一定问题，纺纱线密度和纺纱速度会受到一定限制。

如上所述，喷气涡流纱的织物具有耐磨、抗起球、透气、透湿、快干、不易变形等性能，具有广泛的应用。可用于针织、机织，生产针织和机织服装、衬衫面料、家纺产品和装饰产品，也可生产花式纱、包芯纱等。目前已开发出五类喷气涡流纺新型线纱。

1. 色纺纱

浙江省作为国内色纺纱开发生产的主要基地，目前已应用喷气涡流纺开发出麻灰系列色纺纱、彩色系列色纺纱、多纤维混纺系列色纺纱三类供市场选用。尤其是在开发多纤维混纺色纺纱中采用了强度较高纤维混纺，可弥补有色黏胶纤维强度过低的弊端。

2. 功能性纱

采用喷气涡流纺技术开发具有各种功能的纱线已成为提高纱线产品附加值的新尝试。例如，用蜂窝涤纶/竹炭改性涤纶/莫代尔三种原料混纺的喷气涡流纱，除具有吸湿透气、抗菌保健等功能外，织物具有手感滑爽、布面光泽亮丽等特点，可用于内、外衣用纱。

3. 多种天然纤维混纺纱

棉花、羊毛、麻类纤维、蚕丝等天然纤维各具优良性能。在喷气涡流纺纱中扩大应用各类天然纤维，既可以提升产品附加值，也可以改变喷气涡流纺纱使用黏纤为主的局面。目前在浙江已成功开发出以棉为主的 C/R 60/40 混纺纱，以及亚麻、羊毛、蚕丝等多种天然纤维喷气涡流混纺纱。此外，有企业用精梳工艺开发出线密度最低达到 8.3tex 的纯棉喷气涡流纺纱。这些应用拓宽了喷气涡流纱的应用领域。

4. 装饰面料用纱

目前，已在喷气涡流纺纱机上开发出中粗特纯涤纶纱、阻燃腈纶混纺纱等用于装饰织物，其织物既有粗犷、悬垂、挺括的风格，又有阻燃、耐磨性好、抗污染等功能，市场前景看好。

5. 毛针织用纱

毛针织用纱因产品档次与质量要求均较高，产品附加值也高，尤其是要求纱线接头少，制成毛衫耐磨性好，不易起球掉毛。目前，已在喷气涡流纺纱机上开发出羊毛、羊绒与腈纶、锦纶及天丝等混纺的毛针织用喷气涡流纺色纱。与用环锭纺半精纺纱比较，毛羽少、耐磨性好，克服了半精纺毛衫穿着过程中易起球、掉毛等缺点，此外，因喷气涡流纺筒子卷装容量大，成衣上接头显著减少，受到毛衫加工企业与用户的好评。

第五节　摩擦纺纱

一、摩擦纺纱的工艺过程及成纱原理

（一）摩擦纺纱的工艺过程

1. 无芯摩擦纺纱的工艺过程

以 DREF2 型摩擦纺纱机为例，其工艺过程如图 4-29 所示。一组条子（最多6根）喂入一只喇叭口 1，经由三对罗拉 2、3、4 组成的牵伸装置，使须片呈薄层喂入分梳区，接受分梳辊 5 的开松梳理而成为单纤维，分梳辊直径为 180mm，转速为 2800～4200r/min，包有金属齿条。分梳辊周围覆以罩壳 6，但在纤维进、出口处各有一段弧面是开口的，以利于排杂。经分梳后的单纤维在其离心力和来自吹风管 7 的气流共同作用下，从分梳辊上剥离。在沿挡板 8 下落的过程中，随尘笼内胆的负压气流到达两尘笼的楔形区，接受摩擦滚动加捻后，成纱被输出并卷绕成筒子。

2. 有芯摩擦纺纱的工艺过程

以 DREF3 型摩擦纺纱机为例，其与 DREF2 型在结构上的不同之处在于有两套纤维喂入和牵

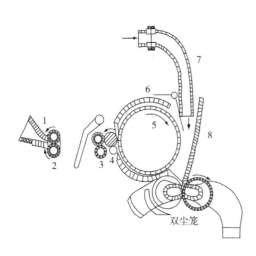

双尘笼

图 4-29　无芯摩擦纺纱的工艺过程

1—喇叭口　2—后罗拉　3—中罗拉　4—前罗拉
5—分梳辊　6—罩壳　7—吹风管　8—挡板

伸装置，可以加工包芯纱等花式纱产品。DREF3 型摩擦纺纱与 DREF2 型相比，虽然都是靠两只尘笼加捻，但在成纱原理上有着本质的不同。DREF2 型生产普通纱，属自由端纺纱，成纱为真捻结构；而 DREF3 型生产包芯纱，属非自由端纺纱，成纱属假捻包缠结构。

如图 4-30 所示，DREF3 型摩擦纺纱机由两套喂入牵伸装置（1、2）和一对尘笼加捻装置 4 组成。第一喂入牵伸装置 2 是一套四上四下双胶圈罗拉牵伸装置，在此喂入一根棉条，经牵伸装置牵伸后喂入尘笼的加捻区形成芯纱；经第二牵伸装置 1 喂入的纤维经分梳辊开松后，作为外包纤维包在芯纱上形成包芯纱。

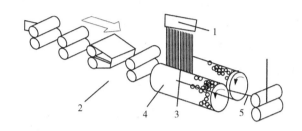

图 4-30　有芯摩擦纺纱的工艺过程
1—第一喂入牵伸装置　2—第二喂入牵伸装置　3—纤维流　4—尘笼　5—纱

（二）摩擦纺纱的成纱原理

1. 无芯摩擦纺纱的成纱原理

无芯摩擦纺纱属于自由端搓捻纺纱，如图 4-31 所示，纤维流 4 被输送到两尘笼组成的楔形区内，尘笼内有吸气内胆 2，在吸嘴抽气的作用下，楔形区处形成负压，纤维紧贴于楔形区尘笼表面。在两个同向回转的尘笼所产生的摩擦力矩作用下，尘笼内胆固定不转，吸口始终对准楔形区，纱条绕自身轴线回转而加捻成纱。

在自由端摩擦纺纱中，单纤维由气流输送到两只摩擦辊（尘笼）形成的楔形区内，纤维流在一定长度 L_A 内被吸附凝聚在纱尾上（自由端），如图 4-32 所示，纱尾同时被回转加捻。这两个作用过程在时间和地点上是重合的，其中，L_A 为纤维凝聚区长度，即纱尾长度，L_F 为摩擦加捻区长度。L_F 比 L_A 长，可以增强加捻作用，从而使凝聚到纱尾上的所有纤维有效而牢固地包卷在纱体内。

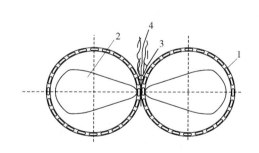

图 4-31　DREF 2 加捻原理
1—尘笼　2—吸气内胆　3—纱　4—纤维流

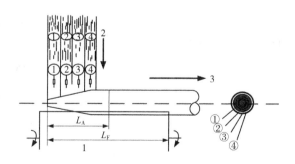

图 4-32　纤维在楔形区凝聚
1—尘笼　2—纤维供给　3—纱条输出

尽管纤维喂入楔形区的方式不同，好多根条子经开松后垂直喂入或倾斜喂入，但在楔形区，单纤维沿凝聚区长度 L_A 不断喂入到纱体的同时，加捻成纱的纱条则继续不断地沿其轴向输出。在凝聚区长度 L_A 上，纤维数量（或质量分布）沿纱条输出方向逐渐增加，纱尾各截面的直径也相应逐渐增大，外形是一端细，另一端粗，类似"圆锥体"。

由于凝聚是在两只内有长槽孔吸气胆的摩擦辊（尘笼）楔形区形成吸气负压进行的，单纤维在输送管内处于自由飞行状态，进入凝聚区的形态各异，纤维与回转纱尾相遇直至完全捻入纱尾的位置与时间都具备随意性，所以凝聚过程相当复杂。

纤维进入凝聚区时，沿成纱输出方向的分速度要比成纱输出速度高许多倍。因此，纤维凝聚到纱尾时，其运动速度的大小及方向都要发生变化，要突然减速并几乎产生 90°转向。这样极易使纤维形成弯钩、褶皱和屈曲，纤维的伸直度因此受到破坏。

2. 有芯摩擦纺纱的成纱原理

有芯摩擦纺纱属于非自由端纺纱，如果在 DREF3 型摩擦纺纱机上只有从第一牵伸装置喂入的连续纤维条，这个纤维条一端被前罗拉钳口握持，另一端被引纱罗拉握持，而在中间受到加捻器尘笼的摩擦加捻作用。此种加捻方式属于假捻，即在喂入端（前罗拉至尘笼间）纤维条上获得的捻回与输出端（尘笼至引纱罗拉间）纤维条上获得的捻回方向相反，在离开引纱罗拉后，纱条上正反方向捻回由于受到相反方向扭矩的作用，将在某一时间阶段内完全抵消，纱条最终不存在任何捻回。但是如果采取某种措施，使被加捻纱条中的纤维状态发生变化，可以保持假捻效应。在 DREF3 型摩擦纺纱机上就是利用第二牵伸装置喂入单纤维作为包覆纤维的办法来保持假捻，当单纤维落在纱芯纤维条之上，随着尘笼对芯纤维条进行加捻和引纱罗拉对芯纤维条沿轴向牵引，包覆纤维即以螺旋形包覆在纱芯外面，起到固定芯纱中捻度的作用。从而使 DREF3 型摩擦纺机成纱的主体部分芯纱纤维束具有一定的捻度，因此，保持了纱线的强力。但因纱线部分捻回仍被相互抵消，包覆纤维固定捻度的作用也只能达到某一程度，相对来说，捻度较小，因而生产细特纱有一定的局限性。

二、摩擦纺纱线的结构与性能

（一）摩擦纺纱线的结构

1. 纤维在纱体中的排列形态

摩擦纺的纱条成形和加捻过程与环锭纺及其他新型纺纱技术都不一样，因此，成纱结构与性能也不同。摩擦纺外层纤维的螺旋捻回与环锭纱相似，不像转杯纱有外部缠绕纤维。纱体内纤维的排列形态则与转杯纱基本相似，但各种纤维形态所占的百分比与转杯纱明显不同。摩擦纺与转杯纺用同样的原料（棉、涤）纺纱，并用示踪纤维观察其纤维排列形态，结果见表4-20。

表4-20 各类纤维形态的根数百分比

纤维类别	摩擦纺		转杯纺	
	棉（%）	涤（%）	棉（%）	涤（%）
圆锥形螺旋线纤维	0.65	1.97	2.34	3.23
圆柱形螺旋线纤维	3.27	1.32	14.02	16.77
小计	3.92	3.29	16.36	20.00

续表

纤维类别	摩擦纺		转杯纺	
	棉（%）	涤（%）	棉（%）	涤（%）
头、中、尾端有缺陷的纤维（含各种弯钩、圈绕等）	45. 76	47. 39	50. 28	39. 37
不规则纤维（含前、后对折和纠缠等）	50. 33	49. 33	33. 33	40. 64

从表4－20可以看出，摩擦纱中呈圆柱、圆锥形螺旋线排列的纤维仅有3%～4%，转杯纱有16%～20%，且有一定的内外转移，环锭纱则占80%左右。摩擦纱中前后对折、纠缠等不规则纤维占50%，转杯纱只占30%～40%，环锭纱仅有10%左右。造成摩擦纱中不规则纤维多的根本原因是其纺纱方法本身。

（1）纤维在输送过程中没有伸直和控制纤维运动的机构，尤其纤维在到达纱尾被捻入纱体时，纤维头、尾接触纱尾的时间、位置及倾斜纱轴的方向都不一样。而且，纤维与纱尾接触时，在纱轴方向运动的速度比成纱输出速度高许多，这种种因素导致成纱纤维排列及形态的不规则。

（2）低张力纺纱。摩擦纺的纺纱速度为环锭纺的10～25倍，为转杯纺的2.5倍，但纺纱张力只有环锭纺的20%，是转杯纺的14%，如图4－33所示，这导致纤维在纺纱过程中内外转移困难，纤维伸直少，毛羽多。

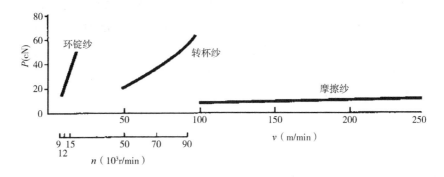

图4－33　不同纺纱的纺纱张力

2. 成纱的分层结构

（1）组分分层。摩擦纺纱过程中，纤维以垂直于成纱输出方向并沿尘笼楔形凝聚区逐渐添加并捻入锥形纱尾上，使摩擦纱形成从纱芯到外层逐层包覆的分层结构。图4－34所示为6根条子并排喂入时，成纱组分在输出方向上形成分层结构的情况。

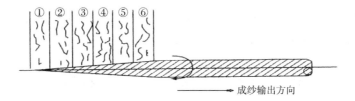

图4－34　组分分层的形成

条子①中的纤维落在楔形凝聚区的起点，即纱梢的顶端，成为纱的最内层，条子②、③、④、⑤、⑥的纤维依次喂入，逐层凝聚而捻入纱体中，条子⑥中的纤维则最后加入纱体，形成最外层。

这种从里到外逐层包覆的组分分层结构，为摩擦纺纱产品品种的多样化以及合理利用原料性能提供了新途径，是其他纺纱方法难以实现的。

（2）捻度分层。摩擦纺在形成组分分层的同时，还使纱体中的捻度具有沿径向由里到外逐层减少的分布，形成成纱内紧外松的捻度分层结构。

（3）包芯纱结构。有芯摩擦纺还能纺包芯纱，用长丝或短纤纺制的纱作芯纱，垂直喂入的纤维分层次被搓捻在芯纱上，形成有特色的包芯纱，如图4－35所示。

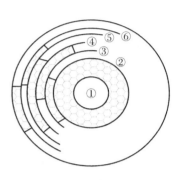

这种包芯纱，利用芯纱的选材可提高强力，外层包覆的纤维可选天然、舒适型纤维或彩色纤维，有效地利用各种纤维的特性。

图4－35　摩擦纺的包芯纱结构

由于加捻过程为搓捻，外层包覆的纤维与芯纱的结构不牢固，因此，后加工过程应避免反复摩擦引起剥皮现象。

（二）摩擦纺纱线的性能

摩擦纱的性能难以与其他纺纱方法纺制的纱线比较。其原因是摩擦纺在实际生产中只适合纺特粗线密度的纱，一般都为100tex以上。纺纱所用的原料等级低，成纱档次低。但这种特粗线密度纱有其特殊用途和结构优越性，是环锭纺和其他新型纺纱很难纺制的。

根据摩擦纺的成纱机理分析，在目前的技术条件下，它的成纱性能比环锭纺和其他新型纺纱差。例如，强度较低，因为纤维在纱中排列紊乱、平行伸直度差、纤维的长度利用系数小，呈圆柱、圆锥形螺旋线的纤维少，纤维径向压力小，摩擦抱合力小等，纱粗而蓬松，耐磨性差，但强力不匀率小。由于成纱粗，而用途不同，所以成纱强力和条干并不是摩擦纺主要关注的。

三、摩擦纺纱适纺性能及产品开发

（一）适纺原料及纱线线密度

1. 无芯摩擦纺

（1）适纺原料。纯纺和混纺。

①各种化学纤维：涤纶、维纶、锦纶、黏胶纤维等。

②特种纤维：芳纶、碳纤维、玻璃纤维、金属丝、矿物纤维等。

③天然纤维：低级的棉、亚麻、苎麻、黄麻、羊毛、山羊绒等。

④各种纤维的下脚：再生纤维、纺织废料（再生毛、布边、废长丝等）。

纤维长度在10～150mm，甚至纤维长度可以更短些，摩擦纺对于特短纤维的适应性优于其他纺纱方法。

（2）适纺线密度。上述不同纤维可纺的不同线密度见表4－21。

表4－21　不同纤维可纺的不同线密度

纤维种类	参数				
	纤维线密度 （dtex）	纤维长度 （mm）	纺纱线密度 （tex）	条子质量 （g/m）	最高出纱速度 （m/min）
锦纶	1.5～1.6	40～100	143	15～20	140
	6～10	60～100	200	20	140
涤纶	1.5～6	40～100	125	12～25	200
PAC	6～10	60～120	200	20～30	150
丙纶	1.5～8	40～80	200	15～20	160
黏胶纤维	1.5～6	40～100	125	15～25	160
	6～10	60～150	166.67	20～30	140
人造丝及废棉	1.5～3	10～25	337～4003	20～30	180
羊毛	21～23（μm）	40～100	125	15～25	130
	30～40（μm）	40～150	200～4003	20～25	130
	30～40（μm）	60～150	337～4003	20～35	130
包芯纱	1.5～20	40～150	100～4003	15～35	200

2. 有芯摩擦纺

若用摩擦纺纺较细线密度的纱，多在 DREF－3000 型有芯摩擦纺纱机上进行，且应发挥包芯纱的优势。

芯纱原料多为化纤长丝和特种纤维，如耐高温、高性能纤维中的芳纶、玻璃纤维、金属丝、复合丝、变形丝、高弹丝等，芯纤维占 50%～80%。

外包纤维可用纯棉、羊毛、麻类等天然纤维或化学短纤维、特种短纤维等，纤维线密度 0.6～3.3dtex，包覆纤维占 20%～25%。

（二）摩擦纺纱产品开发

如上所述，摩擦纺可纺各种纤维，适纺的纤维范围较广，特别是可以利用下脚纤维、再生纤维、长度较短的纤维等可纺性能差的低级原料纺制特粗线密度纱。还可利用其不同纱线结构的特点纺制花色纱、包芯纱、分组分混纺纱及复合纱等。这些纱的用途较为广泛。

1. 装饰类用纱

用作装饰类织物用纱，如地毯、家具布、台布、窗帘布、墙布等，多为特粗线密度纱。

（1）地毯。摩擦纱的外层捻度少、蓬松，具有良好的弹性和缩绒性，采用抗腐蚀性好的纤维可纺制地毯底布用纱。

（2）窗帘布。摩擦纺通过改变不同颜色的棉条喂入，纺制色彩变化的花色纱，还可纺制结子纱、竹结纱，用作窗帘布，花纹典雅，有立体感。

（3）贴墙布。用下脚棉或低级棉与再生腈纶或黏胶纤维纺 100～333tex 棉/腈混纺纱，织制贴墙布，吸湿性好，立体纹理强。

（4）家具覆盖织物。如沙发布、帐篷、车篷布、遮阳布等。

2. 特种功能布和工业布用纱

（1）过滤布。出于摩擦纱内紧外松的结构，可使过滤布具有均匀、立体的过滤效果。

（2）工业用布。有汽车刹车衬里、汽车内装饰布、输送带、软管、防护布等。这类织物根据不同性能要求选择不同类型的长丝，如金属丝、高强丝、复合丝、特种性能的长丝做芯，用棉、黏胶纤维、丙纶、特种纤维等短纤做外包，达到各工业部门的要求。

（3）特种性能布。摩擦纺对原料的可纺性能要求不高，因此，可纺制环锭纺和其他纺纱方法难以纺制的特种纤维。如用高强度、耐腐蚀、阻燃的碳纤维、芳纶、陶瓷纤维、玻璃纤维、金属纤维、矿物纤维等原料，纺制特种性能的布。

（4）医用织物用纱。摩擦纱内紧外松、蓬松的结构适合多种医用织物的纱线要求，如纱布、医用褥垫等。

3. 服装类用纱

（1）粗纺呢绒。毛和化纤下脚、涤纶废丝都可用摩擦纺纺制粗纺毛纱和各种花色纱，织制粗纺呢绒面料。

（2）针织用纱。利用摩擦纱分层结构的特点，纺制不同结构的针织用纱，如较优质的毛纤维位于毛纱外层。外层捻度低，有利于后整理缩绒，绒面丰满蓬松，保暖性好。

4. 起绒类用纱

摩擦纺纱的结构分层、内紧外松、捻度内多外少、蓬松，具有良好的起绒效果，起绒织物手感丰厚，柔软保暖，弹性好。纱体中纤维平行度差而更富有毛绒感。

5. 花式纱

（1）花色纱。利用摩擦纺纤维凝聚成纱的特点，喂入不同原料、不同质量、不同颜色的条子，结合不同的喂入排列，就可纺制不同结构、不同质量和不同颜色的花色纱。

（2）结子纱和圈圈纱。结子纱使纱线上呈现不均匀分布的小结子，圈圈纱则有大大小小的毛圈。在摩擦纺纱机上设置一个大于出纱速度的超喂装置就可生产此种纱线。它由芯纱、外包纤维和起圈纱三部分组成。芯纱和外包纤维的喂给在有芯摩擦纺纱机上进行，起圈纱则另由超喂装置喂给，超喂速度高出纺纱速度20%～60%。超喂速度高于20%，外包纤维和起圈纱的比例为70:30，能纺出结子纱；超喂速度高于60%，则纺出圈圈纱。不同超喂速度得到不同形式的花色纱，图4-36所示为圈圈纱形成示意图。

（3）竹节纱。在摩擦纺纱机上加配一个纺竹节纱机构，它可以向楔形凝聚区间歇地喷射纤维，在纱中形成有规律或无规律的竹节，即竹节纱，还可以喷射彩色纤维，形成彩色竹节纱。竹节纱的喂给装置如图4-37所示。

（4）组合效应的花式纱。以上三种花式纱组合在一起

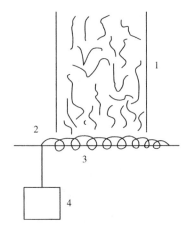

图4-36 圈圈纱的形成

1—外包纤维　2—纱芯
3—起圈纱　4—超喂装置

可形成组合效应花式纱。

6. 废纺类纱

摩擦纺可纺低级原料，如纱厂的下脚，无梭织机的布边、下脚、碎布条、纱线头，纤维长度在 10~20mm 即可。利用内紧外松、捻度内多外少的成纱结构，特别适纺制用作清洁布、拖布等特粗线密度的废纺纱线。

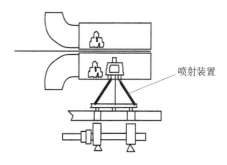

图 4-37　竹节纱的喂给装置

第六节　涡流纺纱

一、涡流纺纱的工艺过程和成纱原理

（一）涡流纺纱的工艺过程

在涡流纺纱过程中，纤维的转移、凝聚、加捻和成纱全部借助气流完成。涡流纺纱的纺纱器结构简单，取消了高速回转的机件，借助高速回转的气流推动纱条实现加捻。

图 4-38 为涡流纺纱工艺流程示意图，条子从条筒中引出，通过喂给喇叭 1，由喂给罗拉 3 和喂给板 2 喂入，经分梳辊 4 开松，借助分梳辊的离心力和气流吸力的作用，纤维随之进入输送管道 5。输送管道和涡流管上的输送孔 7 都与涡流管 18 成切向配置，使纤维以切向进入管壁与纺纱器堵头 11 之间的通道，并以螺旋运动下滑而进入涡流场中。

涡流管的另一端接抽气真空泵 6，用以抽真空，使涡流管内的空气压力低于大气压。空气从切向进风孔 8、引纱孔 9 及补气槽 10 进入涡流管 18。由进风孔进入涡流管的气流有部分气流向上扩散，这股气流起纺纱作用，称为有效涡流；另一部分气流被风机吸走，不起纺纱作用，称为无效气流。从引纱孔输入的气流是向下的涡流，由引纱孔和补气槽进入的气流是起平衡作用的另一股向下的涡流。以上三股涡流以同一方向旋转，在纺纱器堵头下方的某一位置三个轴向分速度达到平衡，形成一个近似平衡的涡流场，这就是纺纱位置。喂入的单纤维就在其涡流场内进行凝聚并加捻形成纤维环。当生头纱从引纱孔被吸入涡流场，在离心力的作用下甩向管壁与纤维环搭接，纱条即被引出，经引纱罗拉和胶辊，直接由槽筒卷绕成筒子。

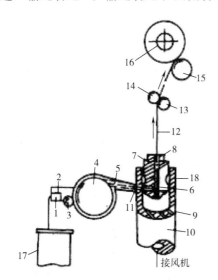

图 4-38　涡流纺纱工艺示意图

1—喂给喇叭　2—喂给板　3—喂给罗拉
4—分梳辊　5—输送管道　6—抽气真空泵
7—输送孔　8—进风孔　9—引纱孔
10—补气槽　11—纺纱器堵头　12—纱
13—引纱罗拉　14—胶辊　15—槽筒
16—筒子　17—条筒　18—涡流管

（二）涡流纺纱的成纱原理

涡流纺纱属于自由端纺纱，在涡流管内，经分梳辊分梳的单纤维在涡流场中重新分布和凝聚，形成连续的纤维环,种子纱纱尾从引纱孔吸入后随涡流回转,与纤维环搭接形成环形纱尾,纱尾随涡流高速回转,从而对纱条加捻,同时纱条上的捻度不断地向纱尾末端传递。因此,纱条在绕涡流管中心回转的同时,还有绕自身轴线的自转。不断喂入的开松纤维高速进入涡流场,与纱尾相遇时,即被回转的纱条抓取而凝聚到纱条上。纱条不断输出,纤维不断凝聚,使纱尾形成由粗逐渐变细的纱条。纤维在向纱条凝聚的过程中,受气流的作用而有一定的平行伸直作用。

纺纱时,纤维到达纺纱位置后,被凝聚到纱尾上的机会是随机的,对于未能被纱条立即抓取的自由纤维,随着气流沿涡流管运动时,容易产生卷曲或与相邻的自由纤维缠绕,使成纱形成短片段的粗节。另外,若分梳辊作用差,输入涡流管内的单纤维率低,会造成纤维进口通道不畅,纤维运动受阻,从而产生纤维在纱中分布不均,因此,涡流纱短片段粗细不匀的结构是涡流特殊的纺纱原理造成的。

二、涡流纺纱线的结构与性能

(一) 涡流纺纱线的结构

涡流纱的结构同转杯纱的结构类似,这是由它们相似的成纱原理决定的。纤维在涡流纱内的形态见表4-22。

表4-22　纤维在涡流纱内的形态

纤维形态	百分比（%）		纤维形态	百分比（%）	
	环锭纱	涡流纱		环锭纱	涡流纱
呈圆柱或圆锥螺旋线	77	13	打圈	8	28
前弯或打圈	10	28	其他（中弯、多根扭结）	3	19
后弯或打圈	2	12			

形成上述结构形态的主要原因是涡流纺纱主要靠气流控制纤维,属非接触式,不及机械作用可靠有力,因而纱条中纤维的平行伸直度较差,大部分呈弯钩或屈曲状态。另外,涡流纱还有内外层纤维的捻回角不一致,呈包芯结构以及有短片段条干不匀等结构特点,其原因也是由于纤维在涡流纺纱中完全是靠气流转移、凝聚、加捻而引起的。

(二) 涡流纺纱线的性能

1. 强力

涡流纱的强力为环锭纱的60%~90%,与转杯纱接近。但是涡流纱的织造断头并不多。而且股线强力也不低于同线密度同类的环锭纱股线。另外,涡流纱起绒织物的强力接近于同线密度环锭纱起绒织物的强力,涡流纱织物起绒后织物强力只降低5%左右,而环锭纱织物起绒后强力降低达到40%。其原因是涡流纱中打圈纤维多,呈闭环形毛羽,纤维两头端均缠绕在纱芯上,起绒后,表面纤维被拉断,不影响承担强力的纱芯;而环锭纱织物起绒后,拉断了纱中纤维,使纱的强力大幅度下降。

2. 条干

涡流纱的短片段不匀率比转杯纱高,而乌斯特条干不匀率与转杯纱和环锭纱的值相仿,另外,涡流纱的粗细节、棉结比转杯纱和环锭纱都多。其原因主要是在输送纤维的过程中,纤维伸直度差；输送纤维流不均匀。

3. 毛羽

涡流纱的毛羽呈闭环形，这是因为涡流纱很少有外包纤维和边缘纤维，纤维头端大部分绕于纤维上。另外，涡流纱的强力不匀、捻度不匀和质量不匀与环锭纱不相上下。涡流纱的蓬松性好，最适于作起绒织物。

三、涡流纺纱适纺性能及产品开发

（一）涡流纺纱的适纺性能

1. 适纺纤维品种

涡流纺主要适用于棉型或中长型化纤的混纺或纯纺。纺纯棉产品有困难，棉混纺产品已有一些开发。考虑到最终产品是起绒类织物，因此，化纤中又以腈纶为主。

2. 适纺纱线线密度

涡流纺适宜纺较粗的纱，一般不低于20tex。对于细特纱，因断面内纤维根数少，加捻效率低，会进一步降低纱线强力，纱条的不匀情况也较明显，纺制比较困难。

（二）涡流纱的适纺产品

涡流纱的特点是蓬松性好，有利于起绒，且起绒织物的强力接近同线密度环锭纱起绒织物。因此，涡流纱最适合作各种机织、针织起绒织物，也可用涡流包芯纱制成工业用织物，见表4–23。

表4–23 涡流纱产品

织物种类	所用纤维	线密度（tex）	产品
机织物	腈纶 1.67dtex×38mm	32.3	窗帘绒布
	腈纶 1.67dtex×38mm	83.3	双面绒童毯
	腈纶 1.67dtex×65mm 50% 腈纶 6.7dtex×65mm 50%	182.2	提花腈纶毛毯
	腈纶 3.3dtex×65mm 50% 腈纶 6.7dtex×65mm 40% 涤纶 5.6dtex×65mm 10%	182.2	涤/腈混纺毛毯
	腈纶 3.3dtex×65mm 65% 涤纶 2.78dtex×65mm 35%	83.3 41.5	法兰绒或格子中华呢
针织物	腈纶 1.67dtex×38mm	83.3	起绒厚运动衫
	腈纶 1.67dtex×35mm	36.4	起绒薄运动衫
	腈纶 3.3dtex×65mm	53，97.2	腈纶起毛围巾
	腈纶 3.3dtex×65mm 90% 三角异形涤纶 10dtex×65mm 10%	92.5	涤/腈闪光素色拉毛加长围巾
其他	腈纶包芯纱		帘子纱、输送带、帐篷

第七节　自捻纺纱

一、自捻纺纱的工艺过程和成纱原理

（一）自捻纺纱的工艺过程

图4-39所示为自捻纺纱的工艺过程，由前罗拉1输出的两根纱条，一端受前罗拉握持，另一端受会合导纱钩3的握持，在两握持点之间有一对既作往复运动又作回转运动的搓捻辊2（相当于假捻器），纱条经搓捻辊的搓动，搓捻辊两侧的纱条分别获得捻向相反的S捻和Z捻的单纱条。当两根捻向交替变化的单纱离开搓捻辊而在会合导纱钩处相遇时，由于两根纱条各自的退捻力矩产生了自捻作用而相互捻合成一根股线。

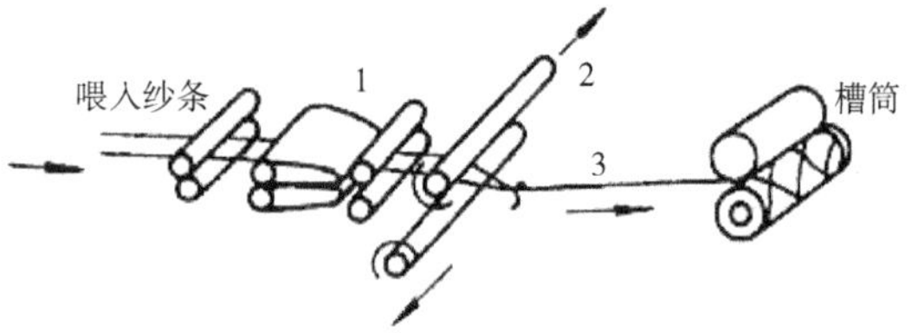

（二）自捻纺纱的成纱原理

自捻纺纱的基本原理是将两根须条同时施加假捻（两端握持，中间加捻），形成

图4-39　自捻纺纱工艺过程
1—前罗拉　2—搓捻辊　3—导纱钩

两根Z捻、S捻交替的单纱，再利用它们具有相同方向退捻的力矩而产生自捻作用，使两根单纱条捻合成一根具有真捻的双股纱。

图4-40（a）所示是两根平行排列的须条，其两端被握持，中间按相同方向用力搓捻并握持假捻点，则假捻点两侧的须条上获得捻向相反的捻回，左侧为Z捻，右侧为S捻。此时，假捻点两侧具有相同方向的退捻力矩，但因假捻点受到握持约束而不能释放退捻。图4-40（b）所示是将上述两根有捻纱条沿全长紧贴，当手松开时，假捻点两侧纱条上的退捻力矩所受的约束消失，两根单纱条因退捻而产生自捻作用，互相捻合，形成一根具有S捻、Z捻交替捻向、捻度稳定的双股纱。

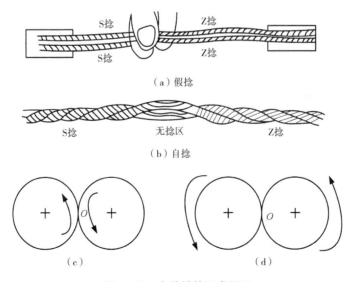

（a）假捻

（b）自捻

（c）　　　　　　　　　　（d）

图4-40　自捻纱的形成原理

产生自捻作用的动力是两根单纱条各自的退捻力矩，此力矩有使各根单纱条绕自身轴线旋转的趋势，但由于两根单纱条沿全长紧密接触，在接触处两纱条的周向运动受到约束，因而不能绕自身轴线分别进行退捻回转，只能绕两纱条的接触处即公共轴线 O 回转，从而互相捻合，如图 4−40 (c) 所示。因退捻力矩与加捻力矩的方向相反，所用双股纱的合股捻向与两根单纱条的捻向也相反。当两根单纱条剩余捻度的退捻力矩与自捻纱的退捻力矩平衡时，自捻作用自行停止，就形成自捻纱的稳定结构。

同理，两根须条，其中一根有捻，另一根无捻，这样的两根须条紧贴接触时，有捻的一根具有退捻的趋势，但受到两须条接触处对其周向运动的约束而不能绕自身轴线旋转，就与另一根无捻须条捻合在一起，也会发生自捻作用，但捻合较松。

由以上分析可知，自捻过程就是将单纱条获得的假捻转化为双股纱真捻的过程。转化的条件是两根单纱条必须平行排列、全面接触并能及时释放对假捻点的约束。

二、自捻纺纱线的结构与性能

（一）自捻纱种类

1. ST（同向自捻纱和相差自捻纱）

经搓捻辊加捻后的单纱条得到的是周期性的 S 捻和 Z 捻交替变化的捻度。在这交替的中间部分是无捻区（图 4−41），此处纤维完全平行，是强力很低的薄弱环节。当两股有捻单纱条会合时，如两根捻向相同的各片段完全重合时（即 S 捻与 S 捻、Z 捻与 Z 捻、无捻区与无捻区重合），这样组成的自捻纱称为同相自捻纱，其结构如图 4−41 (a) 所示。同相自捻纱的无捻区正巧是两根单股纱的无捻区重叠，突出了自捻纱的弱点，影响纱的强力和条干。故同相自捻纱断头率高，质量差，而且无捻区在织物表面产生条痕，既不适用于自捻纺纱机的正常生产，也不宜用于织造。

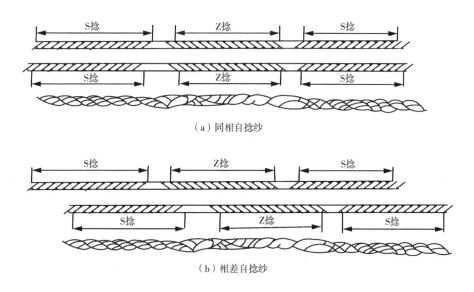

（a）同相自捻纱

（b）相差自捻纱

图 4−41　同相自捻纱和相差自捻纱

为了克服同相自捻纱的弱点，当自捻纱的两根单纱条会合时，可使它们各自捻向相同的片段与无捻区错开一定距离，此距离的长度称为相位差。此时的自捻纱称相差自捻纱，如图4-41（b）所示。在相差自捻纱中，两根单纱条捻向相同的片段发生自捻，得到较强的自捻捻度。一根单纱条的无捻区和另一根单纱条的有捻片段也能自捻而得到较弱的自捻捻度。两根单纱条捻向相反的片段相遇，因单纱条各自的退捻力矩相反，故不能绕公共轴线自转，就形成了自捻纱的无捻区。在相差自捻纱的无捻区内，因两根单纱条有捻，故具有一定强力，两根单纱条上的无捻区被分散开，各自又与有捻纱条发生自捻，也具有一定强力，因而消除了自捻纱的薄弱环节。故相差自捻纱的强力和耐磨性较同相自捻纱明显提高。所以，实际生产中纺制的自捻纱均是相差自捻纱。

相位差使自捻纱的强力提高，但相位差并非越大越好。如图4-42所示，相位差也有一临界值，此时自捻纱的强力最大。超过此临界值时，自捻纱的强力反而下降。其原因是相位差越大，合股无捻区的长度越大，再加上两旁毗邻的弱捻段所占的范围就越大，正常有捻段所占的范围就越小，增大了较薄弱环节和薄弱环节的分布密度，反而使自捻纱的强力下降。另外，由于相差自捻纱以一部分弱捻段代替了同相自捻纱的正常有捻段，所以它的半周期捻度随着相位差的增大而逐渐下降，捻度下降也给纱线强力带来不利的影响。

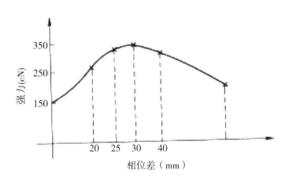

图4-42 相位差与自捻纱强力的关系

在实际生产中，实现相位差的方法是将两根单纱条的会合导纱钩改成两个相互错开的钢丝钩，使一根单纱条经过较远的导纱钩后折回到另一导纱钩并同另一根单纱条相遇，这样两股单纱条在会合之前所走的路程不相等，这就使原先的"同相"关系改变为两个无捻区错开的"相位差"关系，错开的距离就等于相位差的大小。如果以一个周期长度相当于360°计算，相位差也可用度数表示，即：

$$相位差（°）= 360° \times \frac{相位差（距离）}{周期长度}$$

2. STT（自捻股线）

相差自捻纱虽然有较高的强力和耐磨性能，但仍保留着捻度的交替性，股纱上仍有无捻区。因此，布面外观上仍存在条花或有规律的花纹，就强力而言也不适宜作经纱。为此，需要采用捻线机或倍捻机把一根自捻纱当作两根单纱的组合，对它追加捻度，使其成为具有单一捻向的双股线，称为自捻股线或加捻自捻纱。只要自捻捻度和追加捻度控制适宜，用这种自捻股线织布，就可以改善布面上的条花或花纹。图4-43所示为自捻股线的形成过程。

图4-43 自捻股线的形成过程

图4-43中1表示从自捻纺纱机生产的自捻纱原来的状态，中部为无捻区，上下两个片段的捻向相反（上部是S捻，

下部是 Z 捻）。图 4 –43 中 2 表示开始追加捻度时的状态，如按上半部的 S 捻向加捻，上半部的 S 捻增加而下半部的 Z 捻被抵消而退捻。这是因为自捻纱本身是一平衡结构，所以 S 捻段和 Z 捻段同时受到追加捻度的影响，即在 Z 捻段退捻的同时，S 捻段也获得捻度。继续追加捻度直至退掉全部 Z 捻，使下半部的两根单纱条出现完全平行和合股捻度为零的状态，如图 4 –43 中 3 所示。这种状态叫作"对偶"，达到这个阶段所需要的追加捻度叫作"对偶捻度"，它的大小依赖于原先单纱条捻度的大小。继续再追加捻度的结果如图 4 –43 中 4 的状态，纱的全部捻度都为单一方向，但是捻度分布很不匀。追加捻度的最后结果如图 4 –43 中 5 的状态，捻度分布有改善，但比环锭纺捻线的捻度不匀要大，这就是自捻纺纱的最后成品自捻股线，它具备了织造的条件。

3. STM 纱

STM 纱是一种自捻时纤维条被长丝包缠而形成的纱线。尤其是，在长丝不经搓捻而在低张力状态下直接引入而包缠成纱。

4. 2ST 纱（双股自捻纱）

2ST 纱是双股 ST 纱，采用相位差在自捻纺纱机上合并后，再经捻线机追加捻度而得到的自捻纱。

5.（STM）M 纱

（STM）M 纱或称包缠自捻纱，是用一根单纱与另一根化纤长丝自捻，然后将这根自捻后的单纱再与第二根化纤长丝在自捻纺纱机上经第二加捻系统自捻而成的纱。

6.（ST）ST 纱

（ST）ST 纱是一种二次自捻的三股自捻纱，即三根单纱条为一组，喂入自捻纺纱机，第一加捻区接受加捻，单纱条自加捻钳口出来后，其中两根单纱条先会合自捻，然后再与第三根单纱条一起进入第二加捻区分别加捻，待从第二加捻钳口出来后，一根双股线与第三根单纱条再会合自捻而成三股捻线。

（二）自捻纺纱线的结构

自捻纱线具有不同于环锭纱线的结构特点，一是自捻纱具有环锭纱所没有的捻度分布和结构的周期性；二是影响环锭股线捻度变化的只有两个因素，即单纱捻度和股线捻度，而自捻股线则不同，有单纱条捻度、自捻纱捻度和自捻股线捻度（追加捻度）三个变化因素。

1. 单纱条的捻度及其分布

当两根须条通过一对既往复又回转的搓捻辊加捻后，获得一正一反、捻向相互交替间隔的有捻纱段，即在一段 S 捻之后，紧接着一段 Z 捻，中间有很短一段无捻区组成一个单元的捻度分布，如此不断重复。因为搓捻辊的速度在往复过程中两头慢、中间快，呈正弦曲线性质，所以单纱条的捻度也大致呈正弦曲线分布，即两头稀、中间密的状态，如图 4 –44 所示。

由于自捻纱是靠单纱条退捻力矩的作用而自捻成纱的，单纱条的退捻力矩越大，

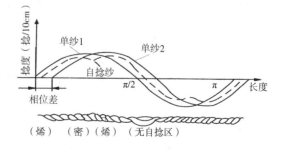

图 4 –44　单纱条与自捻纱的捻度分布

自捻纱的反向退捻力矩也越大，所以自捻纱的捻度分布与单纱条捻度分布是一致的，如图 4 - 44 所示。

根据实际实验所得的自捻纱捻度分布曲线并非正弦曲线，而接近梯形曲线，是捻度重新分布的结果。

假定产生自捻作用后，原先纱条的纤维基本上平行于自捻纱的纱轴。因此，单纱条的捻回角与自捻纱的捻回角大致相等。又因捻系数正比于捻回角的正切函数，所以单纱条的捻系数也大致等于自捻纱的捻系数。令两者的捻系数均为 α，单纱条的捻度为 t，自捻纱的捻度为 T，单纱条的线密度为 Tt，自捻纱的线密度为 Tt′，则：

$$t = \frac{\alpha}{\sqrt{Tt}} \text{ 和 } T = \frac{\alpha}{\sqrt{Tt'}}$$

所以：

$$\frac{T}{t} = \frac{\sqrt{Tt}}{\sqrt{Tt'}}$$

又因纱的直径和线密度的平方根成正比，所以：

$$\frac{T}{t} = \frac{\sqrt{Tt}}{\sqrt{Tt'}} = \frac{d}{D}$$

式中：d——单纱条的直径；

D——自捻纱的直径。

因此，两者捻度之比等于两者直径的反比。假定自捻纱的断面接近于圆形，密度与单纱条相同，则面积大致为单纱条的 2 倍，即：

$$\frac{\pi D^2}{4} = 2 \times \frac{\pi d^2}{4}$$

得：

$$\frac{d}{D} = \frac{1}{\sqrt{2}}$$

所以：

$$\frac{T}{t} = \frac{d}{D} = \frac{1}{\sqrt{2}}$$

即：

$$T = \frac{t}{\sqrt{2}} = \frac{t}{1.414}$$

实际的自捻纱捻度 T 等于 $\frac{1}{1.4} \sim \frac{1}{1.5}$ 乘以单纱条捻度。

2. 自捻股线的结构

自捻纱最明显的特点是捻度分布不均匀。ST 纱具有周期性的 S 捻与 Z 捻，而 S 捻与 Z 捻段之间有无捻区。由于自捻纱由单纱条退捻力矩自捻成纱，所以自捻纱捻度分布是中间密、两端稀。

STT 纱虽然只有一个方向的捻回，但也有强捻、中捻与弱捻区段。由于各区段捻度的不同，引起自捻纱截面形状和大小也呈周期性变化：紧捻及中捻区段，截面较圆整、紧密；弱捻区段，截面较扁平、松散。就大多数区段来说，自捻纱都比同线密度环锭纱股线松散，截面直径也较大。

（三）自捻纺纱线的性能

1. ST 纱

ST 纱是明显存在 S 捻向和 Z 捻向并带有无捻区交替出现的股线。这种纱不能承受与综筘的摩擦和织造开口时的张力变化，最后只能供纬纱和针织使用。自捻纱结构的周期性，在机织物上易形成条路，用作纬纱也易显现菱形纹路。如经过特殊浆纱处理，也会随机形成经向条影。因此，需要选择能隐蔽条纹的织物，如色纱色织、隐条、提花织物、花呢织物、异色经纬交织以及起绒织物等。

2. STT（自捻股线）

STT 自捻股线的捻度分布有一定的周期性。如 ST 纱的捻度过多，追加捻度必然随之增大，则 STT 自捻股线强捻段与弱捻段捻差增大，影响光泽和手感，如 ST 纱捻度较低，捻度不匀又较小时，由此制得的 STT 自捻股线能获得较好的织物外观和手感。这种纱可用作机织纱，但捻不匀比环锭纱大，而成本比环锭纱低。

3. STM 纱

STM 纱是长丝在不经搓捻而在低张力状态下直接引入而包缠成纱。这种纱强力低，稳定性差，使用价值不大。

4. 2ST 纱

2ST 纱由于采用 4 根单纱合并，条干均匀，无捻区分布也比较均匀，故这种股线强力高。同时两根 ST 纱合并，追加捻度时，不必对自捻纱的异向捻向区先退捻，所以追加的捻度比STT 自捻股线减少 70% 左右，可提高捻线机产量。2ST 纱因其截面呈圆形，条干均匀，结构蓬松，可生产各种膨体纱或起绒织物。

5.（STM）M 纱

（STM）M 纱的特点是基本上属单纱，所以成纱线密度较低（可达 17tex），可用于织造薄、细织物。两根长丝都不经牵伸，也不加捻，直接从会合导纱钩处引入而自捻成纱。这种纱可用于针织、机织、经编，织造单纱织物。因为有长丝，染色时织物会出现色花或白丝。

6.（ST）ST 纱

（ST）ST 纱的成纱方法不必追加捻度，可直接作为针织用纱。

三、自捻纺纱适纺性能及产品开发

（一）自捻纺纱的适纺性

自捻纺适纺纤维长度为 60～230mm，中长化纤的适纺纤维长度为 65～76mm。根据自捻纱的结构特点，纤维越长越易纺纱。自捻纱的纺纱线密度一般为 14～36tex 双股纱线，由于仿毛织物纤维较粗，受到截面上纤维根数的限制，所以线密度不宜太低。

（二）自捻纺纱的产品开发

由于自捻纺纱均为双股或多股纱线，只适于织造股线织物，可供机织和针织使用。自捻纱具有正反捻向和无捻区，且不能承受较大的张力，故只适用于纬编针织外衣，可使产品成本低、毛型感强。如直接用于纬编针织，需适当提高其强力，可通过增大其加捻程度、缩短无捻区或提高原料的纤维长度来达到。

自捻股线，虽捻向一致，但纱上还存在捻度不匀，因此，不适宜织造环锭纺的传统产品，如平纹、斜纹等织物。为了扬长避短，可通过有色纤维混纺、拉毛、起绒和色织等方法，掩盖自捻纱的缺陷，以取得较好的布面效果。自捻股线织物有全涤派力司、仿毛花呢、法兰绒、银枪大衣呢和丝毛呢等。

第八节　平行纺纱

一、平行纺纱的工艺过程及成纱原理

（一）平行纺纱的工艺过程

平行纺纱采用条子或粗纱喂入，与传统环锭纺纱工艺相比，可以省去粗纱、络筒、并捻三道工序。平行纺纱工艺流程如图 4-45 所示，条子或粗纱进入垂直放置的高速牵伸系统，牵伸装置可根据短纤维的不同，配置三罗拉、四罗拉或五罗拉，三罗拉的牵伸倍数可达 40 倍，四罗拉及五罗拉的牵伸倍数可达 180 倍。牵伸装置的上下罗拉配有清洁装置。经牵伸成为平行排列无捻度的短纤维须条进入空芯锭子，空芯锭外纱管上绕有平行纺纱线，外包缠长丝或纱线，短纤维须条与包缠长丝或纱线共同经过空芯锭子，通过加捻器加捻后，从输出罗拉输出。

从牵伸机构输出的短纤维须条，两端分别受前罗拉和输出罗拉的握持，中间由加捻器进行加捻，属两端握持，中间加捻，因此，从输出罗拉输出的短纤维须条加上了假捻，但是在加捻器之上为真捻，因为捻度具有传递作用，从加捻器到前罗拉部分，平行排列的短纤维须条为有捻度的、具有一定强力的纱线，其强力使得纱线能够顺利从空芯锭通过。在加捻器之下到输出罗拉之间，有捻度的短纤维纱线捻度退去直至为"0"，从输出罗拉输出时，短纤维纱线又变为平行排列、无捻或弱捻的短纤维须条。对于空芯锭外纱管上的长丝或纱线，只在输出罗拉一端握持，因此，在加捻器处加的捻度为真捻，捻度大小为空芯锭的转速与输出罗拉线速度的比值，最终使空芯锭外纱管上的长丝或纱线以真捻的形式包缠在平行排列的短纤维须条外面，形成平行纺纱线。从输出罗拉输出的平行纺纱线，经过卷绕滚筒卷绕到筒管上。

平行纺纱时，选用原料应注意短纤维与长丝的适当组合。尽量考虑色泽的鲜艳性和染色的均匀性，几种纤维的收缩率要适当配合。平行纱的强力主要来自长丝，长丝价格高，故长丝质量一般控制在成纱总质量的 1% ~5%。如果短纤维较长，线密度低，则单位长度成纱的包覆圈数可少些。起绒织物用的长丝，可用高收缩型，通过汽蒸，长丝会陷入短纤维中，起绒后长丝的可见度小。

（二）平行纺纱的成纱原理

平行纺纱是由外包纤维和芯纤维两部分组成的，芯纤维沿纱轴向平行排列，可采用多种天然纤维或化学短纤维。外包纤维可用各种不同规格和不同性能的化纤长丝或已纺好的短纱。外包纤维包缠在芯纤维上，形成一种新型的纱线结构。平行纺纱从成纱原理看，与传统环锭纱既有相同的一面，也有不同的一面，空心锭子一转，长丝在平行于纱轴的芯纤维上缠绕一周，相当于环锭纱的一个捻回，但平行纺纱摆脱了钢领、钢丝圈的束缚，其纺纱速度可比环锭纺纱高。平行纺纱的成纱原理可用图 4-46 表示。

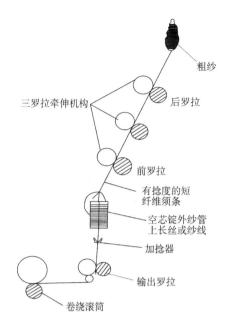

图4-45　平行纺纱的工艺过程

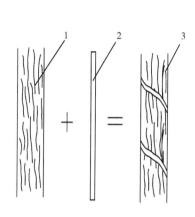

图4-46　平行纺纱的成纱原理

1—短纤维须条　2—长丝（纱线）　3—平行纱

二、平行纺纱线的结构与性能

（一）平行纺纱线的结构

平行纱有明显的双层结构，由平行排列的无捻短纤维须条纱芯和外包长丝组成，长丝以螺旋形包缠在短纤维束上，将短纤维束缚在一起而形成纱。长丝通过对短纤维施加径向压力，而在单纤维之间产生必要的抱合力。平行纱的截面成圆形，当纱条不承受张力时，纱条轴向会呈现轻微的起伏现象，给人一种饱满的感觉，平行纱的织物有仿毛感。平行纱截面中的纤维根数少，纱体细而平滑，可减少与综筘、针眼等的摩擦，相对而言，织造过程中断头较少。

（二）平行纺纱线的性能

（1）强力高。因长丝呈螺旋状包缠在短纤维须条的外面，当纱条受到拉伸时，外包长丝对短纤维施加径向压力，增加了纤维之间的摩擦力。同时纱芯短纤维伸直度好，接触面积大，受力均匀，长度利用率高，使成纱强力提高。平行纱的强力与同线密度的环锭纱相比略高或基本持平。强力的大小主要取决于长丝的线密度，线密度越高，平行纱的强力就越大。

（2）成纱条干好。由于纱芯纤维平行、无捻，长丝包缠短纤维对须条均匀度无破坏作用，而且高倍牵伸有利于芯纱中的短纤维伸直平行。因此，平行纱的条干均匀度优于环锭纱。

（3）毛羽少。平行纱毛羽较少，比环锭纱降低1.5～3.5倍，因而可明显减少下道工序中的灰尘和飞花。

（4）线密度低。用同样线密度的短纤维纺纱，平行纱可比环锭纱纺得更细，这是因为平行纱的芯纱无捻，外包长丝较紧的缘故，即纺同样线密度的纱时，平行纱可用较粗的短纤维，从而相应降低纺纱成本。

（5）蓬松性好。平行纱的蓬松性较好，与同线密度的环锭纱相比，其直径比环锭纱大10%左右。

（6）吸湿性好。良好的蓬松性，使平行纱的毛细管效应好，具有良好的吸湿性能。由平行纱织制的毛巾，其吸水性比普通毛巾提高20%左右，毛巾厚实、柔软。

三、平行纺纱适纺性能及产品开发

（一）平行纺纱的适纺性能

平行纺纱的芯纱原料可用棉、毛、麻等天然纤维，涤纶、腈纶、锦纶、丙纶等合成纤维以及混合原料，如涤/黏、棉/麻、涤/腈、毛/涤、兔毛/羊毛等，纤维长度为棉型、中型和毛型，最大长度为220mm。外包长丝常用锦纶弹性丝、涤纶丝、可溶性维纶长丝、黏胶长丝、柞蚕丝、氨纶弹性丝及各种短纤维纱等。对于某些用途的纱线来说，芯纱和外包长丝可选用不同的原料组合，以产生不同的结构效应。

（二）平行纺纱的产品开发

1. 普通平行纱产品

（1）机织产品。平行纱用作经纱，类似股线，毛羽少，可不上浆。织物布面丰满，覆盖性好，单位面积用纱量比其他纱少。由于平行纱织物结构蓬松，纱芯短纤维无捻，故特别适用于拉绒机织物。还可用平行纱代替双股捻线用作起绒纱。

（2）中长涤黏异特交捻的粗特平纹织物——巴拿马织物。这是比较流行的服装面料。用Parafil 1000型平行纺纱机生产的纱，交织成异特交捻巴拿马织物的产品，颗粒清晰，厚实，挺括，仿毛感强。

（3）针织产品。其针迹清晰、手感柔软，织物无扭矩，不变形。由于纱线承受张力时拉紧，使织物显得特别光滑平整。如果选用可溶性长丝（如维纶长丝）作包缠纱，可作毛巾的起圈纱，织物经退维后成为手感特别柔软、吸水性好的无捻毛巾。

（4）起绒产品。平行纱适用于簇绒、割绒、起绒类织物。起绒时不需要再割绒。用平行纱纺制成的绒毯比其他纱制成的耐用，外观匀整，手感柔软，弹性好。

（5）其他产品。如墙布或装饰布，可用不同线密度、不同长度的短纤和特殊的高收缩长丝、特殊光泽的长丝，使织物增添艳丽的光彩。例如，在包缠纱中加入其他颜色的纤维或放入染色的颗粒，能使墙布与装饰布更有特色，更加新型美观。

2. 花式纱或双捻向包缠纱产品

空心锭子除了能纺出具有独特性能的织物用纱之外，还可以生产多种花型的花饰纱。其纺纱的基本原理是利用空心锭子包缠的方法，喂入三根纱线，即芯纱、饰线、固线，制成如图4-47所示的结节、圈圈、毛茸、波波、螺旋等各种花饰效应的花饰纱。它使用的原料很广泛，棉、毛、丝、麻、化纤均可使用。

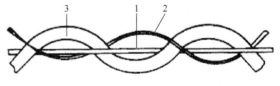

图4-47　花式捻线结构图

1—芯纱　2—固线　3—饰线

饰线多用纤维条子纺制，饰线反映花饰效应，主要体现纱线的外观及手感。芯线起滑条作用，主要体现强力等性能。芯纱多用短纤维纱线。固线起加固作用，固定花形，主要体现花形牢固及手感，固线多用化纤长丝。

（1）花式纱。花式纱是利用空心锭子以及附装于其上的加捻器将经牵伸后的饰纱纤维以一定的花式包缠在其他纤维（或纱线）上的一种纺纱方法，如图4-48所示。

　　芯纱由喂入罗拉经导纱棒喂入空心锭子，有的花式捻线机芯纱由前罗拉沟槽部位喂入。饰线经牵伸机构后进入空心锭子，并以超喂的形式喂入，固线从空心锭子筒管上引出并一起进入空心锭子。三根纱线同时喂入，经加捻器、输出罗拉卷绕成筒子纱。三根纱线进入空心锭子后，在加捻钩之前，固线与芯纱、饰线平行回转，通过加捻钩后，固线才与芯纱、饰线捻和在一起。由于锭子（或加捻钩）的回转，使芯纱、饰线在加捻钩前形成假捻并形成花形，通过加捻钩后，芯纱、饰线在解捻、退捻时翻出新花形。这时，固线所获得的真捻（二次加捻）把新翻出的花形包缠和

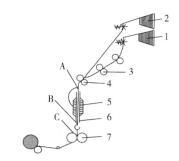

图4-48　花式捻线机的工作原理
1—饰纱　2—芯纱　3—牵伸装置　4—喂入罗拉
5—固线　6—空心锭子　7—输出罗拉
A—空心锭子入口　B—空心锭子出口　C—花式纱线

固定下来。从而形成产品的花式形态。在整个纺制过程中，芯纱需有一定的张力，饰线要有超喂，固线必须包缠，三者缺一不可才能形成花饰效应。

　　（2）双捻向包缠纱的生产。包缠的长丝可以Z向也可以S向包缠。长丝包芯纱，用无捻的芯纱（纤维条）单向包缠（Z向或S向）的纱摩擦强度差，因此，用于经纱有起球或纤维脱落的情况。不论是Z向或S向包缠纱，在受张力的情况下，如在织造的过程中包缠长丝，

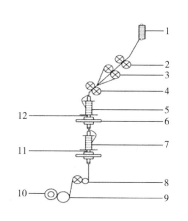

图4-49　双向捻包缠纱的加工原理
1—粗纱　2—后罗拉　3—中罗拉　4—前罗拉
5—第一外包长丝筒子　6—空心转轴
7—第二外包长丝筒子　8—输出罗拉
9—络筒装置　10—筒子纱
11—下空心锭子　12—上空心锭子

应力增加，长丝增长，这一现象使芯纱单位长度内包缠数减小，长丝包缠芯纤维的抱合力下降，强度下降。另外，在织造过程中，纱和综筘摩擦，纤维从中脱落，形成少量毛球，纤维的脱落和织物起球，使纱强力变差，因此，造成纱线断头，织机运转效率降低。为解决这一问题，可用芯纱双捻向包缠纱技术，被称为"X"双捻向包缠纱。

　　图4-49所示为双捻向包缠纱加工原理示意图。无捻的纤维条，使用上下两个空心锭子，上空心锭子采用S向包缠，下空心锭子采用Z向包缠，上下空心锭子转速相同，转向相反，纺出"X"形双捻向包缠纱。这种装置可纺纱线密度为22～24tex，这种方法最早被用于粗梳毛纺和半精梳毛纺，其他方面还未见大面积推广。

3. 平行纺纱用于废纺系统加工再用纤维

　　再用纤维可由服装废料和纺纱准备工序中的废花获得，大部分由毛和再生纤维混合或毛和合成纤维混合组成。主要经过预处理，如撕扯开松、除杂等，再经双联梳理制成均匀的生条后作为芯纤维喂入平行纺纱机，经长丝包缠后成为废纺平行纱。

第九节　无捻纺纱

一、无捻纺纱的工艺过程及成纱原理

无捻纺纱是一种没有捻度的纺纱法。这种纺纱不给纱线加捻，而是用黏合剂将纤维黏合在一起的。无捻纺纱方法主要有特克贾（Tekja）法成法、博布特克斯（Bobtex）法、TNO 成纱法、帕塞特法（Paset）、棉网直接成纱法等。虽然这些方法的机构不同，但纺纱原理和过程大都相似。

1. 特克贾法

如图 4-50 所示，特克贾法是用聚乙烯醇（PVA）黏合棉纤维成纱。其过程是纤维条经罗拉牵伸后，通过沾有黏合液的橡胶滚筒，使纤维束上黏附有黏合剂，经过与此滚筒接触的罗拉轧液后，借橡胶搓辊的往复动作，使纱条成型，并改善黏合液的渗透性，使纤维相互紧密抱合在一起，然后再经干燥装置烘干、输出，并卷绕成筒子纱，织成布后，再将黏合剂退去。

纱的硬度和强力与 PVA 的上浆量成正比。上浆量不要过多，一般为 4%~8%。PVA 退去后的织物比较柔软。无捻纱则因黏合剂的存在，纱质较硬。

为了改善纱线的硬度，有的采用带黏合液的沟槽罗拉，使纤维束在一定间距内，实行点黏合；也有的通过混入热塑性纤维，在罗拉间加热加压，使其融合。但是这些方法，在慢速时是可行的，当速度加快时，纤维就很难充分黏合和固定。

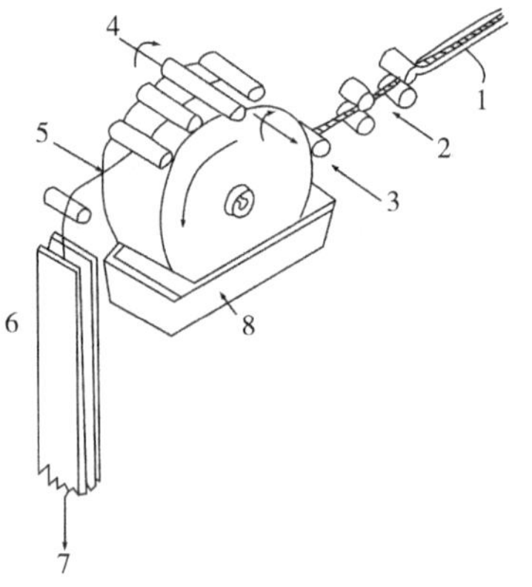

图 4-50　无捻纺纱示意图
1—纤维条　2—牵伸罗拉　3—压辊
4—往复橡胶搓辊　5—成纱橡胶滚筒
6—干燥装置　7—成纱　8—黏合剂浆槽

2. TNO 成纱法

如图 4-51 所示，粗纱先用水沾湿，进到喂入罗拉，然后被牵伸罗拉作 15~20 倍的牵伸，在离开罗拉握持点时，由浆料罗拉喂给非活性浆料的淀粉粒子，再由假捻器加捻成纱，并绕成纱筒。湿的纱筒再在 110℃下汽蒸 1h，浆料粒子膨化而带有黏性，最后在 100℃下进行干燥。

牵伸装置是垂直的，这样可以使多余的水分不致黏附在牵伸罗拉上。沾水的目的是使纤维集聚成束，以便牵伸。这种方法的出纱速度一般可达 200m/min。适用于棉、黏胶纤维、亚麻、合纤等。

3. 脱维罗法（Twilo）

图 4-52 所示即 MK1 型无捻纺纱机。这种无捻纺纱机的纺纱过程是先将含有 PVA 黏合剂的纤维条，与黏胶纤维、腈纶、涤纶、棉等任一种纤维的梳棉条子，在并条机上并合（混合条子中含 PVA 黏合剂的纤维占 5%~10%），然后直接喂入无捻纺纱机。

喂入的条子，在预牵伸区干燥状态下牵伸 5~10 倍后，在中间区给湿。方法是将水从假捻器的切向喷出，形成涡流，给须条以假捻。进入主牵伸区后，条子在湿态下被牵伸 6~40

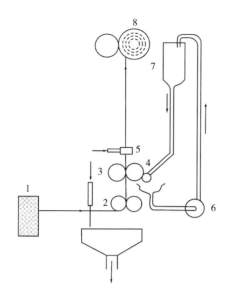

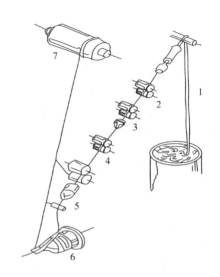

图 4 – 51 TNO 法纺纱示意图

1—粗纱 2—喂入罗拉 3—牵伸罗拉 4—浆料罗拉
5—加捻器 6—泵 7—浆桶 8—纱筒

图 4 – 52 脱维罗无捻纺纱机示意图

1—含有 PVA 黏合剂的纤维条 2—预牵伸区 3—给湿区
4—主牵伸区 5—假捻区（用蒸汽或热水预处理）
6—活化处理及干燥区 7—纱筒

倍，再通过假捻器，用热水或蒸汽进行预活化，当纱线绕在加热滚筒上后，再进行活化和干燥。最后无捻纱以 400m/min 的速度卷绕在筒子上。

4. 棉网直接成纱法

棉网直接成纱法是将梳棉机棉网直接加工成无捻纱。纺纱速度可达 60m/min。可以省掉并条机、粗纱机和细纱机，能节省费用，减少占地面积和劳动力，制成织物的性能也比较好。这种用棉网直接纺制无捻纱的方法如图 4 – 53、图 4 – 54 所示，分为六个步骤。

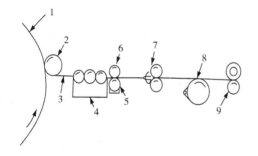

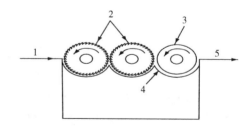

图 4 – 53 棉网直接成纱法示意图

1—道夫 2—剥取罗拉 3—棉网 4—梳理牵伸机构 5—黏液罗拉
6—压液罗拉 7—假捻器 8—烘干滚筒 9—卷绕罗拉

图 4 – 54 梳理牵伸机构示意图

1—梳棉网 2—针布滚筒 3—橡胶滚筒
4—夹持点 5—出条

（1）割网成条。用一般的割网技术即可。将 15 根梳棉条喂进梳棉机，可得到宽度为 76mm 的纤维网。

（2）拉伸平行纤维。牵伸梳理机构主要是伸直平行纤维，由三个辊筒组成。辊筒的直径约50mm、宽50mm。均作同向回转。1号、2号筒包覆金属针布,3号辊筒是橡胶辊。三辊筒依次逐步加速,总牵伸是12倍。

(3)施加黏合剂。由梳理牵伸机构制成的纤维网,被喇叭口凝聚成3mm宽的条子,经过黏液罗拉施加黏合剂,加入含有5%聚乙烯醇的溶液10%。

(4)假捻。加入黏合剂的须条由假捻器给以捻度,使扁平的须条形成圆形截面,一对罗拉牵引着湿的须条穿过假捻器,局部地把纱拉直。

(5)烘干。湿纱条被压实以后,经烘干滚筒烘干。滚筒直径为100mm,用电加热。其表面温度可以烘干行进速度为1m/s的纱线。

(6)卷绕。根据纱的用途,可卷绕成平行筒子或锥形筒子。

二、无捻纺纱线的结构与性能

无捻纺纱线的特点是构成纱线的纤维呈平行排列,纱线的截面呈带状。单纱强力较低,只有环锭纱的55%、转杯纱的72%。强力不匀约为环锭纱和转杯纱的两倍。无捻纺产品由于形成织物的纱线中纤维是平行排列的,纤维的自由度大,因此,纤维受按压后呈带状或扁平状,从而使它与传统纺纱方法所形成的织物具有不同的特点。

(1)由于纱线在织物中呈带状截面,使得织物的覆盖系数增大,因此,织物表观厚实、紧密,蓬松感好,且质量比较轻。

(2)由于无捻纺纱线没有捻缩,使得织物的织缩率比传统纱织物小。

(3)无捻纺织物比有捻纱织物光泽性好。

(4)无捻纱纺织物的染色性能良好,且可以获得丝光般的效果。无捻纺纱线纤维都暴露在外,可以和染料充分接触,因此,容易上染。有捻纱往往要进行丝光处理,使纤维排列比较整齐,以获得良好的光泽,无捻纺纱线则不需要这一处理。

三、无捻纺纱适纺性能及产品开发

无捻纱的主要优点是纺纱速度较高,可达400m/min,因而产量也较高。据介绍,特克贾方法的产量,在一般情况下,粗特纱为普通纺纱机的5倍,中特纱为3倍。产品可用于机织物的纬纱。

由TNO法纺的纱制成的织物覆盖性能较好,并具有不透湿性,可作轻型帐篷布之用。

用脱维罗法(MK1型)纺的纱,适用于机织物和针织物,特别适宜织造里子布(用作纬纱)、涂料织物的底布,以及外观蓬松、手感柔软的起绒织物等。

用帕塞特方法黏合成的83~583tex无捻纱,可用于机织物,手感和蓬松性较好,断裂强度也较大。

用棉网直接成纱,工艺流程大大缩短。投资和生产费用也相应减少。能大幅度提高劳动生产率。虽然纱的强力较低,但制成针织物或仅作机织物的纬纱其强力则能与转杯纱或环锭纱织物相比,织物的其他性能,如外观、手感、可染性和耐磨性,则比普通纱织物好。

第十节　静电纺纱

一、静电纺纱的工艺过程及成纱原理

图 4-55 所示为静电纺纱原理和过程。喂入的棉条经分梳辊开松成单根纤维，并除去部分杂质，然后由气流将纤维从分梳辊上吸走，送入封闭的高压静电场内。其中一端是带正电荷的电极，另一端是接地加捻器。由于纤维本身带有水分，在静电场的感应下，纤维发生电离或极化作用。纤维中的正负离子分别向纤维两端密集，产生与电极相反的电荷。因此，一根纤维的头端与相邻纤维的头端相斥，与相邻纤维的尾端相吸。这种同电相斥、异电相吸的力量，使纤维定向、伸直，按场力线排列（图 4-56）。但是单纤维上的电荷量，由电场强度决定。在高压电场中产生的静电力，能起到平行、伸直、凝聚和输送纤维的作用，并使纤维向加捻器方向运动。当一段引纱通过加捻管，被吸入静电场内后，凝集成束的纤维就添补到纱尾上。经过加捻器高速回转而被加上捻度。最后由引出罗拉输出，被卷绕成筒子。

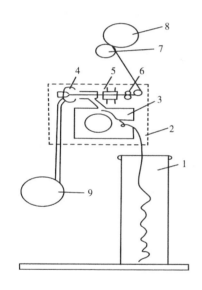

图 4-55　静电纺纱示意图

1—棉条筒　2—纺纱体　3—给棉分梳机构
4—高压静电场　5—加捻机构　6—引出罗拉
7—槽筒　8—筒子纱　9—总吸风管

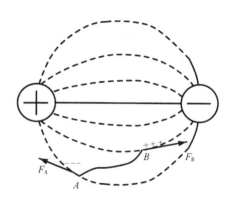

图 4-56　纤维受力情况

在国外，静电纺纱也有采用罗拉牵伸、罗拉静电场输送、摩擦加捻方式的，如图 4-57 所示。美国电气纺纱公司就采用了这种型式，其牵伸机构由三罗拉长短式双胶圈组成。条子由后罗拉喂入，经高倍牵伸后由前罗拉输出，纤维被送入静电场。其中以前罗拉为一极，纺纱头（包括回转加捻器和夹持器）为另一极。静电场使带电的纤维沿垂直通道向纺纱头输送。纺纱头之所以具有吸力，是由于纤维带有与极性相反的电荷的缘故。纤维之所以能从前罗拉输入静电场，是由于前罗拉与一定频率的交流电连接，可以加速静电场的电磁振荡，从而能引起黏附在前罗拉上的纤维的振荡。当交变电势为正半周时，黏附在前罗拉上的纤维受到排斥，从而脱离前罗拉表面，被引入静电场。纺纱头的加捻管用皮带传动。而夹持器装在加捻管上部，以有效地夹持纱头而加捻成纱。

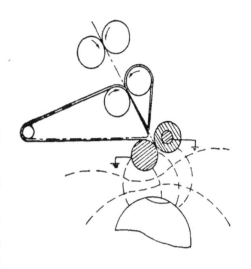

图4-57 罗拉牵伸的型式

当前，国内外的开松、牵伸机构，主要有罗拉和分梳辊两种。用罗拉牵伸、静电分离纤维的优点是纤维的伸直度好，纤维进入静电场时，没有气流干涉静电，对纤维的伸直排列有利。再者，由于罗拉本身是电场的正极，使纤维接触充电，在静电力的作用下，向另一极运动。但是也有一个缺点，纤维与罗拉往往因摩擦产生静电，使纤维容易绕罗拉，造成断头。

采用分梳辊方式的优点是开松分梳纤维的效果较好，其缺点是纤维从刺辊上剥离时是靠高速回转的离心力使纤维进入电场的，空气流动会干扰纤维的凝聚和排列。因此，需要适当控制气流。

由于静电纺纱对纤维回潮率要求比较高，纺化纤有一定困难，由于加捻效率低、纱疵较多等原因，静电纺技术在短期内大突破比较困难。

二、静电纺纱线的结构与性能

静电纱与环锭纱的结构有很大不同。环锭纱的特点是纤维伸直度较高，排列比较规则，绝大多数纤维呈近似圆柱形，或近似圆锥形螺旋线。静电纱的缺点与其他自由端纺纱一样，是纤维伸直度较差，排列比较紊乱。静电纱的中间部分是纱芯，纤维比较平直，外层是包缠纤维，其他是近似圆锥形和圆柱形螺旋线的纤维。纱线直径也比同线密度的环锭纱小。

静电纱的强力、断裂伸长、弹性比环锭纱要低。单纱强力比环锭纱低18.6%，断裂伸长约低30%，这主要是因为纤维伸直度差、卷绕张力较大所致。

但是静电纱也有类似气流纱的一些优点，主要是纱线耐磨性好、成纱毛羽少、染色鲜艳。从摩擦牢度上说，用金属片摩擦试验，静电纱耐摩擦次数比环锭纱高70%，若与同种纱线摩擦，静电纱约高24%。这主要是由外包纤维和纱芯决定的。当纱线受到摩擦时，首先被磨损的是外层纤维，这就不会使纱线立即断裂，只有纱芯被磨损后，纱线才断，这比环锭纱不分层的结构要好得多。

在染色性能方面，纱线结构影响也很大。因为静电纱结构紧密，纱芯也没有环锭纱松软，所以染料渗入较慢，随着时间的增加，染料逐渐渗到纱线内部，表面的染料也逐渐增多，形成外层比内芯深艳的特征。

三、静电纺纱适纺性能及产品开发

静电纺当前使用最多的是棉纤维，国外也有用再生纤维、合成纤维及化学纤维混纺的。

但是由于化纤吸湿性低，在纺纱工艺上还有一些问题。从纺纱线密度上说，一般适用于14.6tex以上的中粗特纱。因生物质纤维大多吸湿性强，因此，可考虑静电纺生物质纤维的开发。

静电纱的应用处在试验探索阶段。有用做机织物的，也有用做针织品的。国内试制的具体品种有印花被单、印花毛巾、花平布、大花哔叽、起绒织物底布、经编织物、斜纹绒布、蓝白条海军衫、涤/棉包芯纱烂花织物和涤/棉衬衫衫料等。据试用后反映，静电纱织物的使用性能与环锭纱织物基本接近，而耐磨性和颜色鲜艳度则优于环锭纱织物。布面也比较清晰，但手感稍硬。

参考文献

［1］邹专勇，郑冬冬，卫国，等．喷气涡流纺过程控制关键技术的进展［J］．纺织导报，2018（6）：30－32＋34.

［2］洪新强，伍枝平．喷气涡流纺多组分色纱生产的关键技术［J］．纺织导报，2018（6）：34－36.

［3］沈浩．喷气纺纱线的特点及其应用［J］．纺织导报，2018（6）：42－44.

［4］荣慧，章友鹤，叶威威．喷气涡流纺开发新颖色纺纱的生产实践［J］．浙江纺织服装职业技术学院学报，2018，17（2）：1－5＋18.

［5］梅霞．4种纺纱技术的比较和分析［J］．上海纺织科技，2018，46（2）：7－10＋48.

［6］袁龙超．基于气流与纤维耦合作用的喷气涡流纺喷嘴结构研究［D］．天津：天津工业大学，2018.

［7］李炯．空心锭对喷气涡流中纤维运动规律影响的研究［D］．杭州：浙江理工大学，2018.

［8］严涛，朱力，张尚勇．平行纺羊毛涤纶双向包缠纱捻度的优化［J］．棉纺织技术，2017，45（11）：25－28.

［9］景慎全，章友鹤，周建迪，等．喷气涡流纺产品的结构调整及其应用领域的拓展［J］．纺织导报，2017（11）：68－72.

［10］林晓云，李楠楠．平行纺无捻纱毛羽对针织物抗起毛起球性能的影响［J］．毛纺科技，2017，45（10）：8－11.

［11］章友鹤，赵连英，姜华飞．关于喷气涡流纺技术发展中相关问题的探讨［J］．浙江纺织服装职业技术学院学报，2017，16（4）：1－3＋22.

［12］袁龙超，李新荣，郭臻，等．喷气涡流纺喷嘴结构对流场影响的研究进展［J］．纺织学报，2018，39（1）：169－178.

［13］闫琳琳，邹专勇，方斌，等．喷气涡流纺设备研究进展［J］．棉纺织技术，2017，45（6）：76－80.

［14］徐舒曼．基于专利检索与分析的转杯纺技术发展趋势研究［D］．上海：东华大学，2017.

［15］陈佳宇，薛文良．从专利角度分析国内外喷气涡流纺的发展［J］．棉纺织技术，2017，45（4）：80－84.

［16］李美玲. 喷气涡流纺中气流与纤维运动对单纱强度影响研究［D］. 上海：东华大学，2017.

［17］陈彩红. 喷气涡流纺喷嘴内部流场及纤维成纱机理的研究［D］. 杭州：浙江理工大学，2017.

［18］韩晨晨. 自捻型喷气涡流纺成纱原理及其纱线结构的相关性研究［D］. 上海：东华大学，2016.

［19］李文雅. 摩擦纺彩色夹芯纱的纺纱工艺与生产实践［J］. 毛纺科技，2015，43（9）：6－9.

［20］仲亚红. 基于不同几何形态的纤维喷气涡流纺成纱性能的研究［D］. 青岛：青岛大学，2015.

［21］李运南. 涤/黏涡流纺纱仿棉效果研究［D］. 苏州：苏州大学，2015.

［22］孔聪. 涤纶与棉的喷气涡流纺纱研究［D］. 上海：东华大学，2015.

［23］张倩. 基于双分梳技术的转杯纺混纺工艺研究［D］. 上海：东华大学，2015.

［24］宣金彦. 自捻纺成纱机理研究［D］. 上海：东华大学，2014.

［25］肖丰. 新型纺纱与花式纱线［M］. 北京：中国纺织出版社，2008.

［26］狄耿峰. 新型纺纱产品开发［M］. 北京：中国纺织出版社，1998.

［27］杨锁廷. 现代纺纱技术［M］. 北京：中国纺织出版社，2004.

［28］王善元，于修业. 新型纺织纱线［M］. 上海：东华大学出版社，2007.

［29］刘荣清. 新型纺纱的发展和展望［J］. 纺织器材，2015，42（4）：54－59.

［30］谢春萍，徐伯俊. 新型纺纱［M］. 北京：中国纺织出版社，2008.

［31］宋绍宗. 新型纺纱方法［M］. 北京：纺织工业出版社，1983.

第五章　新技术在纺纱工程中的应用

第一节　开清工艺新技术

一、现代开清棉的技术特点

开清棉工序具有流程长、机台多、机构复杂、技术难度大的特点，其工艺处理的优劣不仅影响本工序半成品的质量，而且影响后道工序各机台作用的充分发挥。近年来，国内外对开清棉技术进行了大量的研究，一大批性能优良的单机相继问世并日臻完善，同时也提出了一些新的工艺理论。现代开清棉技术的主要特点体现在以下方面。

（一）精细抓棉

传统的机械抓棉仅仅作为自动喂棉的手段，以取代繁重的人工操作。现在的抓棉机械在实现自动喂棉的基础上，要求抓取的棉量尽量小，为后道机台的开松、除杂、混合、均匀等作用的发挥创造良好的条件。

（二）多仓混棉

多仓混棉机是目前开清棉流程中较为理想的混棉设备，其"时差"或"程差"混棉原理与传统的混棉原理相比，储棉量有很大程度的提高，有利于实现棉流超长片段大范围之间的均匀混合，不同仓数配置可以适应不同的配棉成分，在当前短流程的开清棉工艺中发挥了重要作用。

（三）柔和开松

为了获得比较理想的开松除杂效果，传统的开棉机械比较强调对原料的打击作用，不适当的握持打击造成了纤维损伤和杂质破碎，影响了后道纺纱过程及成纱质量。现代开棉机械设计充分考虑到保护纤维的重要性，采用了各种新型打手，辅之以弹性握持进行柔和开松，并体现了打击作用的循序渐进。

（四）强力除尘

强力除尘装置可以大量去除棉纤维中的微尘，在开清棉流程中合理配置除尘装置可以提高对原料及纺纱方法的适应性。

（五）自调匀整

良好的棉卷纵向均匀度是纱线均匀的重要保证，传统的成卷机天平调节装置动作滞后、匀整效果差，已不能适应纺纱生产和成纱质量的要求。采用电子计算机技术的自调匀整装置，灵敏度高，匀整效果显著，在现代成卷机中得到广泛应用。

（六）机电一体化

将机械设备与电气控制技术、液压控制技术、气动控制技术等有机结合，加强了开清棉联合机的状态监测和自动控制。

（七）清梳联合

传统的清棉成卷工艺将原料开松后紧压成卷，再到梳棉机梳理成条，这样的工艺路线很不合理。清梳联系统将开清棉机输出的棉流均匀地分配给多台梳棉机，不仅工艺合理，而且便于自动化、连续化生产，提高了产品质量，减轻了工人的劳动强度。

二、新型开清棉单机介绍

现代棉纺生产已经实现了较为成熟的清梳联技术，与原来传统的开清棉工序相比，流程更短，单机性能更高，对原料的开松除杂效果更优。

（一）新型往复式抓棉机

新型往复式抓棉机主要由抓棉头、行走小车和转塔等机件组成，如图5-1所示。该机适于各种天然纤维和76mm以下的化学纤维。

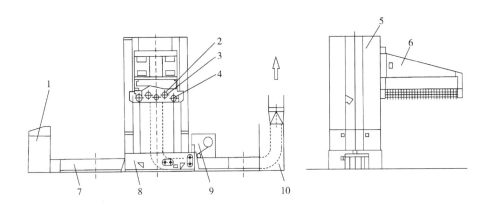

图5-1 新型往复式抓棉机结构简图

1—操作台 2—抓棉打手 3—肋条 4—压棉罗拉 5—转塔 6—抓棉头

7—输棉风道及地轨 8—行走小车 9—覆盖带卷绕装置 10—出棉口

抓棉器内装有抓棉打手2和压棉罗拉4。抓棉打手直径为300mm，打手刀片为锯齿形，刀尖排列均匀。压棉罗拉共有三根，两打手外侧的两根直径均为130mm，在两打手之间的一根直径为116mm。三根罗拉的表面速度与行走小车8的速度同步，以保证棉包两侧不散花而且压棉均匀。在外侧面的一根压棉罗拉轴头处设有安全保护装置，抓棉器设有限位保险装置，使其升降到极限位置时自动停止。在其升降传动机构中还设有超负荷离合器，当抓棉器升降阻力超过一定限度时，便发出自动停车警报。行走小车8通过支撑的四个行走轮在地轨上作往复运动。由于抓棉头6和转塔5与小车连在一起，所以同样作往复运动。转塔由塔顶、塔底等组成。转塔底座与小车底座上的四点接触回转支撑相连接，并附有拔销机构。一般情况下，棉包堆放在轨道的两侧，当一侧抓棉时，另一侧可堆放新包。若抓棉器由地轨一侧转向另一侧抓棉，需先将拔销机构的定位销拔起，人工将转塔旋转180°，再将定位销插入另一销孔内定位，这样就完成了抓棉器的转向。两个抓棉打手，无论抓棉小车向前或向后运动，总有一个抓棉打手是顺向抓棉，另一个抓棉打手则是逆向抓棉。由电动机驱动的打手悬挂装置将逆向抓棉打手抬高，抬高的高度可根据需要调节，防止该打手刺入棉层深度过大，使两个打手的工作负荷基本相当，减少皮带、轴承等机件的磨损。上下浮动的双锯片打手抓取棉束大小均匀，离散度小，体现出细抓、少抓、匀抓的要求。抓棉打手与抓棉小车的运行方向如图 5 - 2 所示。

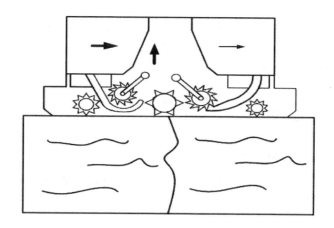

图 5 - 2　抓棉打手与抓棉小车的运行方向

新型往复式抓棉机堆放棉包数量比原来的往复式抓棉机多，可以进行多包混棉。抓棉打手速度提高，为提高产量打下良好的基础，且更换品种方便。

新型往复自动抓棉机为了充分发挥高产量、多品种、自动化的效能，配备了计算机控制系统，对工艺及控制所需要的程序进行存储比较，控制抓棉机的升降、往复、抓取原棉等动作。

新型往复抓棉机的全部动作均由操作台控制，操作台设有数字显示及多个功能键，可指令控制计算机系统，系统中存储了近百个调整信息，可随时调用查询，从而可以及时掌握运转过程中的抓棉深度、包组的起始位置、瞬时高度、抓棉机构的瞬时位置等，并可指令调整。在计算机控制下，还可同时调整供应四个品种以内的生产。为了减少操作者的工作量，计算机系统能对保持不变批量数据进行存储，可以再次调用，其功能和精确程度是人工难以做到的。该计算机系统控制功能如下。

（1）棉包可以在轨道两侧配备，抓棉转塔相应转向 180°运转生产，即一侧正常抓棉时，另一侧放置备用棉包，避免等待，保持抓棉的连续性，提高了效率。每一侧为一区，一区内可分别放置四组或四组以内不同组分的棉包，组分间棉包高度可以交错不一。抓棉机可同品种分别混抓，也可按品种分抓。

（2）在一个工作区配置了高度为 1600mm、1200mm、800mm 的三个包组，人工操作只需输入对最高包组计划抓取的高度即可。如输入为 4mm，则其余两组由计算机系统自动计算出相应的抓取深度为 3mm 和 2mm，在运行中执行。最终可使三组不同高度的包组同时抓取完，做到多包取用、成分一致。

（3）配置新包时，棉包上层较松，抓取上层时产量较低，此时输入一个补充增加倍数（一般为 2~5 倍），即可增加抓棉深度，但在抓取运行中，每次行程后依序自动减少抓棉深度的 10%，这样 10 次行程后即恢复原抓棉深度。对每个加工线、每一个工作区可分别设置增加倍数，控制准确无误。

（4）抓棉深度的控制调整，是依据原棉成分、松紧状态、回潮情况、产量等因素。调整时不需做机械调整操作，只需通过计算机系统输入即可完成，非常简便。

（5）包组配置后，无论包组数多少，计算机系统经空程扫描，即可对各组起始、终止点位置存储记忆，运行中可分组存储各包组的起始、终止点，控制抓棉机构起始、终止抓程。

（6）在一个工作区内可配供四个以内的品种，在机组联动控制信号的指令下，通过抓棉机计算机系统控制及时抓取对应包组，准确无误。

（二）单滚筒梳针式开棉机

单滚筒梳针式开棉机是一种新型的专为清梳联设计的开棉机，对经过初步开松、除杂、混合的筵棉进行进一步的开松、除杂，采用梳针滚筒对纤维进行开松、梳理，提高原料的开松度，取消了传统的尘格装置，采用三把除尘刀、三块分梳板、两只调节板及三个吸风口控制开松、除杂，给棉罗拉采用双变频器控制进行无级调速，可在一定范围内根据清梳联喂棉箱的需要自动调整，达到连续喂棉的目的。该机适用于含杂较低和线密度较低的原棉以及棉型化纤的加工，其结构简图如图5-3所示。

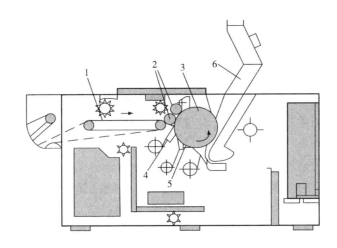

图5-3　单滚筒梳针开棉机结构简图

1—输棉帘　2—给棉罗拉　3—梳针滚筒打手　4—除尘刀、分梳板与吸风口组合
5—调节板　6—出棉口

（三）三滚筒清棉机

新型清棉设备大都具有对纤维作用细致、开松除杂效果好的特点，在清梳联流程中发挥主要作用，为梳棉机的梳理创造良好的条件。

图5-4所示为三滚筒清棉机的结构简图。该机适用于加工各种等级的原棉，主要由机架、给棉系统、清棉系统、排杂系统和电气控制系统组成。

1. 机架

机架由钢板焊接而成的箱式墙板、撑挡和安全罩组成。

2. 给棉系统

给棉系统由输棉帘、压棉罗拉和给棉罗拉组成，靠一只齿轮减速电动机带动，根据前方需棉情况，由交流变频器进行无级变速。

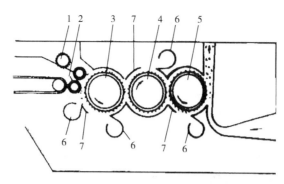

图 5 – 4　三滚筒清棉机结构简图
1—压棉罗拉　2—给棉罗拉　3，4，5—三个滚筒　6—吸尘管除尘刀　7—固定分梳板

3. 清棉系统

清棉系统由三只直径相同而锯齿形式各异的滚筒及其附属的除尘刀、分梳板等机件组成。三只清棉滚筒分别由三只交流异步电动机单独传动，其转速以 27:1 左右的比例递增，以利于纤维的开松和转移。

4. 排杂系统

排杂系统由吸尘器、调节板及排杂管组成。在清棉滚筒的各除尘刀处，均配有吸尘管，并与机器两侧的排尘管相连接。尘杂落在吸尘管内，即被连续气流抽至滤尘设备。运转中无级调节，以改变落棉量及落棉含杂量。

5. 电气控制系统

电器控制系统由 PLC 可编程控制器、操作面板和其他电气元件组成。在使用过程中如发现落棉中有用纤维过多，可适当调节两个落棉调节板的开口大小。三个清棉滚筒依次为角钉、粗锯齿和细锯齿，能够有效地处理开松度较低的原棉，各滚筒均设有分梳板、除尘刀和连续吸口，并在除尘刀处设有调节板，可根据所纺原料和工艺除杂要求的不同，调节除杂开口的大小，以控制各自的落棉量和落棉含杂量。

该机的主要特点是具有较高的开松除杂能力，经过该机处理后，棉束平均质量减少67%，棉束质量离散减少 75%，即使在原棉含杂 1.8% 左右，单机除杂效率也可达 47%；尤其适合去除带纤维纸屑类的杂质、尘杂和短绒，使这些杂质在开清棉就得到有效地清除，减轻梳棉机的负担，为输棉机实现高产创造条件。该机的使用可大大减少开清棉部分握持打击点，有效地防止纤维损伤，并使整个流程大为缩短。

（四）主除杂机

该机与清梳联喂棉箱组成，适用于处理各等级的原棉和精梳毛，纤维在该机内经过初步开松后，进一步通过针布梳理，把纤维束梳理成单纤维状，并将杂质从纤维内部分离出来，杂质通过自动吸尘系统吸入滤室，纤维通过输棉管道送至下道机器。通过加工后纤维基本处于清洁和充分开松状态，该机主要由棉层喂入部分、传送刺辊和主除杂刺辊组成，结构简图如图 5 – 5 所示。

1. 喂入部分

主除杂机的棉层由给棉罗拉和给棉板组成的钳口喂入。与沟槽式给棉罗拉相比，由直线握持变成多点弹性侧面握持，减少了纤维损伤。主除杂机上半部类似于梳棉机喂棉箱结构，保证喂入棉层形成均匀的棉片，分梳效果好。

2. 传送刺辊

传送刺辊直径较小，转速较低，主除杂刺辊的直径是它的2.21倍，转速是它的1.45倍。传送刺辊的针布经特殊设计，纵密小，横密大。传送刺辊的分梳度为0.018齿/根纤维，是高产梳棉机刺辊分梳度的1/27。传送刺辊虽属于握持打击，但喂入纤维受到的分梳力较小，纤维受损害小。传送刺辊的横密较大，有利于喂入棉层的分解和主除杂刺辊的分梳除杂。传送刺辊直径比主除杂刺辊小，结构上就保证了组合打手可以采用较小的转速比，有利于控制主除杂刺辊的清除力，减轻纤维损伤。实质上传送刺辊的功能主要是薄喂轻梳、分解棉簇，有效地把进一步开松的纤维均匀全面地传送给主除杂刺辊。

3. 主除杂刺辊

主除杂刺辊负担着主要的分梳除杂功能，直径为420mm，其上包卷着特殊设计的针布，齿密为45齿/英寸（1英寸=25.4mm），为加

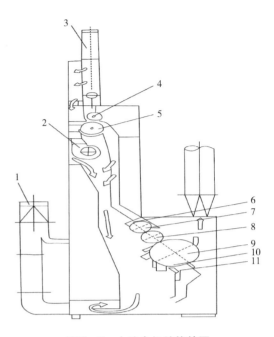

图5-5 主除杂机结构简图

1—除杂口 2—吸风 3—进棉口 4—凝棉器
5—剥棉罗拉 6—给棉板 7—给棉罗拉
8—传送刺辊 9—主除杂刺辊
10—分梳板 11—除尘刀

速辊的1.875倍。锯齿工作角为55°，比加速辊小10°，它与加速辊的线速度比达3.2，以达到少伤纤维，少产生棉结的目的。由于主除杂刺辊直径大，与其对应可设置三把除尘刀、两块分梳板，起到交替除杂和分梳的作用，有利于棉簇的分解、尘杂的清除。主除杂机除杂效率一般都在50%以上，开松除杂性能优异。主除杂刺辊起自由分梳作用，作用较缓和，对纤维的损害很小。

（五）除微尘机

除微尘机是将充分开松的原棉在进棉风机所产生的气流作用下，经纤维分配板，以10m/s的速度进入棉箱与网板产生碰撞，使纤维束中的微尘、短绒和细小杂质与之分离，细小杂质、短绒和微尘穿过网板孔后，由排尘风机吸取送至滤尘设备，脱尘后的纤维则由出棉风机吸取送至前方机台。由于纤维束在与网板产生碰撞后，在系统气流的作用下，以自由状态沿网板作滑动运动，使得纤维束与网板孔接触相应增加，有效地提高了除尘效果，而纤维在气流推动的滑移过程中不受损伤，其结构如图5-6所示。

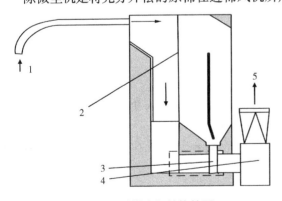

图5-6 除微尘机结构简图

1—进棉口 2—滤尘网板 3—尘杂出口
4—出棉风机 5—出棉口

纤维分配板摆板摆动频率和摆角的大小，直接影响纤维在网板上的分布，对除去微尘、短绒和细小杂质影响极大，一般来讲摆板的摆角和摆动频率越大，纤维分布越均匀，去除微尘效果越好。此外，除微尘、短绒的效果好坏，还取决于进棉风机、出棉风机、排尘风机风量、风压的匹配。进棉风机和出棉风机调速均采用变频器改变其输入电动机的频率来实现无级调速，排尘风机速度调节是用电动机调换皮带轮来改变转速大小（共 7 挡），调换较为方便，可使除尘效果达到最佳状态。

（六）异性纤维检测清除装置

异性纤维是指与加工纤维不同类型、不同色泽、不同外形的异性物质，一般包括色纤维、丙纶丝、塑料碎片、麻袋片、彩色布及毛发等，俗称"三丝"。在纯棉纺纱生产中，这些异性物质与棉纤维性能差异大，会影响后续产品的质量，如产生染疵、染花等，严重影响布面效果。因此，需在纺纱中尽可能去除。

异性纤维检测清除装置是一种在线检测及自动去除原料中异性纤维的装置，所有与原棉性质不同或色泽不同的纤维、杂物都会被扫描摄像机（CCD）检测出，然后被特殊的气动系统排除。

异性纤维检测装置是一个光、机、电一体化的系统，其检测原理如图 5-7 所示。开松后的原料经过一水平的矩形输送管道进入检测区，矩形管两面安装有高速、高分辨率的扫描摄像机，经过扫描摄像机检测通过的原棉，并将采集到的信号送到计算机中，利用图像处理技术和图像识别技术进行分析，检测出异性纤维并将其定位，然后经过一个计算设置好的延时系统，由控制装置上的一排高压喷嘴中相应位置的喷嘴系统将异性纤维吹落到收集箱中。

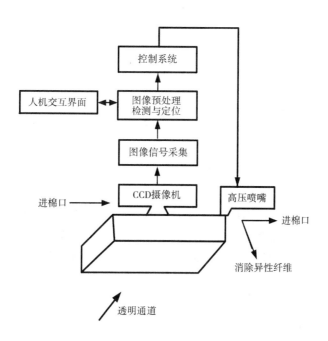

图 5-7　异性纤维检测原理方框图

三、清梳联的技术特点

"清梳联"在 20 世纪 90 年代之前，一直被称作"清钢联"，是由清花设备和梳棉设备联合组成的由抓棉到制成生条的连续化生产线，由抓棉机、分离设备（重杂物、异纤）、预开棉机、混棉机、精开棉机（清棉机）、除微尘机、清梳联喂棉箱、梳棉机、圈条器等设备按照一定的工艺要求，通过输棉管道将其有序连接起来，利用气流输送完成原料在设备间的抓取、转移、重物分离、预开松、除杂、混合、精开松、异纤排除、微尘排除、梳理、成网、聚合成条、圈放等一系列功能的设备组合。它是我国棉纺织企业实现现代化生产和进行结构调整的关键装备之一，是新设备、新技术、新工艺在纺纱生产中广泛应用的结果。大量的生产实践表明，清梳联的推广应用不仅实现了前纺工序的生产连续化和自动化，有利于提高生产效率、减少用工人数、减轻劳动强度、改善生产环境，而且还能有效节约企业生产资源，提高梳棉机生条及成纱质量。

进入 21 世纪，清梳联开清设备呈现出一些新的特点。

（一）往复抓棉机打手顺向抓棉

郑州纺机创新开发的具有专利技术的往复抓棉机打手顺向抓棉机构，是控制两只抓棉打手随抓棉小车的往复运动始终保持与小车的行进方向同向旋转，能确保抓取棉束细小均匀，更加有利于后道设备的开松、混合及除杂，改善供棉均匀度，减轻梳棉机梳理负担，提升纺纱品质。

（二）多功能分离器的使用

流程中根据原棉含杂情况，在开棉机前采用多功能分离器替代普通"二合一"或"三合一"金火探除器。特吕茨勒公司和郑州纺机在加工品质较好的粗细特转环锭纺时，推荐在流程中增加多功能分离器，除兼具金火探除功能外，还具有排除微尘、平衡气流的作用，具有清除重杂物和金属物的多种功能，其目的是从工艺角度增加清花部分排除尘杂的效率、降低开棉机开松强度，更有利于减少纤维损伤。

（三）开清棉流程高产高效

单轴流开棉机作为一种除杂效率高、适应性强的主要开松除杂机型，多数开清流程均有配置。其打手上装有 V 形弹性角钉，棉流沿切向进出打手室，当产量超过 800kg/h 时，易在出口侧发生角钉被挤弯甚至挤断问题，非常危险。郑州纺机创新开发了具有专利技术的 V 形角钉与刀片复合打手，并使打手进出口端直径不同，实际生产应用的产量可达 1200kg/h 以上，能满足高产、高效、安全的需求。

在处理高含杂原料时采用双轴流和单轴流串联使用的方法，其特点是强调清花设备的开松除杂，提高纺纱品级。出于环保节能、降低成本、增加效益的考虑，在以落棉、废棉为主，甚至用 100% 落棉生产粗特转杯纺时，适合采用双轴流和单轴流串联使用的方式，以增加开松除杂。

（四）"时差"多仓混棉机

目前，主流开清设备，如多仓混棉机、清棉机多以 1200mm、1600mm 机幅为主，多仓储棉仓数也多为 6 仓或 8 仓，已不能满足日益提高的产品质量要求。近年来，特吕茨勒公司和郑州纺机多仓混棉机已逐渐以 10 仓为主，郑州纺机将多仓和清棉机的机幅加大至 1800mm，"一机一线"，实际产量可达 1250kg/h，其优点是在加强原料混合的前提下，保证储棉量更加充足，保证同样产量下喂入清棉机的筵棉更薄，杂质更易分离，开清效果更好，系统供棉更加稳定，一定产量下原来需要配"一机两线"的流程，用"一机一线"就可满足，既简化了流程，也减少了设备投入。

（五）异纤设备逐渐成为纺棉清梳联流程的标配

随着电子照相识别、超声波探测技术的发展，异纤设备识别异纤的种类和准确性显著提高，配置异纤设备取代人工筛选，可以大大减少人工，避免人为因素导致的错漏检，提高纺纱品质的稳定性。

（六）全流程自适应连续供棉

传统的连续喂棉系统虽然能保证梳棉机上棉箱配棉管道内棉流连续稳定，但抓棉机到多仓连续抓棉供棉各单元机打手速度和尘棒隔距自主在线调节，开清棉流程与所配梳棉机台数和产量自适应匹配等，还没有实现更广意义的自适应连续化。随着电子技术进步，信息自动化和控制水平的提高，研究和实现全流程自适应连续供棉具有重要意义，使清梳联系统供棉量达到全流程连续、稳定；喂给量发生变化时，开松、除杂、梳理各系统自动适应调整，能稳定并提高生条和成纱的质量，节约能耗。

（七）高产梳理设备是现代清梳联的发展趋势

进入 21 世纪，清梳联设备的核心逐渐转移到梳棉机上，清梳联设备的竞争逐渐演变成梳棉机产量、质量、稳定性的竞争。从提高清梳联产量和减少占地面积的角度出发，急需提高梳棉机的台时产量，将自动化、智能化、数字化等新技术广泛应用到现代梳理机上。

第二节 梳棉工艺新技术

一、新型针布的开发和应用

梳理技术的发展与新型梳理针布的研制应用息息相关，梳棉机产量和质量水平随着针布性能的改进而提高。国内梳理针布的发展经历了 20 世纪 50 年代的弹性针布，60 年代的半刚性针布，70 年代的金属针布，80 年代的新型针布。金属针布的应用为高产梳理机和清梳联装备的发展奠定了基础。

高产梳棉机速度高、产量高、定量重、针面负荷大，因此，要求针布有强的梳理作用和较高的转移率，以减轻针面负荷。锡林针布作为重要的梳理专件，在针布主齿形和表面处理技术方面进步较大，主要朝向"矮、浅、尖、薄、密、小（角度）、硬、光"方向发展。为保证较高转移率，道夫针布工作角要略小，齿高应略大一些，但增加锡林齿密，必须使道夫齿密与之相适应。由于高产梳棉机锡林盖板间的脉冲梳理力大、负荷重，因而盖板针布钢针应粗些、短些，且要求针不能密。

新型针布的设计及选用针对性强，金属针布厂根据纤维种类、长度、细度、含杂、单纱强力、梳棉机的产量、锡林速度、生条定量、纺纱线密度、纯棉还是化纤混纺及一些特种纱线，设计了许多针布种类，如高产针布、纺细特纱针布等。而道夫针布、刺辊针布也有相应的规格型号。新型针布在国内的应用，使生条质量、成纱质量大大提高，棉结杂质降低，但也带来了一些困难，尤其市场的需要使纺织企业品种翻改频率很高，企业在许多情况下不能正确对号使用针布，造成针布使用混乱，从而不能很好地发挥新型针布的作用。国内外开发了通用型金属针布，其中针布工作角的设计兼顾化纤与棉纤维的要求，适应性比较灵活，在一定程度上可以满足翻改品种的需要。

梳棉机是纺纱工程的心脏，针布又是梳棉机的重要专件，针布的开发与应用要适应梳棉机高速、高产的要求。针布选型应系统化，使用规范化，材质选用高端化，加工精细化，使用系统配套化，从而满足梳棉机梳理持续向高速精细化发展的需要。

二、顺向喂棉结构

高速高产梳棉机的给棉板大多采用顺向喂棉。如卓郎（金坛）纺织机械有限公司 JSC326 型梳棉机给棉板位于给棉罗拉上方，采用顺向喂入，棉流或筵棉的运动方向与打手刺辊的运动方向一致，有利于高速，且对纤维损失少，可减少短绒的产生。给棉部分除可对筵棉弹性加压外，还可以根据纤维长度调整分梳长度，实现对纤维的柔和打击，以最大限度地减少纤维损伤。顺向喂棉结构示意图如图 5−8 所示。

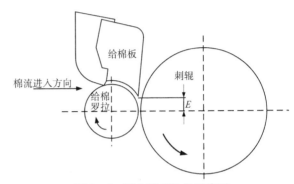

图 5−8　顺向喂棉结构示意图
E—给棉板鼻尖到刺辊中心轴线距离

三、三刺辊开松除杂系统

为了提高梳棉机的产量和质量，德国公司成功推出了拥有三刺辊系统的 DK803 型、DK903 型高产梳棉机。这种三刺辊系统具有独特的优点。

（1）三个刺辊直径小，均为 172.5mm。一般单刺辊直径为 250mm，传统多刺辊直径为 248～350mm，刺辊直径越小，运动速度越快，其分离和梳理纤维的效果越好。这样可使分梳线速度下降，从而减少对纤维的打击力，保持纤维不受损伤。同时由于离心力加大，有利于去除杂质，锡林与刺辊的速比进一步提高。

（2）第一刺辊配有梳针，可使纤维在最小损伤状态下被开松、分梳。

（3）特吕茨勒 DK 系列三刺辊系统针齿的配置和 CVT−3 型精细开棉机一样，均为剥取配置。齿密逐只加大，例如，纺超细纤维时，其三刺辊之间的密度配置分别为 32 齿、161 齿、205 齿。工作角逐渐变小，速度逐渐变快，实现了渐进式开松与除杂。

（4）在三刺辊系统中每个刺辊都配有一块分梳板、除尘刀和负压吸口，以进一步除杂，这种新型三刺辊系统清除棉结功能比传统设备有所提高，在一定程度上减轻了锡林盖板工作区的分梳负担。负压吸口一方面可除杂，另一方面可缓解刺辊高速运转所带动的气流，避免在刺辊周围产生高压而使气流运动紊乱，影响纤维分梳和除杂。

（5）DK 系列三刺辊系统的最大优点在于喂给锡林盖板工作区是一个均匀、精细、开松良好的纤维网。在这个纤维网中，纤维基本上是以分离状态存在的。将 DK903 型和 DK760 型相比较，纱疵总数可减少 50%，梳棉机产量可增加 50%～90%。

（6）三刺辊开松梳理及除杂系统是开清棉任务在梳棉机的延伸，并担负着梳棉机的预梳理任务，但 DK 系列三刺辊系统的最大缺点是对纤维的损伤大，易产生较多的短绒及棉结。

四、固定盖板的应用

现代高产梳棉机都普遍在锡林上部，回转盖板前后方加装固定盖板及其配套装置，以增加高产梳棉机锡林高速后的梳理度，提高排除籽壳屑、细微尘杂、短绒等功能，加强分梳除杂作用。固定盖板一般配有清洁装置，可以提高固定盖板的自洁功能，保障分梳质量稳定。总的趋势是增加除尘刀及负压吸管棉网清洁系统，如国产 JWF1204B 型梳棉机配置固定盖板与棉网清洁装置，固定盖板根数预分梳区为 8～10 根，后分梳区为 8～12 根，棉网清洁器前 2 个后 3 个，并可根据所纺品种方便地增减。增加固定盖板及棉网清洁器数量，有利于提高分梳质量。固定盖板可依据所纺品种和工艺要求灵活配置，前、后固定盖板分别如图 5－9 所示。

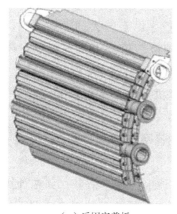

（a）后固定盖板　　　　　　　　　　（b）前固定盖板

图 5－9　前、后固定盖板

高产梳棉机上加装固定盖板后，形成固定盖板、负压吸风、控制板等除杂系统，使固定盖板系统具备三个作用。

（1）比普通梳棉机清除结杂有所提高，降低了细纱断头率。

（2）后固定盖板起预分梳作用，前固定盖板既起梳理又对纤维有定向整理的功能。

（3）固定盖板体系上配备棉网清洁系统，负压吸风口可及时吸走被除尘刀排出的杂质、短绒及细微尘屑，吸口和固定盖板还能调节锡林与盖板分梳区的气流，使锡林在高速回转情况下，纤维能较好地保留在锡林针面上，使纤维容易向道夫转移，有利于道夫成网，并可改善生条中纤维长度的分布。

随着梳理技术的发展，高产梳棉机的固定盖板根数逐步增加，回转盖板根数继续减少。将有 40 根回转工作区盖板的普通梳棉机与回转工作区盖板 24 根、后固定盖板 14 根、前固定盖板 4 根的高产梳棉机进行对比，高产梳棉机比普通梳棉机的棉结减少 31%，细纱条干不匀率得到改善。因此，增加固定盖板根数、减少回转工作盖板根数对于清除棉杂、提高生条质量十分有利。

五、高产梳棉机在线监控监测技术

（1）生条自调匀整技术已很成熟，有短片段开环式、长片段闭环式及混合环式。无论哪种都对生条不匀有显著匀整效果，实践中对比，混合环对长短片段匀整效果更好。DK760 型、DK803 型、DK903 型等属于混合环匀整系统，兼有开闭环的优点，可匀整长短片段。混合环有两种形式：一种是两个检测点、一个控制点，控制给棉罗拉速度；另一种是两个检测点、两个控制点，机前检测同时控制机后给棉罗拉及牵伸区的前罗拉速度，是闭环和机前短片段开闭环相结合。乌斯特匀整器的检测点在生条引出处，控制点在给棉罗拉处，属于长片段闭环型。其对短片段不匀控制差，但可以很好地解决班与班的生条重量的波动。100m 以上生条重量偏差可控制在 ±2% 以内。

（2）为了精确调节给棉罗拉棉层横向不匀，在喂入板下加装传感器，将棉层引入到喂棉罗拉及转移点再经过 10 ~ 12 个带弹簧传感器，可瞬间调节横向棉层喂入量，解决给棉罗拉横向喂入不匀问题，德国的 DK803 型、DK903 型也有类似装置。

（3）现代高产梳棉机在线监控技术及检测技术已有较大的发展，除自调匀整整体系列外，如 DK803 型、DK903 型、C70 型等高产梳棉机在道夫下方安装了在线棉结含量监控系统，可及时准确地通过计算机屏幕显示瞬间棉结含量的变化情况。

（4）在线调整盖板隔距的功能、由电子计算机控制，在 8/1000 范围内精确快速地调节，精度为 0.0001。

（5）新型梳棉机各主要回转件都是由变频调速系统控制的电动机分别单独传动的，相互间能保持正确的传动比。

（6）现代梳棉机可以在线不停地监测 30 多种生产工艺信号，并在计算机屏幕上自动显示工艺参数，如棉条重量、线密度及各部速度等。棉层厚度监测传感器可检测喂入棉层中大颗粒杂质及超厚的棉层，以防止轧伤针布。还可不停地监控纤维在锡林、盖板及刺辊上的负荷，出现超负荷会自动报警停车。增加对锡林预梳区及主梳区中纤维分布、梳理力大小的检测，并提供纤维在梳理过程中的应力变化情况。

未来智能型梳棉机上将进一步发展和应用智能型微电子技术，根据纤维在梳理区的变化、生条结杂含量情况，及时分析并自动调整速比、隔距和指挥在线自动磨针，监测梳棉机运转中随时发生的机械、火警及工艺质量故障，并自动分析排除，如果超限会自动指令停车等待处理。

六、便捷高效的自动磨针系统

以瑞士立达的 C70 型梳棉机为例，其沿用了 C51 型、C60 型梳棉机的集成磨针系统 IGS。该系统包括锡林在线自动磨针系统 IGS - class 和盖板自动磨针系统 IGS - top。根据纺纱原料和成纱质量要求，用户在机台针布维护菜单中设定好锡林、盖板的所纺纱产量，计算机就可自动控制锡林和盖板的在线磨针，无需专门停车，针布维护工作简化，维修成本显著降低。连续的生产过程中，自动磨针系统可保持和提高锡林、盖板针布的锐利度和梳理能力，对梳棉机有效去除棉结和杂质十分有利，确保在使用寿命周期内生条质量稳定。合理精准磨针控制系统也能有效延长针布的使用寿命。

七、梳棉机除尘技术

高产梳棉机吸尘风量和风压对生条质量影响很大，生产过程中产生的尘屑、短绒不仅影响生条质量，还影响生产环境，为此随着产量的提高，机上负压吸点已发展到包括道夫三角区、刺辊分梳板、锡林前后固定盖板、盖板倒转剥取的盖板花等10多个，并已普遍实现机台全封闭。一般高产梳棉机排尘的连续吸风量要达到单产×（60～80）的千克数，即50kg/（台·h）梳棉机吸风量达到3600m³/h，机内有连续吸风量才能保证每个吸点的负压到位。

为确保吸风均匀，减少机台之间的差异，当前高产梳棉机都配装单独吸尘风机和滤网，对本机内各吸点实现连续吸，将排风经地道排出；循环机外间歇吸，经管道进入滤尘系统。

间歇吸时间仅为2～3s，风量3600m³/h，静压达到2000Pa左右。间歇吸有风量大、风压高、清除效果好、节能等优点。

随着梳棉机单产水平、车速的进一步提高，除尘技术尤其应该加强，应使周围空气清洁度达到3mg/m³以下的水平，使设备及周围环境得到净化。

八、电子刹车技术

现代梳棉机的锡林速度都是相当高的，而锡林本身的自重又很大。在梳棉机上，锡林、道夫及刺辊上都包覆有针布或锯齿等，其表面速度高达50m/s，转体本身的质量要在150kg以上，其运行动能很大，要使其立即停车很困难，采用一般的刹车方法时需15min，即使机器上配有安全罩、安全门及电磁锁和速度监测装置，机器仍需要几分钟甚至多达15min才能完全停下。由于梳棉工序中，梳棉机台很多，假如都为了保证安全而采取以上措施，生产效率不会太高。应用电子刹车技术，使现代梳棉机的刹车时间达到最短，不损伤传动元件，且保证高速运行的锡林在60s内即可全部停下来，既保证了安全，又提高了生产效率。

九、抬高锡林、加宽幅宽、增加梳理面积

通过增加工作机幅来增加梳理面积。传统梳理机的工作机幅一般在1000mm左右，新型梳理机出现了1280mm、1500mm的工作机幅，与同等梳理弧长的梳理机相比，梳理面积分别提高28%和50%，在保证梳理质量的基础上，提高了台时产量。

同等梳理机幅下，新型梳棉机通过抬高锡林、加装前后固定盖板、增大梳理圆心角等方法增加了梳理弧长，使锡林梳理面积增大，产量增大。增加梳理面积是实现充分梳理和提高生产效率的保证。由于梳理区弧长增加，使配置的前后区固定盖板与工作区盖板根数多于其他型号梳棉机，尤其是增加工作盖板根数能有效地排除棉结与短绒；而扩大后梳理区使棉条清洁效果更好，纤维平行度更高。

十、梳棉机圈条器向更大容量发展

德国特吕茨勒展出了T–MOVE型自动换筒圈条器，该机可以满足超大直径1200mm的条筒，较直径1000mm条筒容量增加43%，可以显著减少换筒次数，减少并条搭接条次数，提高和稳定纺纱品质，降低人工劳动强度。该机换筒时，取消了推筒机构和动作，而是依靠圈条盘移位实现，节约了推筒动力消耗，能有效保护条筒少受损伤。

第三节 精梳工艺新技术

一、钳板新技术

以瑞士立达 E6/6、E7/6 精梳机为例，钳板摆轴传动采用曲柄摇杆机构，优化了曲柄长度，使钳板运动动程及最大角加速度值减小，有利于减小高速时的振动与冲击。E7/5 型钳轴摆动角 43.98°，单程摆幅（摆动动程）为 62.94mm；E7/6 型将偏心滑块摇杆机构中的偏心距，由 E7/5 型的 77.5mm 改为 70mm，钳轴摆动角缩小为 39.53°，摆动动程降为 56.57mm；E6/2 型和 E6/6 型将偏心距再缩至 65mm，钳轴摆动角为 36.60°，摆动动程降为 52.38mm，大大降低了钳板组件摆动的加速度，为其高速运转创造了条件。

钳板机构采用四连杆传动，具有传动精度高、耐磨损、寿命长等优点，两侧四支点支撑，提高了钳板摆动的稳定性；改进钳板组件的材质与几何造型，尽量减轻钳板组件质量，降低其摆动惯量；上钳板加压机构从原钳板组件中脱离出来，由固定于机架上的偏心轮传动，进行加压、释压和前进后退给棉，减轻了钳板组件的质量；减少了钳板组件的摆动惯量。上钳板压力轴的偏心距由 E7/5 型的 5mm，加大至 9mm，利用压力轴定位角度的变化会产生不同压力的特点，将原来不可调的上钳板加压压力，变为在一定幅度内可调，用户可根据小卷定量进行调整。与 E7/6 型精梳机相比，增加了钳板开启定时调整机构，钳板开口定时可根据给棉方式及落棉隔距的不同进行调整，从而避免了落棉刻度过大时出现给棉罗拉不给棉的现象，也解决了接合分离开始前钳口开启过晚而影响棉丛抬头的问题。

二、前进给棉工艺

前进给棉工艺比后退给棉工艺的锡林梳理长度少了一个给棉长度，因此，可使精梳锡林针布对须丛作用较柔和，后退给棉的重复梳理次数的增加以及增加对单根纤维的刮擦反而不利于成纱质量稳定和提高。由于前进给棉工艺少了一个给棉长度，钳板外纤维长度较短，受梳长度仅相当于分离距的长度，因此，大大提高了纤维弹性上翘的刚性，有利于棉网的分离结合，即使车速达到 600 钳次/min，仍可获得较好的棉网清晰度。例如，TC012 型精梳机车速为 600 钳次/min 时，配置的就是前进给棉工艺及长给棉工艺，而后退给棉工艺锡林梳理长度为给棉长度加上分离距，钳唇外被梳理的纤维长度长，落棉率较高，纤维损伤大，纤维弹性上翘抬头的刚性较弱，不利于高速度下的棉网分离结合。

前进给棉方式锡林对棉层梳理次数减少，梳理作用柔和，纤维损伤小，有效纤维利用率高，尽管精梳条棉结及短纤维含量均不同程度增加，但是只要合理选择给棉长度，并不会对成纱质量造成影响。因此，现代精梳工艺开创出一种有利降低成本、提高产品质量、高产、高效、优质的有效途径。现代精梳工艺技术的高速度、前进给棉、长给棉、低落棉特点，迅速摆脱了传统的低速度、轻定量、后退给棉方式的束缚。毫无疑问，前进给棉工艺已经成为现代精梳机上机工艺的首选。

三、精梳锡林技术的进步

1. 结构创新

精梳整体锡林有黏接式和嵌入式，改善了植针锡林速度低、效率低、嵌花及易损伤的问题。以格拉夫为代表的黏结式锯齿整体锡林冷扎、冲齿、加工后，由相关组合黏结而成，优化了锡林各组齿条密度、工作角、齿尖角、齿厚度、齿间隙等相关工艺参数的排列组合，适当增加了齿条工作角，有利于纤维的上浮和转移，不易产生嵌花；锡林对纤维穿透性能强、梳理性能好、使用寿命较长。以德国施尔公司为代表的嵌入式锯齿整体锡林是新一代高性能精梳锡林，该锡林由固定在底座数组不同规格的锡林齿条构成，适当增加了前区的齿条密度，使得精梳棉结、短绒、杂质及成纱质量均达到较好的水平，具有较强的纱线品种适应性；一旦某段锡林齿条锐度退化、损伤或嵌花，可以随时调换，减少了成纱质量的波动，降低了能耗。

2. 齿密增大

锡林总齿数增多使分梳显著增强，对排除结杂、降低短绒起到积极作用。锡林总齿数增多主要在后几组，第一组齿密一般降低或保持不变，以提高锡林前几排针布的穿刺能力，增强对纤维丛开松、整理功能；能优化齿型，提高锯齿表面光洁度，不挂花，耐磨。

如 E8/6 精梳机采用 Ri - Q - Combi500 金属锯齿锡林，齿密配置由稀至密，梳理角前角小、后角大，梳理点增加，重点是后区齿密增加，有利于排除棉结和短绒。齿密和角度根据梳理特点合理分配。齿密逐渐增加且集中在后区，提高了对纤维的精细梳理；角度逐步减少，增加了对纤维的控制能力，减少了高速瞬时梳理时的纤维控制。

3. 增大齿面圆心角

精梳机新型锡林增大了齿面圆心角，从 74°、81°、90° 到 112°，最大为 130°，从而加大了梳理区长度，齿片组合前稀后密，为纤维梳理提供了纵向空间。E8/0 型、E8/6 型精梳机 Ri - Q - OMB 的齿面角为 130°，其梳理区增加 44.4%，锡林的总梳点数增加 60%，总梳理点可达 4.7 万，重点增加后区精细梳理区，更彻底地从棉层里清除短绒、棉结杂质。尽管精梳锡林的梳理强度急剧增加，但由于锡林针布结构的优化，即合理的锡林前、中、后梳理区的齿密、齿条工作角、针齿容纤量的优化设计，仍可以保持柔性梳理和均匀抓取，纤维清除效率高，并改进了纤维的平行伸直度。针布分组如图 5 - 10 所示。

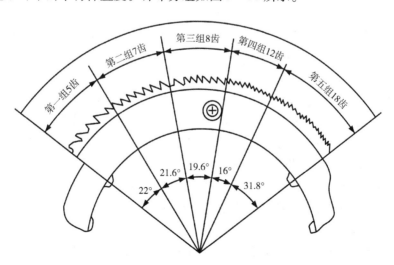

图 5 - 10 针布分组图

4. 多种齿形、梳针合理分区

原精梳锡林多为四分割、五分割，目前最多设计为六分割、分割弧长相等，采用装配式结构利于更换齿片，用户也可自行改变锡林齿密，以满足不同纺纱需求。且前区梳针和后区锯齿相互结合，实现渐进梳理。

5. 齿顶面积减小，硬度提高

为提高锋利度，齿尖减小为 0.06mm；硬度从 600HV 提高到 800HV，产量提高。

6. 齿密从前到后渐密

齿密渐密设计，减小了齿密突变造成的纤维损伤和挂花；针布设计为前、后区功能分开，前区针布有效地抓取须丛中的纤维是后区针布有效清除棉结的前提；应适当调整后区高密梳理点，对已经完全握持在针面的须丛进一步梳理，去除棉结、杂质，提高单纤维的平行度。

四、新型顶梳的创新

1. 齿密增大

齿密：稀型为 240 齿/100mm，标准型为 260 齿/100mm，密型为 280 齿/100mm，加密型为 300 齿/100mm，特密型为 330 齿/100mm，最大齿密单排增加到 360 齿/100mm。由 JZD - 201 型单排顶梳改为 JZD - 201S 型双排顶梳，齿密由原来的 260 齿/100mm 增加到 500 齿/100mm，齿密增加 92.3%，梳理效果增强，减轻了锡林绕花和顶梳嵌花的问题。

2. 排列形式改变

针齿采用弯角设计，压板在顶梳板面向钳板的一侧，顶梳板在前后摆动的工作过程中不会与钳板、后分离胶辊碰撞；针条的直线度好，针尖锋利、穿刺性强、刚性好，无并针，分梳质量稳定可靠；齿形设计合理，表面光洁、无毛刺棱角，不挂纤维；不需焊接固定，针条可以局部修补或整条调换，顶梳板、压板可长期使用。

3. 顶梳结构改变

与传统顶梳相比，双排梳针结构的顶梳具有下列技术优势：顶梳针从 1 排增加到 2 排，梳针成倍增加，梳理能力成倍提高，梳理质量改善，其排除短绒、结杂的能力大幅提高；精梳机运行时的弯曲力矩可由双排梳针共同承担，梳针的抗弯强度成倍提高，由此梳针因受力弯曲、倾斜以至出现并针、弯针和断针的现象大幅下降；梳针的几何尺寸、工作角等都进行了优选设计，使双排梳针能在线自洁、不嵌花；双排梳针形成的附加摩擦力界较宽，加强了对游离纤维的控制。

4. 改变针齿尺寸

高速精梳机对顶梳的基本要求是：具有足够强度和弹性，保持不断、不弯、不并针及针尖锋利度，顶梳条针隙均匀，有自洁效果，不嵌杂物。传统精梳机顶梳梳针上尖下宽，不仅对穿刺纤维层不利，而且短纤维和结杂易嵌塞在针隙中。传统顶梳的针密一般为 260 ~ 320 齿/100mm，新型顶梳梳针瘦长，齿密设计为 350 齿/100mm，更利于针齿对纤维层的穿刺，顶梳插入深度为 1mm；同时，由于针形改变，在齿密加大的情况下，齿隙未减小，使顶梳的功效得到明显增强，尤其在前进给棉中，顶梳排除落棉达 50% 以上（图 5 - 11）。

5. 提高齿尖制造精度

齿尖厚度不大于 0.06mm，齿宽为 0.25mm，插入棉网的穿刺能力强，硬度不小于

700HV，表面粗糙度 Ra 值为 $0.4\,\mu m$，自洁能力强。

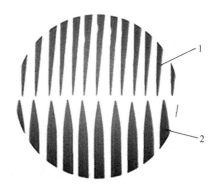

图 5-11　顶梳针形
1—新型顶梳梳针　2—传统顶梳梳针

五、分离结合新技术

以瑞士立达 E6/6 型、E7/6 型精梳机为例，采用差动行星齿轮机构传动分离罗拉，回转臂由锡林恒速传动，锡林又通过三套组合的四连杆机构，使太阳轮作正反或近似停止的运动，其与回转臂的合成速度传动分离罗拉。

E6/6 型、E7/6 型精梳机改变了差动行星机构中太阳轮和行星齿轮的齿数，降低了平均分离牵伸倍数，使有效输出长度由 31.7mm 缩短为 26.48mm，又相应修改了传动太阳轮的连杆尺寸，使分离工作长度未做同比例减短，可增加精梳棉网的接合长度，以提高精梳条的接合牢度，改善精梳条的条干均匀度，同时，降低分离罗拉顺转瞬时速度，加速度随之降低，分离罗拉转动惯性降低，可遏止分离罗拉的扭振。

六、牵伸机构的简化

国内外新型精梳机的牵伸部分多采用压力棒曲线牵伸并带有自调匀整功能，保证了精梳纱条的条干均匀度。

日本丰田公司 TCO12 型精梳机采用独立驱动自调匀整系统，减少了 8 个精梳头之间的输出棉条的质量差异。精梳机的锡林、钳板及分离罗拉等均采用双侧驱动，确保了所有精梳头同步运转，并使扭转降低 25%，波动降低 25% 以下，8 个精梳头之间质量和落棉量差异减少了 50% 以上，钳板速度提高到 600 钳次/min。采用带压力棒的四上/三下牵伸系统。第四根上罗拉保证了棉条在牵伸的输出端均匀和轻柔转向，同时在主牵伸区对压力棒进行调节，能够实现棉条的受控导向，保证了输出棉条轴向平衡，优化了对棉流的控制。此外永久性润滑的上罗拉轴承，产生的热量极低，使运转性能优良，表面涂层的寿命延长，可有效避免产生"三绕"现象。

JS-FA2188 型智能精梳机牵伸系统为三上三下压力棒曲线牵伸系统，采用 SolidWorks、MATLAB 辅助设计进行了三维一体的有效优化，牵伸范围是 9.12~25.12 倍，能很好地控制浮游纤维，保证对纤维网有效牵伸和有序集束，配套了自动检测和自调匀整装置，有效控制精梳条片段不匀，可使精梳条条干不匀率控制在 3.5% 以内。

JWF1278 型精梳机牵伸系统采用三上三下罗拉附压力棒式曲线牵伸。该牵伸系统在高速度、重定量条件下，对纤维须条的控制和确保质量稳定性方面具有优势。牵伸传动采用同步带、平带传动，保证牵伸的平稳性和较小张力牵伸的可调性。成条检测系统由成条输送、成条检测保护组成，另有废花吹吸装置。增加了漏条在线检测，设置高灵敏的漏条保护装置，避免细纱长细节疵点。

七、整体传动采用模块化设计

国内外新型精梳机的整体传动都采用模块化设计，以 JWF1278 型精梳机为例，根据新传动系统的结构布置，对车头墙板、底板及车中机架采用 PROE 三维设计。

车头箱体重点对孔系、高速下的油路进行了全新设计，保证在高速下各齿轮的正确啮合和充分润滑；采用了全新的回油系统，对车头传动箱盖、箱体的油槽进行了重新设计；为了降低车头在高速时的温升，采用了新的散热结构，对车头箱顶盖、车头门、旁板等相关零件作了全新设计，最大可能保证空气形成对流，减小高速下车头的温升。优化设计行星机构，降低车头箱震动。行星轮的运动是车头重要的传动机构之一，运动的平稳性影响精梳机车头的震动及噪声，通过优化行星轮结构的齿侧间隙和内部轴承润滑油路，改善了轴承在高速时的润滑条件，减少了磨损，降低了车头箱内的温度和震动。对车中墙板、承卷罗拉分布角度、分离罗拉加压装置的位置、成卷罗拉与钳板间的连接位置、毛刷传动装置的调整空间、中墙板与底板连接形式等作了结构设计。随着车速的加快，为了顺利吸走落棉，更好控制气流，对车中吸棉通道进行结构设计，由分体式风道改为整体式风道。

八、计算机控制系统的运用和自动化

1. 计算机模块化控制

E6/6 型通过 CAPD（Computer Aided Process Design）计算机辅助工程优化设计，通过几十亿次的运算，优化组合的结果。SCU 机器控制，机电一体化水平大有提高，E7/5 型使用了数量多达 60 余个继电器控制，E7/6 型改为可编程序控制器控制，前进了一步，E6/6 型的 SCU 则是计算机的模块控制，SCU 是立达自行开发的应用于纺纱各机的计算机控制系统，模块根据机器类型选定，E6/6 型的菜单、数据显示计有产量、质量、生产信息、参数调整、班次安排、机器功能自检、质量检测系统（UQM）、故障、维修等总计 74 项，其中仅故障显示说明一项就有 148 条之多，上述各项都可通过菜单、显示屏快速地显示出来。系统还给用户提供了自行编程的方便，计算机控制系统的应用，给用户带来了极大的方便。

2. 全自动棉卷运输系统

立达公司的换卷和棉卷接头系统 Robolap、棉卷和筒管运输系统 Servolap E26 实现了精梳设备的全自动化。Robolap 可移除空管、定位 8 个满卷并为后续的气动接头程序准备好棉卷头。配备全自动换卷系统 Robolap 的精梳机 E8/6 的效率约提高 2%。全自动棉卷接头装置可使 8 个接头达到统一的高质量标准，因此，该方法优于人工接头。此外，Robolap 减少了精梳设备对人力的需求，降低了生产过程中对操作人员的依赖。棉卷和筒管运输系统 Servolap E26 可将满卷从精梳准备系统运输至精梳机，并将精梳机上的空筒退回。棉卷被轻柔地传送并为后道工序做准备，从而能持续确保棉卷的高质量。配有 Servolap E26 和 Robolap 的立达全自动精梳设备与未配备自动系统的精梳设备相比，人工需求量降低 60%，如图 5-12 所示。

图 5-12 立达自动运卷系统

九、其他

（1）可采用钳板最前位置停车，使开车时棉网质量稳定。

（2）满筒自动断条。满筒时圈条盘定位自停，自动换筒推出条筒的同时，圈条切口切断棉条，不必另设断条机构。

（3）普遍采用同步齿形带和平皮带代替刚性齿轮的啮合传动，既可做到无间隙传动，提高传动精度，还可降低噪声。

（4）变速器传动圈条盘。不同的纤维原料对圈条牵伸有不同要求，可通过垫片，改变变速器传动直径，使之符合圈条牵伸工艺的需要，不需调换传动齿轮。

第四节 并条工艺新技术

一、喂入部分

早期产品如 1242 型、A272 系列采取平台喂入机构，棉条经过两个 90° 的拐弯，增加了断头数，影响机器效率；另外，棉条断头后，在长平板上不易接头，采用搭接则易使棉条重量偏差超标。此外，平台喂入的缺点还有断条自停利用金属压辊低压电碰触造成停车，因机器惯性，棉条断后可能进入牵伸区，更为严重的是自停接线松动或不可靠，造成缺条仍然继续开车，易出现漏条、堵条、圈条等现象。

线速度达到 400m/min 以上高速后，基本上采用了高架沟槽罗拉顺向积极喂入方式，导条平稳，无条子拖动和条子转弯现象，棉条不易产生意外牵伸。在喂入过程中，条子通过导条叉，避免了高速提升条子时相互粘连起毛现象。平皮带传动代替原斜齿传动，能减少意外牵伸，并配有光电断条自停装置。例如，FA322 型并条机给棉罗拉和导条罗拉之间的张力牵伸倍数共设计了 3 挡，可适应于不同技术性能的纤维，使不同纤维的喂条张力牵伸适宜。FA317 型、FA319 型、FA326 型均采用导条光电、微动开关自停加多路断条显示及柱式信号灯显示。FA316B 型则采取红外线数码光电监控断条，运用不可见辐射光电管。国外高速并条机喂入方式无不采用加光栅或光屏的积极式导条架喂入。

二、牵伸加压系统的调整形式

（一）加压系统

目前普遍采用的弹簧摇架加压虽结构轻巧简单，但弹簧易出现疲劳，对每个弹簧个体做到压力一致较为困难，无自动修复压力功能，影响压力的精度和稳定，调整工艺也较为麻烦，保全维修工作量增加，适合线速度 500m/min 左右配置。此外，弹簧加压在原料变化、温湿度波动大时，高速下极易出现牵伸不开现象。

气动加压是国际上流行的加压形式，在高端并条机上均有配置。其结构轻巧，易损件少，维修工作少，震动传递较少。气动加压属于软弹性加压，压力调整幅度大，可做到压力准确稳定，工艺调整方便，甚至不用停车调节，有一套压力自动保护功能。我国自行研制的单眼高速并条机牵伸加压方式无不采用气动摇架加压。

（二）罗拉隔距调整系统与调整台差

传统的并条机在生产中因品种更改、纤维长度变化时，其相应的工艺调节费时费力，且日常维护也较为繁琐，影响了生产效率。新型高速并条机将胶辊与罗拉设计为一个整体，能被同时调整，罗拉滑座处有精密调整刻度，下罗拉的调节快速准确，10min 左右即可完成。目前，一种自动化程度更高、调整精度更先进的电子控制的电动机可代替齿轮传动体系，属于在线自动调节系统。这种自动连续调节罗拉中心距装置在 RSB 系列并条机上，通过电子式步进电动机驱动中后罗拉，在动态条件下，尤其擅长对不同纤维长度混纺在牵伸过程出现的中片段偏差起到自我调节作用，通过调节罗拉中心距来取得与纤维长度相关的最佳中心距，获得更为精细的调整效果。

牵伸齿轮变换系统在国内生产的新型并条机上多数已不再由机修工直接换齿轮来调节台差，质量调节装置已经取消了人工变换齿轮的方法，而是采用相当于机床调速摇手轮方式来调节棉条质量，在车头箱外参照计数器显示数值用手摇动手柄即可。操作简单、方便，减少了保全工的维修时间及工作量。当然，自调匀整系统不用更换牵伸齿轮，消除了不同片段的长度不匀，机台差异更小。

（三）牵伸机构的类型及配置

并条机的四种主要牵伸形式为三上三下上托式压力棒牵伸、四上三下附导向罗拉压力棒牵伸、五上四下附导向罗拉压力棒牵伸和三上四下压力棒牵伸。前三种形式控制浮游纤维效果较好，从机构上讲，第一种最简单，第三种最复杂，但浮游纤维控制最佳。并条机多采用双曲牵伸，后区牵伸在 1.05 ~ 2.5 倍，常用的在 1.15 ~ 1.70 倍；总牵伸在 3.5 ~ 12 倍，通常在 4 ~ 8 倍。

高速并条机的牵伸机构趋向于简单，其好处是操作维修方便，不易积花，减少罗拉胶辊就减少了缠绕概率，从而适应在高速状态下稳定运行。牵伸形式重归简单源于两方面因素，一是清梳联技术进步，带自调匀整生条质量不匀及中、长片段得到明显提高，改变了过去将解决质量偏差与质量不匀率指标集中在并条工序的情况；二是鉴于并条机本身机电一体化技术的快速提高，匀整系统扫描距离仅为 1.5mm，检测频率达到毫秒级，可将 ±25% 范围内的棉条匀整为 ±1% 以内，无论喂入棉条的速度高或者低，其质量偏差测试的精确程度都是一样的。

1. 压力棒和多胶辊两大类曲线牵伸装置

压力棒牵伸适应性强，可以在高速条件下控制短纤维在牵伸过程中的不规则移动，从而提高棉条均匀度。压力棒曲线牵伸一般有 3 种。

（1）三上三下形式（或四上三下形式），如立达公司 D0/2、SB20 及现代机型 RSB 系列并条机，如 D30、D35、D40、D45 等，青泽 720 型，英国 Platt740 型，特吕茨勒公司 HSR1000、TC03 型，因果斯塔特 SB6 型，英国 PlattDF、DG、DH10A、10B 型。国内有 A272E 型、FA302 型、FA371 型、FA382 型、JWFL301 型、FA381 型。

（2）三上四下形式，如马佐里 SH1 型、SH2 型，国内东台马佐里 DUOMAX（R）、UNI-MAX（R）。

（3）五上四下形式（或四上四下形式），如日本 CherryDX - 500 型，立达公司 D1 型，国内宝成 FA311 型、FA313 型、FA322 型、东夏 DV2 型、HSD961（AL）型、青岛云龙 FA316B

型。

多胶辊牵伸形式有代表性的是五上三下牵伸形式，代表机型是青泽720型，可在四上三下与五上三下牵伸形式中任选一种。

2. 三上三下（或四上三下）压力棒牵伸机构成为主流

三上三下压力棒牵伸机构在并条机上应用最为广泛。这种设计的出发点是罗拉直径越大，牵伸机构的运行越平稳，尤其是前罗拉。大直径罗拉使牵伸装置运行平稳；在圆周速度不变的情况下，罗拉直径越大，其转速就越低，然而，增大罗拉直径会使罗拉钳口隔距增大。因此，在主牵伸区需要一个专门的引导机构，称为导向辊或压力棒，它可以设置在须条的下面或上面。四上三下压力棒牵伸机构严格来讲也是三罗拉压力棒牵伸机构，位于输出罗拉之上的第四罗拉起导向作用，负荷较轻。它引导棉网围绕沟槽罗拉直接进入输出喇叭口，从而利于棉条的形成。上罗拉的直径相同且较大，以使其所受的压力较小。

目前高速并条机牵伸形式的趋势是机构简单的三上三下形式，如立达RSB35、RSB40、RSB401、RSB45及SB–D20、SBD11型，并条机三上三下牵伸体系的牵伸区是一种倾斜的排列，以使棉条得到柔和并合。

3. 无需手工调整牵伸倍数

现代并条机调整牵伸倍数不再需要调整变换齿轮，而是通过简单地设置变速电动机、步进电动机或通过单独电动机驱动来改变牵伸倍数。牵伸倍数可连续或分段进行调整，使得现代并条机的原料适应性更强，如立达和特吕茨勒公司提供中央罗拉设置系统，通过特殊的精确设置达到加工工艺要求。

4. 自动牵伸系统的配置

在高速并条机上配有AUTODRAFT伺服电动机，增加了并条机预牵伸程序，通过调节使预牵伸比例达到最佳，传动预牵伸的伺服电动机还可同时传动牵伸罗拉及整台并条机，通过预牵伸调节优化牵伸倍数，且牵伸调节范围大，可改进熟条质量，控制熟条质量偏差。只要把熟条定量设计值输入到计算机中，在计算机控制下使熟条在线定量达到设定值，不再需要人工离线监控及人工调换齿轮等，新型并条机全自动牵伸系统，使并条机质量偏差实现了无级调节。

TD03型并条机为了实现自动牵伸系统的自动控制作用，牵伸罗拉已改为应用单独的伺服电动机传动中罗拉，不仅可自动设置预牵伸，而且可以带负荷试车，从试车中获得正确的预牵伸值，调整运转中牵伸倍数，形成自动牵伸倍数调节智能系统，对控制熟条质量偏差的作用十分显著。

（四）压力棒截面形状

压力棒截面形状有多种：梨状截面，FA306型、FA326型、FA327型；扁棒弧形头，FA315型、FA317型、FA319型；矩棒弧形头，FA316型；超半圆截面，FA311型、FA313型、FA322型、A272F型；瓜瓣形三弧段连接，DV2型。

（五）适应高速的胶辊

在高速条件下尤其高温季节更能考验胶辊的耐磨性、耐老化性、抗静电性、抗缠绕性等性能，进口并条机胶辊表面硬度有趋于向略小方向发展，对瑞士RSBD45型、SB20型并条机胶辊硬度检测均为75°，HSR1000胶辊为75°（也可80°配置线速度1000m/min），较小硬度胶辊在压力作用下与罗拉组成较宽握持钳口线，增加胶辊动摩擦因数，使其在高速下有更好的握持力。硬度小，弹性好，表面变形大，吸震能力强，钳口握持稳定。进口胶辊在国产高速并条机上用得较多，这些胶辊均为不处理胶辊，国外对胶辊表面处理基本上淘汰化工涂料处理，推行光照处理方式，使其更具抗缠绕性、抗静电性。

三、高速并条机的自调匀整系统

我国自调匀整装置研究自 20 世纪 90 年代开始，沈阳宏大纺机在 2000 年定型生产 BYD 短片段自调匀整装置（洛阳 613 研究所研制 BYD），满足在线速度 600m/min 条件下进行工作。杭州东夏纺机公司 2007 年开发出 HSD – 961AL，满足 650m/min 条件下工作，采用进口 THD901AL 自调匀整器，自调匀整控制系统为 6.22DOS 系统，属开环控制短片段匀整，能有效控制因牵伸不合理及操作不良造成的牵伸波，改善短片段不匀，结合并合改善长片段不匀。此外，上海中兴开通自动化公司开发了 PAL01 自调匀整器。

国际上具有代表性的自调匀整装置有立达公司 RSB 型，乌斯特的 USC 型、USG 型，以及特吕茨勒公司的 SERVO DRAFT 伺服牵伸型。这些装置性能稳定，适应高速，被多家并条机生产企业所配备，如天门纺机 2004 年就推出 FA381 型高速单眼带自调匀整装置的并条机，线速度达 1000m/min；宝成纺机 FA322 型双眼带自调匀整装置的并条机，线速度达到 600m/min，沈阳纺机 FA326 型双眼带自调匀整并条机，线速度达到 600m/min；经纬纺机公司 JWF302A 是单头并条机并配有 USTER 的 USG 自调匀整机构，保证了棉条的不匀率及质量。

四、清洁装置

高速并条机的高速牵伸，使罗拉胶辊的发热量大增，上刮皮（丁腈胶圈）、上擦辊（铁辊）式清洁装置很适合胶辊线速度在 300m/min 以上的高速并条机。由于牵伸区上下通风，胶辊表面的热量散发较好，积花易被排除。上擦辊采用金属物，与胶辊始终接触摩擦，将飞花及时擦拭下来，随上吸风口吸走，既不产生静电，也不聚集热量，是高速并条机使用效果较好的一种清洁装置。现代高速并条机清洁系统有带截止阀的中央吸风系统以及自动滤网清洁系统。

五、圈条机构

目前，并条机的圈条成形采用天盘和地盘相对运动来完成，盘圈形式有大圈条和小圈条。在生产实际中，大圈条应用较多，但由于所纺品种不同和原料内在性质的变化会出现成形不良，或者出现棉条输出不畅，表现为堵天盘上口。为适应并条机的高速，现代并条机多采用大条筒小圈条。导条元件的尺寸设计对生产细特棉条尤为重要。在立达公司 RSB 系列并条机中，棉条通道（斜管）及圈条器都由不锈钢制成，并且适用于各种类型的纤维。圈条头按原料品种和棉条输出定量选择适当圈条头，同时更换圈条器。为保证棉条顺利输出，可有两个选项，即圈条 CANLink 和清扫 CLEAtube。对圈条器棉条管的自动清洁，可根据所纺纤维品种调整清洁强度与间隔。

六、传动技术

1. 伺服电动机与变频电动机的应用

自调匀整系统的执行机构几乎都是伺服电动机传动系统。高速并条机的功耗并不大，匀整系统功耗更小，但却要求能准确检测棉条质量的变化并自动作出快速而精确的响应，不仅要求性能稳定，还要求少维修甚至不维修。国外厂家使用的是无刷、无维护电动机，系统中采用的似为永磁式无刷直流电动机（BLD CM），因其具有大的过载能力，小的转动惯量，小的转矩脉动，转矩—电流具有线性特性，控制系统有较高的通频带和放大系数，使整个伺服系统具有良好的动静态性能，且体积小、质量轻、效率高、转子不发热。

普通鼠笼式交流感应电动机，采用变频调速逆变器驱动等计算机控制系统后，便是变频调速电动机，这一技术在国产机上得到广泛应用。一套控制系统可多台控制，且频率的稳定度在0.1%以下。该系统借助位移传感器和直流控制的组合，可高精度、高速运行，调速方便，不用更换齿轮。该系统能软启动，且启动扭矩不过大，故可进行频繁的开关车和快速的加减速运动，电动机可实现电动、制动、正转、反转四象限运转，且少维修，对开关频繁的并条机而言，这些优点是至关重要的。平稳启动的实现，可消除启动时牵伸区中罗拉转动时差引起的细节以及条干恶化，还可消除频繁开关车引发的故障源头。可以说高精度伺服电动机与变频电动机的推广使用是并条机传动技术的一大进步。

2. 单眼传动

单眼并条机或单眼传动的并条机能分眼进行精确控制，FA321型单眼并条机和FA329型并条机均为单眼传动，其优点是能够解决传动双眼并条机上所不能解决的眼差问题。

3. 同步齿型带的广泛应用

同步齿型带在各机上均得到广泛应用，其特点：一是传动级数少，几乎可做到无间隙传动；二是噪声小；三是调换各种变换齿轮方便、快捷；四是频繁开关车时，传动元件间为软接触，故障性冲量对转动件造成的损耗小，配以变频传动，其损耗可趋于零。

七、密封技术

在高速并条机上，前罗拉速度往往高达8000r/min以上，甚至达到10000r/min，且又加大了钳口压力，在高速重压下成倍增加的运转负荷，都由罗拉两端的滚针轴承承受。为使设备长期在良好的润滑条件下运转，完善的密封技术非常必要。FA329型并条机采用的是引进的唇式密封套，能适应线速度10～15m/s的运动。FA322型并条机采用的是迷宫式密封，该机罗拉轴头两端设有凹凸槽形迷宫，罗拉高速回转时，带起的油膜封闭了间隙很小的迷宫通路，阻止了细小尘绒的侵入。此法成本较低，但对机械加工精度及组件的安装水平提出了较严格的要求。

八、自动换筒系统

随着并条机的高速化，大卷装和自动换筒技术成为必然。HSR1000型并条机满筒时的自动换筒装置能无故障的工作，几乎不需操作工看管，可提高生产效率。其康利（CONNY）连接组合系统，能将备用空筒水平地送入并条机内，并将满筒经水平通道送出并条机。

九、IDF 连体式并条机

特吕茨勒推出了产量超过 100kg/h 的 DK903 型高产梳棉机连体组合的 IDF 连体式并条机，因省去了一道并条工序，故可节约原料与资金，节省 60% 的占地面积，缩短了生产时间，减少了操作，可以按正确方向牵伸纤维。但其缺点也很严重，一是无并合作用；二是最大牵伸不能超过 3 倍，不能发挥伸直纤维的优势，因为此时纤维须条中大部分纤维是后弯钩。

第五节　粗纱工艺新技术

一、传动系统的技术创新

粗纱机传动中采用变频调速、多电动机传动技术，使粗纱机传动系统具有控制精度高、机构更加简单、自动化程度高等优点。根据同步运行的电动机数量，有采用二台、三台、四台、七台电动机的多种形式，国内外以四台电动机传动的粗纱机居多。

（一）四电动机同步传动系统

新型四单元传动的粗纱机取消了差速轮系，速度变化由变频调速完成，传动机构大大简化，减小了动力消耗和噪声。由计算机控制的四个变频调速电动机分别传动牵伸系统、锭子系统、锭翼系统及龙筋升降系统，使粗纱的牵伸、卷绕成形完全受控于电子计算机，如图 5 – 13 所示。

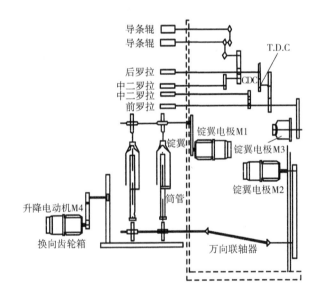

图 5 – 13　四电动机粗纱传动系统

计算机根据粗纱工艺及卷绕成形的软件指令控制各电动机的速度，精确完成粗纱的牵伸、加捻与卷绕，其优点主要有以下几方面。

1. 简化传动机构

传统的粗纱机单机传动方式是由一个主电动机通过若干轮系分别传动牵伸机构、锭子、锭翼及龙筋升降系统，并经过锥轮、差微等机械变速系统完成对粗纱机的卷绕成形，各种轮系传动都需要许多齿轮，机构十分复杂。一方面传动效果并不精确，另一方面耗用较多的动力。新型四电动机粗纱机取消了差速、变速、成形等装置，大大简化了机械传动装置。与传统机械式传动粗纱机相比，四电动机粗纱机不仅能耗减少30%，而且还大幅度减少了机械故障，提高了设备的生产效率。粗纱机原有的慢速启动、防细节装置、张力微调等机构也被取消，使粗纱机的结构简洁，整个机台震动大大减小，噪声低，可实现更高速纺纱。

2. 消除开关车细节

由于以往粗纱机前罗拉引出线速度与粗纱卷绕线速度在机械传动系统中不同步，瞬间差异大而产生细节，而且关车细节比开车细节要严重，尤其在传统粗纱机上为了调整断头后的锭翼后撑位置，便于生头或接头，机上设有微动开头，从而造成的细节十分严重，这些细节使纱线存在许多强力弱环。

虽然在传统粗纱机上加装防细节装置，用机械或电气控制来调整粗纱卷绕与前罗拉线速度之间的差异。例如，加装电磁离合器，使前罗拉线速度与卷绕线速度一致；也有在主电动机上加装变频调速系统，使主电动机软启动，从而缓冲两种线速度的差异；此外，有些企业通过加强粗纱以前半成品质量控制，减少断头甚至不断头，以此来消除落纱中粗纱开关车及点动的发生，杜绝由此产生的开关车细节；还有采用高效假捻器及适当提高粗纱捻系数；也有采用液力耦合器技术，以延缓机器升降造成的前罗拉线速度与卷绕线速度之间的差异传动。但是总不能很好地解决粗纱开关车细节问题。

新型四单元传动技术使前罗拉引出线速度与卷绕速度在电子计算机控制下始终保持同步，使粗纱机正常纺纱，开关车不会产生细节。四单元传动粗纱机对线密度的品种适应性很好，改变品种时，纺纱卷绕张力不必重新设定，能自动选择最佳的纺纱张力；开关车时能保持卷绕线速度与牵伸前罗拉线速度同步，关车时卷绕机构先停，牵伸机构后停，使前罗拉至锭翼之间的粗纱略有松弛，开车时张力又恢复正常。新型粗纱机彻底消除了粗纱细节，这是重大的进步。

3. 精确调节卷绕张力

由于新型粗纱机采用四单元传动技术，卷绕速度与前罗拉线速度之间始终保持一定值，卷绕速度略大于引出线速度1%。不论大纱、中纱、小纱或车间相对湿度的变化，经计算机控制的卷绕张力始终保持恒定。

普通单电动机传动、带有锥轮变速的粗纱机的张力调节比较麻烦，而且也不准确。新型粗纱机上应用了张力传感器自动控制与调节卷绕张力控制系统（CCD装置），它采用自动调整粗纱动态张力的张力微调技术，可在线主动控制大、中、小纱及各卷绕位置的粗纱张力，张力调节效果明显。

粗纱机前后排的粗纱张力也存在差异，因为前后排粗纱导纱角不同，伸长也不同，意大利的一些毛纺粗纱机把粗纱牵伸机构由水平位置改为垂直位置，使牵伸罗拉与卷绕装置在一条直线上，以此来消除锭与锭，特别是前后排锭子的张力差异。棉纺粗纱机也有将后排锭翼抬高，消除由前后排导纱角差异而引起的卷绕张力差异。实践证明，粗纱锭翼上加装高效假捻器，提高了粗纱抗伸长能力，前后排粗纱张力差异已基本满足要求，尤其在新型四罗拉双胶圈牵伸形式的粗纱机上引出粗纱宽度小，由于加装了小开口集合器及高效假捻器，前后排粗纱张力差异问题已基本上得到解决。

总之，由于四单元传动粗纱机的出现，在杜绝粗纱开关车细节，精确控制卷绕张力，严格控制大、中、小纱伸长率差异等方面取得了令人满意的效果。因此，可认为当代新型粗纱机技术进步的重要特征是实现了四单元变频电动机传动，并由电子计算机控制系统，不仅提高了本工序的生产效率、产品质量，更重要的是为下游工序高速运行以及提高产品质量创造了有利条件。

（二）其他类型多电动机传动系统

1. 三电动机同步传动系统

三电动机同步传动系统的主电动机传动罗拉、锭翼、筒管；锭翼、筒管之间的变速由变速电动机通过差动机构传动；升降电动机带动万向联轴节传动升降机构。取消了传统粗纱机的铁炮无级变速器、成形装置及部分辅助机构，如铁炮皮带复位机构、张力微调机构等，其相应的功能由计算机或可编程序控制器（PLC）控制电动机的变速，实现粗纱机同步卷绕成形的工艺要求，简化了粗纱机的结构。其传动件如图 5 – 14 所示。另外还有一种二电动机传动粗纱机，其主电动机传动罗拉、锭翼、筒管、升降；锭翼、筒管之间的变速由变速电动机通过差动机构传动；升降由摆动机构或电磁离合器控制。

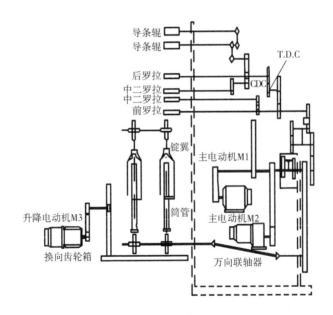

图 5 – 14　三电动机粗纱传动系统

这两种粗纱机介于传统传动与多电动机传动之间，其优点是可降低可编程序控制器（PLC）的控制精度，但保留了差动机构，使机械运转速度提高有限，一般纺纱极限转速为1100r/min 左右。

2. 七电动机同步传动系统

此种机型是在四电动机同步传动的基础上，增加了以下功能。

（1）采用七台电动机分别传动前罗拉、中罗拉、后罗拉、锭翼、筒管、下龙筋升降、导条辊和清洁器轴等，取消了全部变换齿轮，牵伸罗拉间的牵伸倍数可无级调节，牵伸倍数的调整精度更高，范围更广；七部分完全独立的传动，替代了传统粗纱机复杂的机械传动，用现代驱动、控制技术组成的随动控制系统，精度较高，操作、维护更加方便，减少了机器的故障率，提高了机器的灵活性和适应性，适合品种及工艺多变的市场需求。

（2）采用了断电保护技术，避免了突然断电而造成整台车断头或产生细节。

（3）采用车前安全防护罩，确保安全；车后为全封闭。

（4）采用德国 TEXParts 公司的气动加压摇架，纺纱质量稳定。

（5）预留了以太网接口，可实现车间多机台生产的网络控制和管理。

二、牵伸及加压系统的技术进步

（一）牵伸形式的改进

目前新型粗纱机采用三罗拉双短皮圈、三罗拉长短皮圈及四罗拉双短皮圈等牵伸形式，国外像青泽 660 型、668 型及我国 FA401 型、日本 FL16 型和 FL100 型等粗纱机均有以上牵伸形式的配置。

1. 三罗拉双短皮圈牵伸

双短皮圈的摩擦力界分布较合理，但不宜生产定量过重的粗纱，否则皮圈控制不好，纤维须条容易分层。以 FA401 型为例，前区为主牵伸区，罗拉中心距 46～90mm，有由上下销、上下皮圈、隔距块等组成的皮圈控制元件，后区牵伸 1.12～1.48 倍，总牵伸为 5～12 倍，适纺长度 22～65mm。其他还有国产粗纱机，如 FA454 系列等。

2. 三罗拉长短皮圈牵伸

双短皮圈中的下皮圈尺寸要求十分严格，其过松、过紧都会对粗纱均匀度产生影响。由于下皮圈无张力控制，再加上皮圈长度误差及其他零部件制造装配误差，使下皮圈运动线速度不一致，从而造成粗纱锭间的误差，并产生纤维分层现象。而在长短皮圈牵伸机构中，长皮圈有张力控制，其运动线速度均匀正常，对纤维控制能力好，纤维运动比较稳定，纺纱质量较好。但双短皮圈比长短皮圈维护保养方便，吸尘设置空间较大。与青泽 660 型、日本 FL16 型及国产 A454G 型、A451G 型等三罗拉双短皮圈相比，瑞士 F1/1A 型粗纱机属三罗拉长短皮圈牵伸，皮圈运转较平稳，对改善产品质量有利，但容易发生吊皮圈现象，清洁机构（吸尘管）失去应有的空间位置，设计比较困难。

3. 四罗拉双短皮圈牵伸

国产 FA421 型粗纱机属于双短皮圈牵伸，其他如日本的 FL16 型、德国青泽 668 型等也有四罗拉双短皮圈的应用，也称 D 型牵伸，我国新开发的 FA491 粗纱机也采用四罗拉双短皮圈牵伸，实质上四罗拉双皮圈有 3 个牵伸区，但 1、2 罗拉之间的牵伸只有 1.05 倍，为整理区；主牵伸区在 2、3 罗拉之间，前集棉器放置在整理区，主牵伸区不放置集棉器，形成牵伸不集束、集束不牵伸，以达到提高条干均匀度的目的。四罗拉牵伸整理区使主牵伸区牵伸后的纤维在整理凝聚区起到集束作用。普通三罗拉双皮圈的总牵伸为 4～18 倍，但 5～12 倍的工艺效果好；当牵伸倍数为 18 倍以上时，四罗拉双皮圈的牵伸比较适应。四罗拉双皮圈对于定量重的粗纱，经过集束作用可使生产出的粗纱毛羽少而光洁；但生产定量轻的粗纱，在牵伸不大的情况下，三罗拉双皮圈牵伸就能满足要求，不必再增加一个整理区使机构复杂。

四罗拉也可采用长短皮圈设计，其优缺点与三罗拉一致。

4. 五罗拉牵伸系统

2014 年，赛特环球机械（青岛）有限公司展出了最新研制的 FA4981 型粗纱机，该机采用五罗拉牵伸系统，在现有四罗拉牵伸基础上增加一根罗拉，主牵伸区仍采用双短皮圈牵伸，在棉条进入主牵伸区前增加了一个整理区，该区对喂入棉条有一个 1.042 倍左右的牵伸，使第一罗拉与第五罗拉间的总牵伸倍数达到 15 倍。

5. 其他牵伸专件

胶辊、皮圈质量在牵伸部件中占重要地位，皮圈要有一定弹性，厚度要均匀，上、下皮圈搭配厚度要合适，否则会影响粗纱均匀度。一般下皮圈是主动件，上皮圈是被动件，上皮圈线速度小于下皮圈线速度，会使皮圈间的纤维分层滑移，破坏条干，因此，要尽力做到上、下皮圈间滑溜率要小，并保持线速度同步。长短皮圈线速差小，产品质量要优于双短皮圈。

此外，胶辊硬度要适当，目前大多采用软弹胶辊，尤其前胶辊硬度在 65 度至 72 度时，粗纱均匀度优于硬度 85 度的胶辊，无套差胶辊优于小套差的胶辊。

上销弹簧压力及皮圈钳口也很关键，皮圈钳口隔距对粗纱条干均匀度影响较为显著，应慎重选择开口隔距。

集棉器口径也对粗纱均匀度影响显著，前区集棉器对粗纱均匀度的影响更显著，工艺配置时，应妥当选用，认真设定。

（二）加压机构的改进

目前国内外加压形式有 SKF 弹簧摇臂加压、瑞士 R2P 气动加压、德国绪森公司的 HP 型板簧加压 3 种。

1. 弹簧加压

国产粗纱机大都采用 YJ1 - 150 型、YJ2 - 190 型及 YJ4 - 190 型等 SKF 型、PK1500 型、PK589 型弹簧摇臂加压；国外 SKF 型、PK1500 型、PK589 型弹簧加压应用较普遍。SKF 弹簧摇臂加压创始于 20 世纪 50 年代，经过不断改进已趋成熟，日本 FL16、意大利马佐里 BC16 型、青泽 660 型等也都应用 SKF 系列弹簧加压。我国三罗拉、四罗拉双短皮圈及长短皮圈牵伸都应用 SKF 系列的国产摇臂加压。SKF 摇臂的优点是结构轻巧，支撑简单，加压、卸压方便，加压机构趋于系列化、通用化，互换性很强，国内外实践证明，弹簧加压工艺性能完善，产品质量优良。弹簧加压的最大缺点是使用一定周期后，弹簧的弹性变形转换为缓弹性变形及塑性变形，使加压力减小，会造成锭子之间加压差异，并恶化条干。因此，使用一定时间后的弹簧要予以更换，否则牵伸不匀率增加。

2. 气动加压

瑞士立达公司生产的粗纱机为气动加压，如 F1/1A 型粗纱机。气动加压的压力均匀，锭差小，压力调节方便，停车时（总电源切断）会自动释压，保持摇架呈半释压状态，再开车时不会造成粗细节，还可减少胶辊变形，半释压压力控制在 0.2~0.3Pa。气动加压形式不会因使用时间的长短而产生压力衰减，造成压力锭差，保证了产品质量，但粗纱机必须配备气源储气柜及气路。气动加压相对于 SKF 加压形式增加了一些附属系统和加压系统的配置。气动加压产生的效果优于 SKF 加压，但气动加压对摇架加压的要求较高，如要求精度高、互换性强，以免造成压力分配和各锭之间的差异。此外，当相邻摇架释压后，压力产生变化，不可能恒定一致，增加了其他锭子的压力，从而影响粗纱的条干均匀度。

3. 板簧加压

20 世纪 80 年代德国绪森公司研制开发了 HP 型板簧加压机构，粗纱板簧加压摇架为 HPA410 型，应用在棉纺翼锭粗纱机的双皮圈牵伸系统上。四罗拉双皮圈牵伸系统国外应用较多。HP－A410 摇架包括摇架体加压杆、3 个或 4 个压力组合件及清洁绒辊托架等。每个胶辊由加压组合件握持，加压组合件包括弹簧架板簧及上胶辊握持座，这种握持座有较宽的握持区，以保证上胶辊有可靠的平行度，且定向性好，加压组合件使胶辊处在直接而无摩擦的压力下，板簧可防止胶辊侧间运动，上皮胶握持座是整个加压件，在组装后再进行精细机械加工，以保证上胶辊与下罗拉平行，而且不需要调整。与 SKF 圈式弹簧加压相比，HP 板簧加压效率高，持久耐用，尤其 4 个罗拉（或 3 个罗拉）钳口线平行度比 SKF 摇架好；板簧加压的压力不易产生衰退，在相同压力下，板簧变形只有圈式弹簧变形的 8.27%。即便是国外的优质圈式弹簧，应用 4 年后，弹簧压力也会出现衰退，会使粗纱不匀率增加。与气动加压相比较，HP 加压系统的加压机构比较简单，机面容易清洁，而且每个摇架的压力比气动加压稳定，锭与锭之间压力不相互干扰。

绪森 HP－C 式上销及 HP－R 上胶辊都是专门设计的，具有很好的功能。绪森公司设计的 HP－A410 摇架，主要特点是板簧加压，加压稳定，弹性比 SKF 圈式弹簧经久，长时间不会产生缓弹性或塑性变形，真正实现了重加压、强控制、控制精确的要求，HP 系列板簧加压可保持 4 个罗拉握持线的精确平行以及浮游区距离最小，这种牵伸机构的牵伸倍数可高达 18 倍以上（四罗拉），纺纱质量好。绪森公司生产的 Ringcan 超大牵伸细纱机的加压机构也是板簧加压，牵伸倍数超过 100 倍以上。HP 板簧加压机构应当成为我国粗细纱机乃至并条机摇架加压形式研究与推广应用的方向。目前，我国 FA 506 型细纱机改装成紧密纺技术的牵伸部分及加压部件均由绪森公司配套供应成套专件，也是板簧加压机构。

三、加捻卷绕系统的技术进步

（一）翼导卷绕方式

棉纺粗纱机诞生以来，均采用管导卷绕方式，即：

$$V_管 - V_翼 = kV_{罗}(k > 1)$$

翼导卷绕方式则为：

$$V_翼 - V_管 = kV_{罗}(k > 1)$$

两式相比，翼导卷绕方式筒管的回转速度较管导卷绕方式低。有研究表明：在粗纱承受的离心张力相同，40 捻/m 和卷绕直径为 120mm 的条件下，翼导方式较管导方式锭翼转速提高 12.5%；在卷绕直径为 150mm 的条件下，锭翼转速可提高 11.2%。相对而言，翼导方式纱管大纱时的最高转速比管导方式纱管大纱时的最低转速要低，对降低筒管的驱动功率有利。

现代棉纺粗纱机大都采用牵伸、锭翼、筒管、筒管升降四电动机驱动，筒管由单独电动机直接驱动。为了克服大纱启动时纱管的惯性，使纱管与锭翼、牵伸罗拉同步启动，筒管驱动电动机的功率不得不随着大卷装与高速化而加大，达到 15kW 以上。其控制系统的电器容量也随之增大，使粗纱机制造和使用成本增加。采用翼导卷绕方式降低筒管转度，可降低筒管驱动功率，并有利于降低纱管上粗纱所承受的离心张力，大纱减速可延迟，有利于提高粗纱机产量。多电动机驱动粗纱机改变锭翼与筒管的转向十分方便，因此，新型粗纱机多采用翼导卷绕方式。

（二）封闭式吊锭锭翼

粗纱锭翼制约了粗纱锭速的提高，我国 FA400 系列粗纱机锭速在 800r/min 以下，这是因为锭翼材料较差，不适于高速。速度高锭翼会扩张变形，而且托锭锭翼设计的方式使其在高速时很不稳定。改为吊锭后，锭翼可加装滚珠轴承以适应高速，但速度超过 1000r/min 时，锭翼会出现扩张变形，因此，锭翼材料及几何尺寸的设计必须进行相应改进。日本 FL16 型、RMK 型粗纱机的吊锭锭翼，引纱臂为开槽形式，接头时必须用尼龙钩操作，德国 FB 11 型粗纱锭翼也为悬吊锭翼，引纱臂为全封闭式。我国在吸收消化国外先进技术的基础上设计的 GDY 型锭翼也属封闭式吊锭锭翼。

新型封闭式吊锭锭翼有以下优点。

（1）锭翼材料选用高强度合金钢。

（2）锭翼外形设计合理，锭翼臂上端刚度大，并采用斜肩式，翼臂长度缩短，弹性变形小，抗高速扩张力强。

（3）流线型翼臂断面，符合空气动力学要求，回转时阻力小，气流稳定，适于高速。

（4）锭端都配有高效假捻器，假捻效果明显。

（5）锭翼表面涂有极光滑的特殊材料，减小了空气阻力和挂花。

（6）锭翼内腔表面十分光滑，为不锈钢材料，光滑耐磨，不挂花，粗纱进入内腔不用导纱工具即可从锭翼下端出头，运转时粗纱阻力很小，减小了不必要的纺纱张力。

（7）全封闭式锭翼上下端都有支撑，锭翼两臂封闭成环，高速回转时不易变形，运转平稳。

新型粗纱机已全部采用吊锭锭翼，国外青泽 660 型、日本 FL16 型、意大利 BC16 和英国泼拉脱 FH 型、FG 型、FJ 型及国产 FA400 系列粗纱机也都采用吊锭，托锭已被淘汰。目前新型粗纱机的吊锭锭翼都适于高速，一般在 1400～1800r/min。

卷绕密度恒定是采用四单元传动技术的现代粗纱机的又一个优势。采用这种技术，粗纱机的卷绕速度与前罗拉引出线速度之间可以始终保持一定的张力值；同时该设备还能根据大纱、中纱、小纱或车间相对湿度的变化，使粗纱设备的卷绕张力始终保持恒定。

（三）大卷装

大卷装粗纱可以提高粗细纱的工效，减小落纱和换纱周期，但在高速卷绕成形时，随着粗纱直径的加大，离心力相应增加，会对粗纱品质产生负面影响；过大的粗纱成形，会使粗纱锭距加大、细纱机上的粗纱排列产生问题，因此，粗纱卷装容量的大小要兼顾一些相关问题。目前锭速可达 1800r/min，粗纱卷装尺寸由 $\phi 130mm \times 320mm$ 提高到 $\phi 152mm \times 406mm$、$\phi 178mm \times 356mm$、$\phi 178mm \times 508mm$，其卷装容纱体积增加 3 倍，粗纱质量达 5kg/只。

四、清洁装置的技术进步

老式粗纱机上下绒辊、绒板积聚的大量短绒，要靠人工定期清除，此外，车间里飞花很多，生产环境差，锭壳上挂花现象严重，所有这些都影响产品质量及工作环境。

清洁装置在粗纱技术进步中不断改进。新型粗纱机增加了许多负压吸尘点。清洁系统的设立，能及时清除罗拉、胶辊、皮圈等处的短绒及杂质，防止纤维缠绕罗拉等部件，并保证不出现由于积花短绒及飞花造成的纱疵。此外，新式粗纱机具有自身净化环境的能力，降低生产区的空气含尘、含飞花量，随着粗纱机车速的不断提高，清洁工作更要加强，以保证产品质量的稳定提高，减轻挡车工清洁工作的劳动强度。例如，我国 FA400 系列、日本 F116 型粗纱机除了配备积极回转式清洁绒布外，还配有自动负压吸风系统，及时清洁上下绒板绒布的棉尘及短绒。青泽、立达等粗纱机都配有负压吸尘系统，在上下罗拉、皮圈等处加装吸风口，将这些部位的棉尘、短绒吸走，并在粗纱机机尾处配有过滤网箱，使过滤后的清洁空气循环回到生产区。由于采用连续负压吸风，牵伸及卷绕系统的飞花、短绒及棉尘等都能被及时吸走，车间生产区含尘量很低。

新型粗纱机上还配有断头吸棉及自停装置。在前罗拉下面装有断头吸棉装置，可解决断头后飘头造成的双纱及其他纱疵。国外新型粗纱机都配有这种技术系统。此外还配有吸棉电感自停系统，一方面将断头吸入管道，另一方面可使机器停车待处理。新型粗纱机的上下清洁装置与断头吸棉装置构成一个清洁系统，使粗纱质量及生产环境的净化水平得到提高。

五、粗纱工序自动化

（一）功能自动化

早期粗纱机的功能自动化围绕纺纱过程正常进行及安全操作而设置，如断头、断条自停装置；龙筋超位安全自停装置；车头门、安全罩打开自停，人体靠近锭翼安全自停；牵伸部分清洁及巡回吹吸风装置等。随着粗纱技术的进步又出现为提高粗纱机效率和降低操作工劳动强度的半自动落纱而设置的装置包括落纱三定（定长、定向、定位）和锥轮三自动（锥轮自动抬起、锥轮传动带自动复位、锥轮自动复位）装置；其后，由于控制技术的进步出现了以提高粗纱质量为目的的线阵 CCD 摄像传感器在线粗纱张力检测及控制系统，以简化调整和进行实时管理为目的的人机对话触摸屏系统，其采用触键检查机器各部的运行状况，输入或显示有关工艺技术参数及故障部位等。通过屏幕显示和键盘操作，操作人员可以很方便地重新设定、储存和传递各类生产参数，减少了换批时间。简明的操作提示诊断系统，能显示保养和维修信息。系统还可以对输入数据进行合理性检验。屏幕显示机器的性能和落纱情况，有利于监视和调节系统状态，使机器高效率地运转。

（二）落纱自动化

粗纱机自动落纱技术是提高自动化程度，提高生产率，降低劳动强度，实现纺纱连续化及自动生产线的关键技术。

自动落纱技术分为半自动落纱和自动落纱两种。粗纱机的半自动落纱技术比较成熟，尤其四单元传动的新型粗纱机，其半自动或自动落纱操作上要简便得多，不需再考虑铁炮皮带的复位等问题。国产新型粗纱机大都是半自动落纱，当粗纱卷绕到一定长度后，计算机指令停车，下龙筋降至落纱位置，人工取纱换上空管，下龙筋再上升至生头位置，搭头重新启动纺纱。全自动落纱的技术特点是当纺满一定长度的粗纱，自动停车，下龙筋降到落纱位置，自动落纱及换管后下龙筋复位，粗纱自动搭头，形成新一轮纺纱，落纱时间 4～5min，落下的粗纱集中运送到粗纱运输系统待运。青泽 670 型、Rowemat 型粗纱机为内置式全自动落纱装置，整个落纱插管过程约需 5min。日本丰田公司的 FRD 型静止式粗纱落纱装置，能同时握住满纱纱管和空筒管，停车时间只有 3min。

从降低工人劳动强度、减少用工的角度考虑，自动落纱设备是今后的发展趋势；但鉴于目前我国国内用工的实际情况，半自动落纱设备可能会在一段时间内仍占据主导地位。目前，国内粗纱设备的半自动落纱技术已经成熟，一些粗纱设备制造企业的全自动落纱制造技术也已经基本成熟，初步具备了商业化运作的条件。自动落纱技术的成熟为实现粗纱无人操作、粗细联创造了有利条件。

（三）粗细联

目前，国外的粗细联设备制造技术已经比较成熟，国内一些企业也已逐渐具备了研发制造能力。天津宏大自主创新研制的内置式全自动落纱粗纱机与 JWF9561 型粗细联输送系统、JWF0121 型尾纱清除机组成的系统可实现粗纱自动落纱、换管、自动输送粗纱和粗纱管等功能，消除了粗细联设备的生产制造中的技术障碍。河北太行机械工业有限公司的 THFA4461 自动落纱机和 THCXL01 粗纱输送机也具备自动落纱和粗细联自动传输功能。THCXL01 粗纱输送机很好地解决了纱厂粗纱工序到细纱工序粗纱锭输送过程的技术难题，该粗细联系统具有高度灵活性，从简单的运输系统到精细的多轨道系统都可以适用。赛特环球机械（青岛）FAD1802 粗纱输送系统，充分利用客户厂房空间，取消了运纱车和仓库，避免了粗纱表面损伤，提高了成品率，并可根据客户需求设计成自动和手动两种。

粗细联设备的稳定运转需要有成熟的粗纱自动落纱技术和粗纱自动换纱技术。而粗纱机自动落纱和换纱技术是提高设备自动化程度、提高纺织企业生产率、降低劳动强度、实现传统纺纱连续化及自动生产线的关键技术。有关专家认为，目前国内外粗纱全自动落纱的方案已经可行，但落纱可靠性和换纱成功率还有待进一步提高。

第六节　细纱工艺新技术

一、数字化的牵伸传动系统

在传统环锭细纱机的牵伸传动机构中，车尾主电动机驱动主轴，主轴进入车头后经一系列的齿轮啮合传动车头的牵伸机构。在 600 锭以上的环锭细纱长机中，增加了车尾的同步牵伸机构，由前罗拉从车头传动，驱动源来自车尾主电动机，纺纱工艺调整依靠一系列的变换齿轮来完成，操作不便，且由于受自身结构的影响，不能满足某些特殊工艺的要求，而且车尾的同步牵伸机构是由前罗拉从车头传动的，增加了前罗拉的负荷，易产生前罗拉的扭曲变形。

现代环锭细纱机的牵伸传动已与主传动分离，三组罗拉分别由变频调速同步电动机按照工艺牵伸设计的要求传动；长车的牵伸传动靠车头车尾同步驱动，前罗拉不再承担中后罗拉的同步牵伸，克服了传统细纱机的不足，前罗拉负载过重问题也得到根本解决；配备纺纱专家系统，能进行纺纱过程中的人机对话。

二、独立控制的钢领板升降运动

传统细纱机的钢领板升降运动与锭子、牵伸罗拉共同由主轴传动，其中钢领板升降由棘轮机构和凸轮机构控制，锭子和牵伸罗拉传动之间有捻度变换齿轮，前后牵伸罗拉之间有总牵伸变换齿轮，牵伸罗拉和成形凸轮机构之间有卷绕密度变换齿轮，成形凸轮也是变换零件。

现代环锭细纱机的钢领板升降运动由交流伺服电动机通过油浴齿轮减速箱传动，取消了棘轮机构、凸轮机构、卷绕密度变换齿轮等，系统传动及控制方式如图 5-15 所示。其中，锭子由变频器调速的主电动机 M1 通过主轴、滚盘传动；前罗拉、中后罗拉分别采用交流伺服电动机 M2 和 M3 传动，使捻度变换齿轮和总牵伸变换齿轮也得以取消。

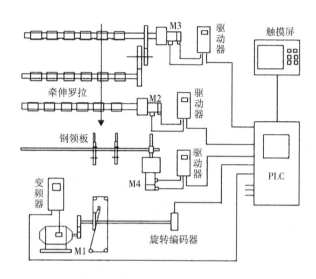

图 5-15　细纱机系统传动及控制示意图

三、高速防震锭子

随着棉纺环锭细纱机的发展，细纱锭子的支撑结构形式也经历了一个由刚性支撑向弹性支撑（下支撑弹簧）及向双弹性支撑（上下支撑均有弹性）的发展进程。德国绪森公司 NASA 型锭子、HP368 型锭子及 SKF 公司的 Csis 锭子，锭速可开到 30000r/min，噪声比普通锭子低 6%~7%。能耗低，使用寿命达 10 年以上。

锭子新技术的发展可归纳如下几点。

①采用更小的纺锭轴承（ϕ6.8mm 或 5.8mm），使锭盘做的更小（ϕ18.5mm 或 17mm），为细纱机高速节能创造条件。②采用双弹性支撑结构，利于防震，降低噪声，减少磨损。③采用双油腔结构。使润滑油与阻尼油分离，以增强锭子的阻尼，降低锭子的震动。④采用径向支持和轴向承载分离的分体式锭底，克服原锥形底条件下锭杆盘的窜动。⑤锭尖大球面支持有利于减小下支撑的接触应力，提高承载能力和耐磨性。

四、多锭化超长化设计

现代新型环锭细纱机采用自动落纱装置，细纱机基本上可以实现长机生产，每台细纱机上锭数增加。这种带自动落纱装置的多锭超长细纱机的开发，既可节省占地面积，减少细纱用工，提高劳动生产率，又能解决纺纱生产中长期难以解决的纺纱速度和细纱卷装的矛盾，通过卷装优选来提高环锭细纱机的锭速，从而提高纺纱生产效率，特别适用于批量稳定的中细特纱生产。在每台细纱机上安装的锭数从 1008~1200 锭增加到 1600~2000 锭。

五、钢领钢丝圈新技术

国外钢领材料主要选用轴承钢、高级合金钢等表面硬度在 600～800HV 的高硬度耐磨材料，并在金属加工、热处理及动力学理论等方面做了许多突破性的研究与开发，推出了耐磨、寿命长、散热性好、抗楔性好的新型高速钢领。使用寿命 5～8 年，有的达到 10 年。并出现了新型滚动钢领钢丝圈。现代新型细纱机所用的钢领钢丝圈可显著降低纱线的磨损程度，尤其在加工化学纤维时，细纱能顺利地通过钢领钢丝圈。

六、单锭检测系统技术

单锭检测系统技术以友好的人机界面向使用者及时提供机台的运行信息，主要包括机台锭速、捻度、牵伸倍数、瞬时断头数量、当前断头数量、断头位置以及异常锭位、生产效率、运行功率、实时产量、当班产量等数据信息，对细纱机进行全方位的实时监控，以便准确分析机台设备状况和生产情况。根据需要，该系统还可以加装粗纱断头自停功能，采用巡回式断头检测装置沿着细纱机往返，巡回检测传感器对每一个锭位进行检测，也可采用固定式检测装置在每一锭位的紧靠钢领处，设置固定的检测传感器。当细纱断头后，钢丝圈停止运动，传感器即可检测到断头信号，该装置启动并切断粗纱，避免出现返花、缠罗拉、缠胶辊等更加严重的问题，保证了产品质量和专件器材不被损坏。

当多机台拥有该系统时，可以通过 WIFI 网络组建集中管理系统，实现客户端的集中管理，由一台服务器集中采集并分析各机台采集的数据，进行机台之间、轮班之间以及品种之间横向和纵向的数据对比，提供优化生产、改进工艺、提高设备维修水平的依据。并通过互联网进行共享，各级管理人员不在工厂也能了解细纱机的生产情况。

使用单锭检测系统，能有效地降低成本，提高生产效率。首先，该系统能有效地减少用工。传统的细纱挡车模式，都采用值车工巡回来发现断头并实施接头，使用了该系统后，可以将原来的挡车定额增加一倍以上，依靠单锭检测及时发现断头，挡车工只需到有断头报警的车头进行接头即可，不需要重复巡回，降低了劳动强度，也提高了效率。其次，该系统能有效地降低浪费。以往需要挡车工不断巡回才能发现细纱机的断头，不可避免地会造成更多的空锭不能及时处理，从而造成回花下脚增多、用电浪费的现象。使用该系统后，能先对断头多的机台进行处理，而且能及时发现，效率大大提高。

七、自动集体落纱技术

细纱工序一直是用工最多的工序之一，而采用集体自动落纱技术后，将原人工落纱、人工插管改变为自动落纱、自动插管、自动运输纱管，彻底解放了落纱工的繁重体力劳动，实现了"机器换人"。目前在细纱长机上采用自动落纱技术，国内已有 10 多年时间。技术不断成熟，其效果在业内已得到共识，它比原人工落纱的停台时间可缩短 1～2min，落纱后留头率也比人工落纱提高 3%～5%，落纱工可减少 1/2～2/3，即一个落纱队从原来 6 人减少为 2～3 人，按每万锭配一个落纱队计算，三班运转落纱工可从原 18 人减少到 6～9 人。

电器和气动控制柔性化，自动完成纺纱、锭子运转曲线和集体落纱的控制。集体落纱系统采用光、电、磁检测系统，伺服驱动保证落纱动作准确运行，既保证了细络联的可靠性，又实现纺纱全过程的监控和质量跟踪。集体自动落纱装置落纱、插管、满管输送、空管运送全部自动完成，落纱停车时间为 3~4min，落纱留头率在 97%~98%，使生产效率大大提高。

据相关统计资料显示：目前国内有环锭纺细纱机 1.3 亿多锭，而目前采用集体自动落纱的细纱长机只有 2000 万锭左右，尚有 1 亿多锭常规细纱机仍采用人工落纱，如何解决常规细纱机的集体自动落纱问题，这是多数纺纱企业所期盼的。2014 上海纺机展展示的两个解决方案正在国内纺纱企业中推广实施。一是在现有细纱机上加装集体自动落纱装置，展会上展出的经纬纺机的 JWF1510 型细纱机、马佐里公司的 DTM129 型细纱机、浙江凯灵纺机的 ZJ1618 型细纱机、山西贝斯特纺机公司的 BS516 型细纱机等，都适宜改造成集体自动落纱细纱机，但目前改造成本较高，对部分企业仍有一定难度。二是采用智能型自动落纱小机来取代人工落纱。目前国内多家纺机制造厂研发的自动落纱小机在展会上展示。智能落纱小机采用伺服电动机控制，能自动在细纱机铺设的轨道上往复行走，每次能自动拨管 8~12 个，并自动将空管插入，每组配两台落纱小机采用双面落纱；落纱停台时间（480 锭/台）能控制在 3min 左右，落纱留头率能达到 90% 以上，已接近集体自动落纱的各项指标。

八、细络联技术

现代细纱生产除与粗纱实现粗细联外，与络筒实现细络联也是目前纺纱企业十分关注的新技术。因为环锭细纱长机采用集体自动落纱后，可自动运送纱管到托盘式自动络筒机上。2014 年国内外纺机制造商在当年的展会上，通过视频或样机方式介绍了细络联的应用情况，如瑞士立达 G32 型细纱机与日本村田自动络筒机连接，德国青泽 R72 型细纱机与赐来福 X5 型自动络筒机连接，以及经纬纺机的 JWF1562 型细纱机与青岛宏大 SMARO 自动络筒机连接。采用细络联可将细纱机落下的管纱通过连接系统直接输送到自动络筒机上络成筒子。由于两个工序连续化生产，实现了"机器换人"的目标，使细纱与络筒用工最多的两个工序成为用工最少的工序。据介绍，国外纺纱企业均已使用细络联生产，国内目前也在逐步试用与推广，但存在的主要问题是使用细络联使细纱品种变化受到限制，不适应企业多品种生产，这也是国内不能快速推广应用的原因之一。

环锭细纱机发展已实现超长机，最长锭数接近 2000 锭，集体落纱插管与自动络筒连接形成细络联，细络联不仅节约了人工，更重要的是自动监控技术可跟踪发现细络联中每个细纱锭子的问题，并及时解决。由于细络联和高速自动络筒的应用，环锭细纱机最高纺纱锭速普遍升高到 20000~25000r/min，HOWA 公司的 VAM 电锭已达 27000r/min。如经纬纺机的细络联设备，由 JWF1562 型细纱机与 SMARO-I 型络筒机连接，将细纱管纱通过连接系统直接输送到 SMARO-I 型络筒机上，实现自动重启、自动生头、自动落纱输送等连续化生产，使纺纱工序的产品质量和劳动生产率进一步提高。

九、节能降耗新技术

能源成本在纺纱企业加工成本中占有一定比重。当前随着环锭细纱机速度的提高，自动化、连续化、智能化技术及紧密纺等技术的推广应用，使单机能耗与机物料消耗增多，因此，节能降耗的任务十分繁重。

（一）节能新技术

（1）德国绪森公司针对使用紧密纺技术后能耗增多的实际，在紧密纺装置上推出了节能措施：一是将主机与变频器科学组合，使电动机无用功降到最小，能节电 20%；二是采用特殊材料网格圈，并且进行表面防静电处理，可使运转时负压从 25MPa 降到 12.5MPa，节电率达 50%。又由于将网格圈使用寿命从 6 个月延长到 12 个月，也使材料消耗降低 50%。

（2）德国青泽公司生产的细纱机采用多电动机龙带驱动锭子的技术，其特点是维护方便，能耗降低。据检测，比锭带传动锭子能降低电耗 13%。这是由于龙带驱动具有较小的扭折，并减小了锭子与锭带摩擦阻力所致。

（3）无锡二橡胶与济南天齐公司用聚酯纤维材料制成锭带，取代原布质锭带，不但传动平稳、传递效率提高，且节电率可达 20%。同时用聚酯材料制作的锭带强度提高，能延长使用寿命 40%，从而使锭带消耗下降。

（4）采用节能免维护锭子使电耗降低。在环锭细纱机上锭子是耗电最多的部件，故近几年国内外锭子制造商都致力在锭子节电上采用新技术。一是改小锭盘直径，从 22mm 改为 17～18mm，据测试，节电率达 10% 以上；二是改进锭子与锭胆的组合结构。例如，同心纺机研发的 CS68 系列结构，平底锭子利用流体润滑及动压轴承技术，锭胆内下支撑设计为"经向滑动＋轴向止推"的组合轴承结构，锭杆下尖为圆柱大球面，显著提高了锭子的承载能力，使锭子在高速运转时有良好的稳定性与可靠性，具有明显的节电效果。由于稳定性好，可减少锭子加油量，可使换油周期延长至 6～15 个月不等，故又称免维护（加油）节能锭子。目前环锭细纱机正在向高速化发展，要使锭速达到 180000r/min 或更高，选用 CS68 系列平底型结构的锭子与锭胆优化组合，能获得良好的节电效果。

（5）主电动机及变频调速电动机采用水冷或风冷降温技术，也能获得一定的节电效果，此外，采用永磁电动机也能使能耗进一步下降。

（6）采用单锭电动机驱动技术，上海二纺机与山西宏基公司生产的部分型号细纱机采用单锭电动机（电锭）驱动锭子，单锭电动机功率仅 11W，不但比锭带传动省电，且使锭速差异率降到 4%。并可与单锭质量在线检控、纺纱张力自调及自动接头技术开发相结合，具有良好的发展前景。

（二）降低机物料消耗新技术

由于环锭细纱机上有多种纺纱器材，是纺纱中机物料消耗最多的设备，因此，在保证成纱质量的基础上，延长其使用寿命、降低消耗，也是企业所期盼的。

1. 降低紧密纺器材消耗

江苏恒基公司展出的紧密纺装置采用表面有条形通槽的中空集聚罗拉，取代目前采用的网格圈集聚方法，由于采用刚性集聚不需要经常更换网格圈，不但延长了使用寿命，且集聚效果稳定，集聚负压低，锭差小，既可节能降耗，又能提高成纱质量。且因其使用寿命延长，维护简便，可省人工及配件成本。

2. 采用耐磨钢领降低消耗

展会上多家企业推出高耐磨性的钢领，如浙江锦峰纺机公司展出的高精度轴承钢钢领，由优质 GCR 轴承钢与先进加工技术设备制成。每只钢领的圆整度和平行度为 0.005mm，粗糙度在 0.2μm 以内，边度和内径尺寸统一无锭差，且表面做润滑处理，采用优质胶辊胶圈延长其使用寿命。展会上无锡二橡胶展出的高耐磨性与高抗绕性系列胶辊，尤其是 WR868 与 668 胶辊，通过主体材料改性，能进一步延长使用寿命，其成纱质量也接近和达到国际先进水平。

此外，随着国内紧密纺纱技术的发展，该公司又开发了用于紧密纺的紫外线光照胶辊，其成纱质量也接近国外同类产品水平。

十、新结构环锭纺纱技术

细纱机在加捻成纱过程中受到加捻三角区的影响，致使成纱毛羽多，纱线表观的光洁程度难以满足现代高速织机的织造要求，也难以满足细特高密类织物外观纹理清晰的产品要求，因此，以降低纱线的毛羽、改善纱线的外观光洁程度、提高纱线强力、降低纱线不匀为目的的细纱机改进技术有紧密纺、赛络纺、赛络菲尔纺、索罗纺、扭妥纺、嵌入纺等，可以清晰看出环锭细纱机已彻底改变了生产效率低、品种少、质量控制手段落后等弊端，正在向多品种、多功能纱线开拓。

参考文献

［1］章友鹤，赵连英．环锭细纱机的技术进步与创新［J］．纺织导报，2015（1）：52－57.

［2］陈玉峰，王平，王子峰．E86精梳机高效梳理器材配置解析［J］．辽东学院学报（自然科学版），2018，25（2）：86－94.

［3］泰格斯特．2018纺机展：智能制造改变纺织发展轨迹［J］．纺织机械，2018（1）：14－15.

［4］泰格斯特．2018纺机展：用智能制造书写新轨迹［J］．纺织科学研究，2018（2）：60－61.

［5］刘允光．国内外精梳机梳理元件的应用［J］．棉纺织技术，2016，44（12）：42－45.

［6］陈玉峰．精梳器材技术创新及应用［J］．纺织器材，2017，44（4）：19－23.

［7］贾滢．高速并条机数字式电子调牙系统的研究与实现［D］．武汉：武汉纺织大学，2016.

［8］纺纱机械：向高速智能发展［J］．纺织机械，2016（1）：32－33.

［9］刘允光，肖际洲，李子信．高效能精梳机梳理工艺分析［J］．棉纺织技术，2016，44（1）：47－50.

［10］荆博，赵阳，李光海，等．C70型梳棉机的性能特点及应用实践［J］．棉纺织技术，2015，43（12）：48－51.

［11］郭东亮，董志强．国内外清梳联发展概述［J］．纺织器材，2015，42（3）：55－61.

［12］章友鹤，毕大明，赵连英．对国内外梳棉机和精梳机技术进步与创新的评析［J］．现代纺织技术，2015，23（2）：46－50.

［13］缪定蜀，刘国卫．并条机技术的发展：上［J］．纺织导报，2013（1）：64－68.

［14］缪定蜀，刘国卫．并条机技术的发展：下［J］．纺织导报，2013（2）：41－44.

［15］刘允光．精梳机梳理工艺迎来革新［N］．中国纺织报，2017－5－24（7）．

［16］许峰．四电机粗纱机控制系统设计与实规［D］．中国科学院大学，2015.

［17］谢春萍，王建坤．纺纱工程［M］．北京：中国纺织出版社，2012